□ 中国高等职业技术教育研究会推荐

高职高专系列规划教材

DSP 应用技术

赵明忠　顾　斌

王钧铭　马才根　　编著

袁振东　　　主审

U0277881

西安电子科技大学出版社

内 容 简 介

本书分为理论篇和应用篇两部分。理论篇为第 1~5 章,详细论述了 TMS320C54x™ DSP 系列的原理,包括硬件结构、指令系统详解、汇编语言和混合编程、CCS 应用开发和 DSP 应用系统的软硬件设计等。应用篇为第 6~7 章,主要内容为 DSP 应用技术实训和工程应用举例。实训部分对每个实验都给出了完整实用的程序,这些程序全部调试通过,均在 DSP 技术实验与开发系统上实现,并且对每个实验的实验原理作了详细的分析。工程应用实例部分对所设计的 DSP 应用系统进行了详解。

本书可作为高职高专院校电类各专业的教材,对于相关工程技术人员也具有一定的参考价值。

★本书配有电子教案,需要者可与出版社联系,免费提供。

图书在版编目(CIP)数据

DSP 应用技术 / 赵明忠等编著. —西安:西安电子科技大学出版社,2004.2(2018.8 重印)

(高职高专系列规划教材)

ISBN 978−7−5606−1339−0

Ⅰ. D⋯　Ⅱ. 赵⋯　Ⅲ. 数字信号 − 信号处理 − 高等学校:技术学校 − 教材　Ⅳ. TN911.72

中国版本图书馆 CIP 数据核字(2003)第 115594 号

策　　划	马乐惠
责任编辑	杨宗周　杨璠　马乐惠
出版发行	西安电子科技大学出版社(西安市太白南路 2 号)
电　　话	(029)88242885　88201467　　邮　编　710071
网　　址	www.xduph.com　　电子邮箱　xdupfxb001@163.com
经　　销	新华书店
印刷单位	北京虎彩文化传播有限公司
版　　次	2004 年 2 月第 1 版　 2018 年 8 月第 5 次印刷
开　　本	787 毫米×1092 毫米　1/16　印张 23.75
字　　数	563 千字
定　　价	45.00 元

ISBN 978 − 7 − 5606 − 1339−0/TN

XDUP 1610001−5

如有印装问题可调换

前　　言

近些年来，通信与电子技术迅猛发展，针对日新月异的新技术，高职高专院校电类专业的理论课程及教学方式需不断更新，才能跟上时代的要求。与此相应，有关电子技术实验和实训课程的内容也需随之更新和发展，以便通过实验和实训使学生能够掌握通信电子学领域的最新技术并培养学生的实践动手能力，增强就业竞争力。

DSP 是现代电子系统的核心和灵魂，随着 DSP 性能价格比的不断提高，DSP 在网络、通信、电子测量、语音/图像处理、数字影视、自动控制、仪器仪表、医疗设备、家用电器等众多领域得到了越来越广泛的应用。

本书是编著者多年来从事 DSP 应用系统开发与教学的总结。本书的应用篇和自行研制的配套 JLD 型 DSP 技术实验与开发系统，曾在金陵科技学院、南京信息职业技术学院、南京技师学院、南京高级技工学校等多所职业类院校的教师培训中作为培训讲义和实验教学仪器使用，收到了很好的效果，并被用作"金陵科技学院—美国德州仪器联合数字信号处理方案实验室"培训业界工程技术人员的实验开发平台。

本书突出实践性，可作为高职高专院校电类各专业的教材，对于工程技术人员也具有一定的参考价值。

本书由赵明忠担任主编，并完成了第 1、5、6、7 章的编写工作，第 2 章由顾斌编写，第 3 章由马才根编写，第 4 章由王钧铭编写。本书由袁振东主审。

在本书编写过程中，朱媛媛和刘艳雯作了大量文字录入和校对工作，何宁宇和倪倩为本书绘制了大量的插图和表格，史俊和吴彬彬对大部分实验程序进行了验证，在此一并表示衷心感谢。

感谢 TI 公司和合众达公司的支持与帮助！

由于 DSP 技术发展迅猛，而作者水平有限，加上时间仓促，不当与错误之处恳请读者批评指正。

作者联系方式如下：

E-mail: DSP_ZHAO@163.COM

电话：（0）13337810308（赵老师）

编　　者

2003 年 11 月

目　　录

上篇　理　论　篇

下篇　应　用　篇

上　篇

理　论　篇

第 1 章　DSP 及其应用概述

1.1　什么是 DSP

DSP 从字面上来说即为"数字信号处理(DSP，Digital Signal Processing)"，也就是说将现实世界的模拟信号转换成数字信号，再用数学的方法来处理此数字信号，得到相应的结果。经典的数字信号处理有时域的信号滤波(如 IIR、FIR)和频域的频谱分析(如 FFT)。IIR、FIR 和 FFT 归根结底为 $\Sigma A_i \times X_i$，即乘加运算。"数字信号处理"的关键在于研发一种处理器，对这种处理器从结构上进行优化，使其更适合于乘加运算，从而高速实现 IIR、FIR 和 FFT 等数字信号处理。美国 TI 公司从 20 世纪 80 年代初推出了第一款数字信号处理器 TMS32010 后，由此引发了一场"数字信号处理"革命。我们现在所说的 DSP 实际是指"数字信号处理器"，它是一种特别适合于进行数字信号处理的微处理器。它强调运算处理的实时性，因此除了具备普通微处理器所强调的高速运算和控制功能外，主要针对实时数字信号处理，在处理器结构、指令系统和数据流程上做了大的改动。其特点如下：

(1) DSP 芯片采用了数据总线和程序总线分离的哈佛结构及改进的哈佛结构，因此比传统处理器的冯·诺依曼结构具有更高的指令执行速度。

(2) DSP 芯片大多采用流水技术，即每条指令都由片内多个功能单元分别完成取指、译码、取数和执行等多个步骤，从而在不提高时钟频率的条件下减少了每条指令的执行时间。

(3) 片内有多条总线可以同时进行取指令和多个数据存取操作，并且有辅助寄存器用于寻址，它们可以在寻址访问前或访问后自动修改内容，以指向下一个要访问的地址。

(4) DSP 芯片大多带有 DMA 通道控制器和串行通信口等，配合片内总线结构，数据块传送速度会大大提高。

(5) 配有中断处理器和定时控制器，可以方便地构成一个小规模系统。

(6) 具有软、硬件等待功能，能与各种存取速度的存储器接口。

(7) 针对滤波、相关和矩阵运算等需要大量乘法累加运算的特点，DSP 芯片大多配有独立的乘法器和加法器，使得在同一时钟周期内可以完成乘、累加两个运算。

(8) 低功耗，DSP 一般为 0.5～4 W，而采用低功耗技术的 DSP 芯片只有 0.1 W，可用电池供电。

正是 DSP 芯片的这些特点，使其运算速度要比通用微处理器(MPU)高。例如 FIR 滤波器的实现，每输入一个数据，对应每阶滤波器系数需要一次乘、一次加、一次取指和两次取数，有时还需要专门的数据移位操作。DSP 芯片可以单周期完成乘加并行操作，以及 3～4 次数据存取操作，而普通 MPU 至少需要 4 个指令周期。因此，在相同的指令周期和片内指令缓存条件下，DSP 运算程度是普通 MPU 运算速度的 4 倍以上。

1.2 DSP 分类及应用

世界上主要 DSP 芯片供应商有 TI 公司、Motorola 公司、NEC 公司、AT&T 公司(现在的 LUCENT 公司)和 AD 公司等。其中 TI 公司是世界上最大的 DSP 芯片供应商，是全球数字信号处理技术的领导者。

按照 DSP 的用途来分，可分为通用型 DSP 芯片和专用型 DSP 芯片。通用型 DSP 芯片适合普通的 DSP 应用，如 TI 公司的一系列 DSP 芯片属于通用型 DSP 芯片。专用 DSP 芯片是为特定的 DSP 应用而设计的，更适合特殊的运算，如数字滤波、卷积和 FFT。Motorola 公司的 DSP56200，Zoran 公司的 ZR34881，Inmos 公司的 IMSA100 等就属于专用型的 DSP 芯片。

TI 公司的通用型 DSP 芯片可归纳为四大系列，即 TMS320C6000^{TM}DSP 平台、TMS320C5000^{TM}DSP 平台、TMS320C2000^{TM}DSP 平台和 TMS320C3x^{TM} DSP 平台。以上系列简介如下。

1. TMS320C6000^{TM} DSP 平台(C6000^{TM}DSP)

该平台融合了高性能硬件与丰富的开发资源，带来了低成本与低功耗，并能够提供高达 720 MHz 的时钟频率。该平台具有众多代码完全兼容的器件，由 TMS320C64x^{TM} 与 TMS320C62x^{TM} DSP 定点生成以及 TMS320C67x^{TM} DSP 浮点生成构成。其性能在定点可以达到 1200~5760 MIPS，在浮点可以达到 600~1350 MFLOPS。

1) TMS320C64x^{TM} DSP 系列(定点)

(1) 规格：

① TMS320C64x DSP 的高性能核心可提供高达 1 GHz 的可扩展性能；

② 业界中速度最快的 DSP，性能高达 720 MHz(5760 MIPS)；

③ C64x^{TM} DSP 与 TI 的 C62x^{TM} DSP 在软件方面具有兼容性。

(2) 应用：DSL 与调制解调器组、基站收发器、无线 LAN、企业 PBX、多媒体网关、宽带视频代码转换器、视频流服务器与客户机、高速扫描影像处理(RIP)引擎、网络相机。

(3) 特性：

● 时钟频率可达 300~720 MHz，指令执行速度可达 2400~5760 MIPS，具有各种外设；

① TMS320C6411 DSP：

● 256 KB 字节 L2 内存。

② TMS320C6412 DSP：

● 灵活的 32 位 PCI、32 位 HPI 或 10/100 Mb 以太网 MAC；

● 256 KB 字节 L2 内存。

③ TMS320C6414 DSP：

● 三个多信道缓冲串行端口(McBSP)；

● 32 位主机端口接口(HPI)。

④　TMS320C6415 DSP:

● 灵活的 32 位/33 MHz PCI 或 32 位 HPI;

● 用于 ATM(UTOPIA)或 McBWSP 的 PHY 接口。

⑤　TMS320C6416 DSP:

● Viterbi 译码的协处理器(VCP)以 12.2 kb/s 的速率支持超过 350 条语音信道;

● Turbo 译码的协处理器(TCP)以 384 kb/s 的速率支持 35 条数据信道。

2) TMS320C62x™ DSP 系列(定点)和 TMS320C67x™ DSP 系列(浮点)。

(1) 规格:

①　100%代码兼容 DSP:定点 C62x™ DSP 为 16 位乘法、32 位指令,浮点 C67x™ DSP 为 32 位指令、单/双倍精度;

②　四条数据内存存取(DMA)信道,带引导装入功能(带有 16 个信道的增强 DMA,非常适用于 C6211、C6711 与 C6713 DSP);

③　高达 7 MB 的片上内存;

④　两个多通道缓冲串行端口(McBSP)(三个用于 C6202 与 C6203 DSP 的 McBSP);

⑤　16 位主机端口接口(HPI)(32 位用于 C6202、C6203 与 C6204 DSP 的扩展总线);

⑥　两个 32 位定时器;

⑦　300 MHz 时速率高达 2400 MIPS(C6203 DSP)。

仅限 C67x DSP:

⑧　IEEE 浮点格式;

⑨　频率高达 225 MHz 时达 1350 MFLOPS;

⑩　两个新型的多信道音频串行端口(McASP)(C6713 DSP)可以支持 12SI^{2}S 的 16 条立体声信道,并且兼容 S/PDIF 传输协议。

(2) 应用:调制解调器组、数字用户环路(xDSL)、无线基站、局用交换机、用户交换机(PBX)、数字影像、数字音频、呼叫处理、3D 图形、话音识别、分组语音。

(3) 特性:

①　C6000™ DSP 平台 VelociTI™ 高级 VLIW 结构;

②　每周期执行 8 条 32 位指令;

③　8 个独立的多用途单元以及 32 个 32 位寄存器;

④　业界最先进的 DSPC 编译程序以及汇编优化器可最大限度地提高效率及性能。

2. TMS320C5000™ DSP 平台(C5000™DSP)

该平台可提供 20 多种器件,包括 OMAP5910 处理器,其在单个芯片上集成了 TMS320C55x™ DSP 内核与 TI 增强的 ARM。C5000DSP 平台是功耗敏感的系统设计人员的最佳选择,可以提供 0.33 mA/MHz 的低功耗以及高达 600 MIPS 的性能。

1) TMS320C55x™ DSP 系列(定点)

(1) 规格:

①　C55x™DSP 内核可以为高达 600 MIPS 的性能提供 300 MHz;

②　目前 TMS320C5510 DSP 已经开始投产,TMS320C5509 DSP 可提供样片;

③　在整个 C5000™ DSP 平台上可实现软件兼容。

(2) 应用：功能丰富的便携产品，2G、2.5G、3G 手机与基站，数字音频播放器，数码相机，电子图书，语音识别，GPS 接收器，指纹/模式识别，无线调制解调器，耳机，生物辨识。

(3) 特性：高级自动电源管理；可配置的空闲域，以延长电池寿命；缩短调制过程，从而加快产品上市进程。

① C5501/C5502 DSP：

- 300 MHz 时钟频率；
- 32/64 KB RAM、32 KB ROM；
- 2 个/3 个多通道缓冲串行端口(McBSP)、I^2C、通用定时器、看门狗定时器、UART；
- 16/32 位 EMIF。

② C5509 DSP：

- 144/200 MHz 时钟频率；
- 256 KB RAM，64 KB ROM；
- 3 个 McBSP；I^2C；看门狗定时器；通用定时器。

③ 新型的 C5509 DSP 外设。USB 2.0 全速(12 Mb/s)、10 位 ADC、实时时钟(RTC)、到 MMC 与 SD 的无缝媒体接口。

2) OMAP5910 处理器

OMAP 即开放多媒体应用平台(Open Multimedia Application Platform)。双内核 OMAP5910 处理器是在单个芯片上集成了 TMS320C55x™ DSP 内核及 TI 增强型 ARM925。它能够实现极高性能与低功耗的完美组合。这种独特的架构可以同时为 DSP 和 ARM 开发人员提供极具吸引力的解决方案，在融合了 ARM 的指令与控制功能的情况下，能够提供 DSP 的低功耗与实时信号处理功能。

将 TI 的软件开发支持、OMAP 技术中心、OMAP 开发人员网络、工具以及软件相结合，在联网环境中，OMAP5910 处理器可以为那些需要嵌入式应用处理的设计人员所选择。这些应用范围非常广泛，从互联网应用到军事与政府移动系统，无所不含。

(1) 应用：因特网设备、增强型游戏、Webpad、销售点设备、医疗器件、业界专用 PDA、远程信息、数字媒体处理、安全性、软件无线电。

(2) 特性：OMAP5910 双内核处理器同时包括。

① 150 MHz 的 TI 增强 ARM925 微处理器：

- 16 KB 指令高速缓冲存储器以及 8 KB 数据缓冲器；
- 数据与指令 MMU；
- 32 位与 16 位指令集。

② 150 MHz TMS320C55x™ DSP 内核：

- 24 KB 指令高速缓冲存储器；
- 160 KB SRAM；
- 用于视频算法的硬件加速器。

③ 外设与片上资源：

- 192 KB 共享 SRAM；
- 用于 SDRAM 与闪存的 2 个 16 位内存接口；

- 9 通道系统 DMA 控制器；
- LCD 控制器；
- USB 1.1 主机与客户机；
- MMC/SD 卡接口；
- 7 个串行端口，外加 3 个 UART；
- 9 个定时器；
- 键盘接口；
- 小型、289 引脚、12 mm×12 mm(GZG)或 9 mm×19 mm(GDY)MicroStar BGA™ 封装选项；
- 一般工作功耗低于 250 mW。

④　OMAP5910 处理器支持：

- Microsoft Windows™ CE；
- Linux；
- Acelerated Technologies Nucleus™；
- WindRiver Systems VxWorks™；
- TI DSP/BIOS™。

3)　C54x™ DSP 系列(定点)

(1)　规格：

①　16 位定点 DSP；

②　100 MIPS 情况下，功耗低于 60 mW；

③　提供 30～532 MIPS 性能的单核与多核产品；

④　提供 1.2 V、1.8 V、2.5 V、3.3 V 与 5 V 版本；

⑤　3 种断电模式；

⑥　全面的 RAM 与 ROM 配置；

⑦　自动缓冲串行端口；

⑧　多信道缓冲串行端口；

⑨　主机端口接口；

⑩　超薄封装(100、128、144 与 176 引脚 LQFP；144、176 与 169 引脚 MicroStar BGAs™)；

⑪　每核 6 通道 DMA 控制器。

(2)　应用：数字蜂窝通信、个人通信系统(PCS)、寻呼机、个人数字助理、数字无绳通信、无线数据通信、网络、计算机电话、分组语音、便携的互联网音频、调制解调器。

(3)　特性：

①　集成 Viterbi 加速器；

②　40 位加法器与 2 个 40 位累加器，以支持并行指令；

③　40 位 ALU，带两个 16 位配置功能，用于双单循环运行；

④　17×17 乘法器，可实现 16 位带符号乘法运算；

⑤　4 条内部总线与双地址生成器，可实现多程序和数据提取，并减少内存瓶颈；

⑥　单循环归一化与指数编码；

⑦　8 个辅助寄存器和 1 个软件堆栈，可实现高级定点 DSP C 编译程序；

⑧　用于电池驱动应用的断电模式。

4) TMS320C5000^{TM} DSP + RISC 系统级 DSP(定点)

(1) 规格：

①　1.8 V 核心与 3.3 V 外设；

②　基于 JTAG 扫描的 DSP 与 RISC 内核模拟；

③　257 球栅 MicroStar BGA^{TM} 封装。

(2) 特性：

①　C54x DSP 内核子系统：

● 100 MIPS 运行；

● 72 KB RAM；

● 2 个多通道缓冲串行端口(McBSP)；

● 直接内存存取(DMA)控制器；

● 锁相环路；

● 外部存储器接口；

● ARM 端口接口(API)。

②　ARM7TDMI RISC 核心子系统：

● 47.5 MHz 操作；

● 16 KB 零等待状态 SRAM；

● 内存接口(SDRAM、SRAM、ROM、闪存)；

● 单端口 10/100 Base - T 以太网接口(仅限 C5471 DSP)；

● 36 个通用 I/O(ARMI/O)；

● 2 个 URAT(1 个 IrDA)；

● 串行外设接口(SPI)；

● I^{2}C 接口；

● 3 个定时器(1 个看门狗定时期)；

● 锁相环路。

3. TMS320C2000^{TM} DSP 平台(C2000^{TM} DSP)

该平台提供了推动数字控制最全面的 DSP 解决方案。该平台采用内存等片上外设、超高速 A/D 转换器以及强大、可靠的 CAN 模块相组合。C2000 DSP 平台创造了性能与外设集成的新标准。最新的 C2000DSP 控制器(TMS320F1810 和 TMS320F2812 DSP)的目标是工业自动化、光纤网络以及汽车控制应用。

1) TMS320C28x^{TM} DSP 系列(定点)

(1) 规格：

①　32 位定点 C28x^{TM} DSP 内核；

②　150 MIPS 的速率运行；

③　1.9 V 内核与 3.3 V 外设。

(2) 应用：照明，光纤网络(ONET)，电源，工业自动化，消费类产品。

(3) 特性：

① 针对任何中断的超高速 20～40 ns 服务时间；

② 强大的 20 Mb/s 数据记录调试功能；

③ 32/64 位饱和度，单循环读—修改—写指令，64/32 与 32/32 模数除法；

④ 高性能 ADC；

⑤ 增强的工具套件，具备 C 与 C++支持；

⑥ 独特的实时调试功能；

⑦ 32×32 单循环定点 MAC；

⑧ 双通道 16×16 单循环定点 MAC；

⑨ 具备 16 位指令支持，以提高代码效率；

⑩ 兼容 TMS320C24x^{TM} DSP 与 TMS320C2xLP^{TM} 源代码。

(4) 外设：

① 128 K 分扇区闪存；

② 12 位 A/D、12.5 MSPS 吞吐量、80 ns 最低转换时间；

③ 多达 2 个事件管理器；

④ 多达 2 个串行通信接口模块；

⑤ SPI；

⑥ 增强的 CAN 模块；

⑦ McBSP 模块；

⑧ 引导 ROM；

⑨ 针对片上闪存的代码安全性。

2) TMS320C24x^{TM} DSP 系列(定点)

(1) 规格：

① 高达 40 MIPS 的运行速率；

② 3 种断电模式；

③ 代码兼容、控制优化 DSP；

④ 基于 JTAG 扫描的仿真；

⑤ 3.3 V 与 5 V 设计。

(2) 应用：电气、压缩机、工业自动化、不间断电源(UPS)系统、汽车刹车与操纵系统、电气仪表、打印机与复印机、手持电源工具、电子冷却系统、智能传感器、可调激光、消费类产品(加油泵、工业频率转换器、远程监控、ID 标签阅读器)。

(3) 特性：

① 375 ns(最低转换时间)模数(A/D)转换器；

② 死区逻辑；

③ 双通道 10 位 A/D 转换器；

④ 4 个 16 位通用定时器；

⑤ 看门狗定时器模块；

⑥ 16 条 PWM 通道；

⑦ 41 个 GPIO 引脚；

⑧ 5 个外部中断；

⑨ 2 个事件管理器；

⑩ 32 KB 分扇区闪存；

⑪ 控制器域网络(CAN)接口模块；

⑫ 串行通信接口(SCI)；

⑬ 串行外设接口(SPI)；

⑭ 6 个采集单元(4 个带 QEP)；

⑮ 引导 ROM(LF240×A 器件)；

⑯ 针对片上闪存/ROM 的代码安全性(L×240×A 器件)。

4. TMS320C3x^{TM} DSP 平台(第一代浮点 DSP 系列)

(1) 规格：

① 高达 150 MFLOPS 的性能；

② 高效率的 C 语言引擎；

③ 大地址空间：16 MB；

④ 采用片上 DMA 的快速内存管理。

(2) 应用：数字音频，激光打印机，复印机，扫描仪，条形码扫描仪，视频会议，工业自动化与机器人，语音/传真，伺服与电机控制。

(3) 特性：

① 基于高性能寄存器的流水线 CPU：

● 在单循环中实现整数或浮点数的并行乘法与算术/逻辑运算；

● 8 个扩展精度寄存器。

② 强大的指令集：

● 单循环指令执行；

● 系统控制与数字运算。

③ 集成的外设：

● 用于同时 I/O 与 CPU 操作的 DMA 控制器；

● 定时器；

● 串行端口。

④ 内存：

● 可实现快速数据移动功能、广泛的内部总线安排与并行性。

本书主要论述 TMS320C5000^{TM} DSP 平台中的 C54x^{TM} DSP 系列，并以应用广泛的低成本型 TMS320VC5402 DSP 芯片为例介绍 C54x^{TM} DSP 的原理及其应用。

1.3 DSP 系统的开发过程

典型的 DSP 系统如图 1.1 所示。图中的输入信号可以是语音信号、传真信号，也可以是视频，还可以是传感器(如温度传感器)的输出信号。输入信号处理一般是用 DSP 芯片和在其上运行的实时处理软件对 A/D 转换后的数字信号按照一定的算法进行处理，然后将处理后的信号输出给 D/A 转换器，经 D/A 转换、内插和平滑滤波后得到连续的模拟信号。

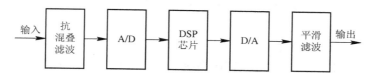

图 1.1　典型的 DSP 系统

输入信号首先进行带限滤波和抽样，然后进行模数(A/D，Analog to Digital)变换将信号变换成数字比特流。根据奈奎斯特抽样定理，为保持信息的不丢失，抽样频率必须是输入带限信号最高频率的二倍。

DSP 芯片的输入是 A/D 变换后得到的以抽样形式表示的数字信号，DSP 芯片对输入的数字信号进行某种形式的处理，如进行一系列的乘累加操作(MAC)。数字处理是 DSP 的关键，这与其他系统(如电话交换系统)有很大的不同，在交换系统中，处理器的作用是进行路由选择，它并不对输入数据进行修改。因此虽然两者都是实时系统，但两者的实时约束条件却有很大的不同。最后，经过处理后的数字样值再经 D/A(Digital to Analog)变换转换为模拟样值，之后再进行内插和平滑滤波就可得到连续的模拟波形。

设计 DSP 系统，首先应确定所设计 DSP 系统的性能指标，选择合适的 DSP 芯片，不同的 DSP 应用系统由于应用场合、应用目的不尽相同，对 DSP 芯片的选择也是不同的。

1. 设计 DSP 系统应考虑的技术指标

(1) 由信号的频率范围确定系统的最高采样频率；

(2) 由采样频率要进行的最复杂算法所需要时间来判断系统能否实时工作；

(3) 由以上因素确定何种类型的 DSP 芯片的指令周期可满足需求；

(4) 由数据量的大小确定所使用的片内 RAM 及需要扩展的 RAM 的大小；

(5) 由系统所需要的精度来确定是采用定点运算还是浮点运算；

(6) 根据系统是计算用还是控制用来确定 I/O 端口的需求。

2. 选择 DSP 的一般原则

(1) 主流产品，在 DSP 市场上占较大的份额；

(2) 用户众多，便于与他人交流；

(3) 性能/价格比好。

3. 选择 DSP 需要考虑的因素

(1) DSP 芯片的运算速度　　运算速度是 DSP 芯片的一个最重要的性能指标，也是选择 DSP 芯片时所需要考虑的一个主要因素。DSP 芯片的运算速度可以用四种性能指标来衡量：① 指令周期：即执行一条指令所需的时间，通常以 ns(纳秒)为单位，如 TMS320VC5402-100 在主频为 100 MHz 时的指令周期为 10 ns；② MAC 时间：即一次乘法加上一次加法的时间。大部分 DSP 芯片可在一个指令周期内完成一次乘法和加法操作，如 TMS320VC5402-100 的 MAC 时间就是 10 ns；③ FFT 执行时间：即运行一个 N 点 FFT 程序所需的时间；④ MIPS：即每秒执行百万条指令，如 TMS320VC5402-100 的处理能力为 100 MIPS，即每秒可执行一亿条指令。

(2) DSP 芯片的价格　根据实际系统的应用情况，需确定一个价格适中的 DSP 芯片。

(3) DSP 芯片的硬件资源　不同的 DSP 芯片所提供的硬件资源是不相同的，可以适应不同的需要。

(4) DSP 芯片的运算精度。

(5) DSP 芯片的开发工具　在 DSP 系统的开发过程中开发工具是必不可少的，在选择 DSP 芯片的同时必须注意其开发工具的支持情况，包括软件和硬件的开发工具。

(6) DSP 芯片的功耗　在某些 DSP 应用场合，功耗也是一个需要特别注意的问题。如便携式的 DSP 设备、手持设备、野外应用的 DSP 设备等都对功耗有特殊的要求。

(7) 其他　除了上述因素外，选择 DSP 芯片还应考虑到封装的形式、质量标准、供货情况、生命周期等。

硬件设计与调试阶段：

根据系统技术指标要求着手进行硬件设计，完成 DSP 芯片外围电路和其他电路(如转换、控制、存储、输出、输入等电路)的设计。硬件调试一般采用硬件仿真器进行。

软件设计与调试阶段：

根据系统技术指标要求和所确定的硬件编写相应的 DSP 汇编程序，完成软件设计。当然，软件设计也可采用高级语言进行，如 TI 公司提供了最佳的 ANSIC 语言编译软件，该编译器可将 C 语言编写的信号处理软件变换成 TMS320 系列的汇编语言。实际应用系统中常采用高级语言和汇编语言的混合编程方法，采用这种方法，既可缩短软件开发的周期，提高程序的可读性和可移植性，又能满足系统实时运算的要求。软件调试一般借助 DSP 开发工具进行。

系统集成和调试阶段：

硬件和软件调试分别完成后，将软件脱离开发系统，装入所设计的系统，形成所谓的样机，并在实际系统中运行，以评估样机是否达到所要求的技术指标。若系统测试符合指标，则样机的设计完毕。

DSP 系统的一般设计流程图如图 1.2 所示。

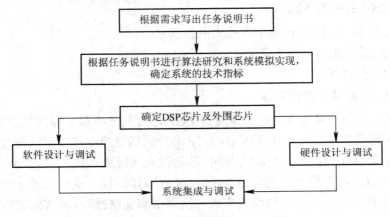

图 1.2　DSP 系统的一般设计流程图

与整个开发过程相关的技术资料有：① 用户手册，描述某一 DSP 系列的硬件结构，片内资源，寻址方法和指令系统；② 应用手册，例举某一 DSP 系列的软/硬件应用；③ 汇编语言工具，描述汇编语言的格式和特点；④优化 C 编译，描述 C 的运行环境。汇编语言是编程的基础，尤其是 DSP 汇编语言中"SECTION"的概念必须充分理解，灵活应用。用 C 编程时，必须充分理解 C 的运行环境。⑤调试器使用手册，描述调试工具如何使用。

学习开发 DSP 系统，首先要看上面这些资料或包含以上有关资料的 DSP 技术应用书籍，在此基础上进行实践。

习题

1. 简述 DSP 的应用领域。
2. 简述开发 DSP 应用系统的过程。
3. 简述 OMAP 的概念及应用。

第 2 章　TMS320C54x™ DSP 硬件结构

2.1　概　　述

C54x DSP 是 TMS320C5000™ DSP 平台中最为成熟的芯片，已在通信等领域得到了广泛应用。本章介绍 C54x DSP 芯片的硬件结构。重点介绍其中 TMS320VC5402(以下简称 VC5402)芯片的一些资源特点。

2.2　基本结构和引脚功能

2.2.1　基本结构

图 2.1 给出了 C54x DSP 的结构框图。C54x DSP 的基本结构围绕 8 条总线(4 条程序/数据总线和 4 条地址总线)，有中央处理器(CPU)、存储器及片内外设与专用硬件电路三类。CPU 包括算术逻辑单元(ALU)、累加器(ACC)、乘累加单元(MAC)、移位寄存器和寻址单元等。存储器包括片内 ROM、单访问 RAM(SARAM)和双访问 RAM(DARAM)。片内外设与专用硬件电路包括片内各种类型的同步串口、主机接口、定时器、时钟发生器、锁相环及各种控制电路。

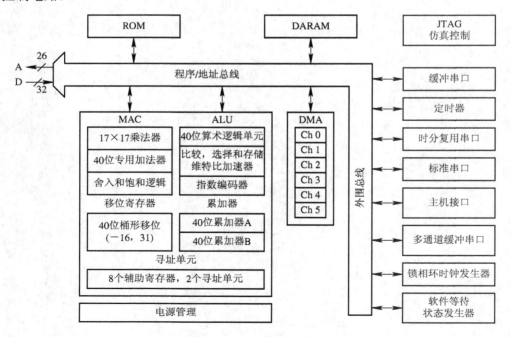

图 2.1　C54x DSP 方框图

　　C54x DSP 系列芯片种类很多，但体系结构基本一致。不同型号的 C54x DSP 芯片 CPU 结构与功能完全相同，其差异主要体现在存储器容量、片内外设、供电电压、速度以及封装上。表 2.1 列出了不同型号 C54x DSP 系列芯片的主要特征。其中，"*"表示该芯片有

表 2.1　C54x DSP 芯片的主要特征

芯片名称	16 位 RAM	16 位 ROM	数据/程序空间	串行口	内核电压 /V	I/O 电压 /V	并行口	定时器	时钟	指令周期	MIPS
TMS320C541#-40	5K	28K	64K/64K	2	5	5	-	1	PLL	25	40
TMS320LC541B-66	5K	28K	64K/64K	2	3.3	3.3	-	1	SW/PLL	15	66
TMS320C542#-40	10K	2K	64K/64K	2!*	5	5	HPI	1	PLL	25	40
TMS320LC542#-40	10K	2K	64K/64K	2!*	3.3	3.3	HPI	1	PLL	25	40
TMS320LC543#-40	10K	2K	64K/64K	2!*	3.3	3.3	-	1	PLL	25	40
TMS320LC543#-50	10K	2K	64K/64K	2!*	3.3	3.3	HPI	1	PLL	20	50
TMS320LC545A-50	6K	48K	64K/64K	2!	3.3	3.3	HPI	1	SW/PLL	20	50
TMS320LC545A-66	6K	48K	64K/64K	2!	3.3	3.3	HPI	1	SW/PLL	15	66
TMS320LC546A-50	6K	48K	64K/64K	2!	3.3	3.3	-	1	SW/PLL	20	50
TMS320LC546A-66	6K	48K	64K/64K	2!	3.3	3.3	-	1	SW/PLL	15	66
TMS320LC548-66	32K	2K	64K/8M	3!*	3.3	3.3	HPI	1	SW/PLL	15	66
TMS320LC548-80	32K	2K	64K/8M	3!*	3.3	3.3	HPI	1	SW/PLL	12.5	80
TMS320LC549-80	32K	16K	64K/8M	3!*	3.3	3.3	HPI	1	SW/PLL	12.5	80
TMS320VC549-100	32K	16K	64K/8M	3!*	2.5	3.3	HPI	1	SW/PLL	10	100
TMS320VC549-120	32K	16K	64K/8M	3!*	2.5	3.3	HPI	1	SW/PLL	8.3	120
TMS320VC5402-100	16K	4K	64K/1M	2?ξ	1.8	3.3	HPI	2	SW/PLL	10	100
TMS320UC5402-80	16K	4K	64K/1M	2?ξ	1.8～3.6	1.8	HPI	2	SW/PLL	12.5	80
TMS320UVC5402-30	16K	4K	64K/1M	2?ξ	1.2	1.2～2.75	HPI	2	SW/PLL	33.3	30
TMS320VC5409-80	32K	16K	64K/8M	3?ξ	1.8	3.3	HPI	1	SW/PLL	12.5	80
TMS320VC5409-100	32K	16K	64K/8M	3?ξ	1.8	3.3	HPI	1	SW/PLL	10	100
TMS320UC5409-80	32K	16K	64K/8M	3?ξ	1.8～3.6	1.8	HPI	1	SW/PLL	12.5	80
TMS320UVC5409-30	32K	16K	64K/8M	3?ξ	1.2	1.2～2.75	HPI	1	SW/PLL	33.3	30
TMS320VC5410-100	64K	16K	64K/8M	3?ξ	2.5	3.3	HPI	1	SW/PLL	10	100
TMS320VC5410-120	64K	16K	64K/8M	3?ξ	2.5	3.3	HPI	1	SW/PLL	8.3	120
TMS320VC5416-160	128K	16K	64K/8M	3?ξ	1.5	3.3	HPI	1	SW/PLL	6.25	160
TMS320VC5420/21-200	200/256K	4K	64K/256K	6?ξ	1.8	3.3	HPI16	2	SW/PLL	10	200
TMS320VC5441-532	640K	-	64K/256K	12?ξ	1.5	3.3	HPI16	4	SW/PLL	7.5	532

1 个时分复用串口(TDM)，"！"表示有 1 个缓冲串口(BSP)(C548/9 有 2 个)，"？"代表多通道缓冲串口(MCBSP)，"#"代表不同的锁相环(PLL)选项，"ξ"表示每个核有 6 通道直接存储器访问(DMA)器件。

VC5402 是目前最流行的低成本 DSP 芯片型号，其基本结构和主要特点包括：

- 多总线结构。片内三套 16bit 数据总线(CB、DB、EB)和一套程序总线(PB)以及对应的 4 套地址线(CAB、DAB，EAB、PAB(4 套总线可同时操作))；
- 40 bit 算术逻辑单元 ALU，包括 40 bit 桶形移位器和 2 个 40 bit 累加器 A 和 B；
- 17×l7 bit 乘法器和一个 40 bit 专用加法器，可以在单周期内完成乘、加运算各一次；
- 比较 / 选择 / 存储单元(CSSU)有助于实现 Viterbi 算法；
- 指数译码功能。单周期内从一个 40 bit 累加器中算出指数；
- 两个地址产生器，8 个辅助寄存器 AR0～AR7；
- 程序空间扩展到 1 M，数据空间和 I/O 空间各 64 K，20 条地址线，16 条数据线；
- 片内 4 K×l6 bit ROM，包含压扩表、256 点正弦表、引导程序等；
- 片内 16 K×16 bit 的双存取 RAM；
- 单指令重复或指令块重复功能；
- 程序空间和数据空间的数据块移动指令；
- 可对 32 bit 的长字操作；
- 一个指令内可以读 2～3 个操作数；
- 6 级流水完成一条指令操作：预取指、取指、译码、访问、读数、执行；
- 运算指令和存取指令并行执行；
- 条件存储指令；
- 迟延跳转和快速返回；
- 软件堆栈；
- 片内设备；
- 软等待产生器，数据组间切换可编程选项；
- 片内锁相环，分频和倍频功能；
- 2 个多通道带缓冲同步串口；
- 增强的 8 bit 主机接口(HPl)；
- 2 个 16 bit 定时器；
- 6 通道 DMA 控制器；
- IDLEl、IDLE2、IDLE3 控制的 3 级低功耗等中断休闲状态，20 μA 电流消耗；
- 片上 JTAG 仿真口；
- 3.3 V I/O 电压，1.8 V 核电压，工作电流平均值 75 mA，其中核 45 mA，I / O 约 30 mA；
- 100MIPS，指令周期 10 ns；
- 144 脚 PQFP 表贴封装或 144 脚 BGA 封装，体积小，成本低。

2.2.2 引脚功能

C54x DSP 的制造工艺为 CMOS，生产型号不同其引脚个数也不同，下面以 VC5402 为例介绍其引脚功能，如表 2.2 所示。VC5402 引脚按功能分为电源引脚、时钟引脚、控制引脚、地址引脚、数据引脚、外部中断引脚、通信端口引脚、通用 I/O 引脚等部分。

表 2.2　VC5402 引脚功能

名　　称	类	说　　明
A0～A19	O/Z	地址总线，只有对程序片外空间寻址时，A16～A19 才有效，数据空间和 I/O 空间仅用 A0～A15，当 DSP 进入 HOLD 模式或 $\overline{\text{OFF}}$=0 时，地址线变为高阻
D0～D15	I/O/Z	DSP 和片外的程序、数据、I/O 空间传递数据时，会置这些数据线为输入(读)或输出(写)；不进行片外操作时、$\overline{\text{RS}}$ 有效、HOLD 模式及 $\overline{\text{OFF}}$=0 都置数据线为高阻
$\overline{\text{IACK}}$	O/Z	当 DSP 响应一个中断时，此信号为低，$\overline{\text{OFF}}$=0 时变为高阻
$\overline{\text{INT0～3}}$	I	外部中断，可屏蔽
$\overline{\text{NMI}}$	I	不可屏蔽中断
$\overline{\text{RS}}$	I	复位，强令 DSP 终止当前操作，从地址 FF80h 开始执行，影响多种寄存器和状态位
MP/$\overline{\text{MC}}$	I	DSP 在复位时采样此管脚电平，若为低，则为微机模式，DSP 将片内 4 K ROM 映射到程序地址高端；若为高，DSP 不进行这种映射，PMST 寄存器记录了这一位且可被修改
$\overline{\text{BIO}}$	I	根据此信号电平，DSP 可以进行条件跳转、条件执行等操作
XF	O/Z	标志输出，DSP 用软件可改变此值，$\overline{\text{OFF}}$=0 时为高阻
$\overline{\text{DS}}$	O/Z	对数据空间片外访问时为低，否则为高，$\overline{\text{OFF}}$=0 时为高阻
$\overline{\text{PS}}$	O/Z	对程序空间片外访问时为低，否则为高，$\overline{\text{OFF}}$=0 时为高阻
$\overline{\text{IS}}$	O/Z	对 I/O 空间片外访问时为低，否则为高，$\overline{\text{OFF}}$=0 时为高阻
$\overline{\text{MSTRB}}$	O/Z	对片外的程序空间、数据空间访问时为低，否则为高，$\overline{\text{OFF}}$=0 时为高阻
READY	I	数据准备好，表明不再需要硬件等待，DSP 可以结束当前片外访问，若 READY 为低，则 DSP 将继续本次访问，在下一个时钟重新检测 READY 管脚
$\overline{\text{IOSTRB}}$	O/Z	DSP 进行 I/O 访问时为低，但其低电平持续时间比 $\overline{\text{IS}}$ 短
R/$\overline{\text{W}}$	O/Z	为高表示 DSP 从片外读，为低表示向片外写，平时总为高。$\overline{\text{OFF}}$=0 时为高阻
$\overline{\text{HOLD}}$	I	用于请求 DSP 进入 HOLD 模式，DSP 若接受这一请求，将放弃对片外访问总线的控制权，即令其管脚上的 A0～A19，D0～D15，$\overline{\text{DS}}$，$\overline{\text{PS}}$，$\overline{\text{IS}}$，$\overline{\text{MSTRB}}$，$\overline{\text{IOSTRB}}$，R/$\overline{\text{W}}$ 等信号为高阻
$\overline{\text{HOLDA}}$	O/Z	DSP 收到 $\overline{\text{HOLD}}$ 信号并能响应其后，置此管脚为低，并进入 HOLD 模式。$\overline{\text{OFF}}$=0 时为高阻
$\overline{\text{MSC}}$	O/Z	在软件等待期内，此管脚为低，平时为高，$\overline{\text{OFF}}$=0 时为高阻

名　称	类	说　明
$\overline{\text{IAQ}}$	O/Z	当指令地址出现在地址线上时为低，$\overline{\text{OFF}}$=0 时为高阻
CLKOUT	O/Z	主时钟输出，$\overline{\text{OFF}}$=0 时为高阻
CLKMD1~3	I	时钟模式选择，决定 DSP 内部主时钟如何由外时钟倍频或分频而得到
X2/CLKIN	I	时钟输入，也可和 X1 一起产生时钟
X1	O	时钟输出，与 X2 一起加上外接晶体、电容产生时钟
TOUT0	O/Z	定时器 0 计数到 0 时，在此管脚输出一个脉冲，脉宽为一个主时钟周期
TOUT1/HINT	O/Z	定时器 1 计数至 0 时，在此管脚输出一个脉冲，脉宽为一个主时钟周期，但此脚另一作用为主机接口中断信号 HINT，仅在主机接口禁止时才用于定时器 1 的输出
BCLKR0~1	I/O/Z	串口 0/1 的数据接收时钟，复位后默认为输入
BDR0~1	I	串口数据接收
BFSR0~1	I/O/Z	串口数据接收帧同步信号，复位后默认为输入
BCLKX0~1	I/O/Z	串口发数时钟，复位后默认为输入
BDX0~1	O/Z	串口发数端
BFSX0~1	I/O/Z	串口发数帧同步信号，复位后默认为输入
HD0~7	I/O/Z	主机接口(HPI)的 8 位数据线，主机是一个外部控制器，通过 DSP 的主机接口与 DSP 交换数据。当 HPI 被关闭时，HD0~7 为可编程的通用 I/O，复位时，DSP 采样 HPIENA 以决定 HPI 是否使能
HCNTL0~1	I	主机利用它们来选择 DSP 的 3 个 HPI 寄存器之一进行访问，当 HPIENA=0 时这两个信号带有内部上拉电阻
HBIL	I	字节标识，用以表明访问的是 16 位数据的第一个或第二个字节，HPIENA=0 时带有内部上拉电阻
$\overline{\text{HCS}}$	I	主机片选，当为低时表示主机访问在进行，HPIENA=0 时带内部上拉电阻
$\overline{\text{HDS1~2}}$	I	数据选通，为低时表示主机访问在进行，HPIENA=0 时带内部上拉电阻
$\overline{\text{HAS}}$	I	地址选通，数据/地址线复用的主机利用此信号将地址线锁存到 HPI 的地址寄存器中，HPIENA=0 时带内部上拉电阻
HR/W	I	为高时表示主机读数，为低时表示主机写数
HRDY	O/Z	DSP 用于通知主机下一次访问是否可以进行，$\overline{\text{OFF}}$=0 时为高阻
TOUT1/$\overline{\text{HINT}}$	O/Z	DSP 通过软件改变此信号以向主机发出中断请求，与 TOUT1 复用管脚

续表二

名　称	类	说　明
HPIENA	I	在复位时，DSP 检测到此引脚电平为高，则 HPI 使能，若为低则 HPI 功能被禁止，它带有内部上拉电阻，若悬空不接则认为是高
CVDD	PWR	给内核提供 1.8 V 电源
DVDD	PWR	给 I/O 提供 3.3 V 电源
VSS	GND	地
TCK	I	JTAG 测试时钟
TDI	I	JTAG 测试数据输入，有内部上拉电阻
TDO	O/Z	JTAG 测试数据输出，有内部上拉电阻
TMS	I	JTAG 测试模式选择，有内部上拉电阻
$\overline{\text{TRST}}$	I	JTAG 测试复位，有内部上拉电阻
NC		未用管脚
EMU0	I/O/Z	仿真器引脚
EMU1/$\overline{\text{OFF}}$	I/O/Z	仿真器引脚

2.3 　中央处理单元(CPU)

C54x DSP 系列芯片的 CPU 主要由控制部件和运算部件组成，其中控制部件是 C54x DSP 芯片的中枢神经系统。C54x DSP 的 CPU 的基本组成如下：

- CPU 的状态和控制寄存器；
- 算术逻辑单元(ALU)；
- 2 个 40 位累加器 ACCA、ACCB；
- 40 位桶形移位寄存器；
- 乘累加单元(MAC)；
- 16 位的临时寄存器(T)；
- 16 位的状态转移寄存器(TRN)；
- 比较、选择和存储单元(CSSU)；
- 指数编码器。

2.3.1 　CPU 状态和控制寄存器

C54x DSP 有三个状态和控制寄存器：

- 状态寄存器 0(ST0)；
- 状态寄存器 1(ST1)；
- 处理器工作模式状态寄存器(PMST)。

这些寄存器都是存储器映射寄存器，所以它们可以存放到数据存储器或者从数据存储器加载它们，ST0 和 ST1 中包含各种工作条件和工作方式的状态，PMST 中包含存储器的设置状态及控制信息。

(1) 状态寄存器 ST0 和 ST1。ST0 和 ST1 寄存器的各位可以使用 SSBX 指令进行设置，使用 RSBX 指令进行清除。ST0 的位的详细描述见表 2.3 所示。

表 2.3   状态寄存器 ST0

位	名 称	复位值	说 明
15～13	ARP	0	当前辅助寄存器号 ARx，x=0～7
12	TC	1	测试位，受指令 BIT、CMPM、SFTC 等影响
11	C	1	进位位
10	OVA	0	累加器 A 溢出标志
9	OVB	0	累加器 B 溢出标志
8～0	DP	0	9 位页指针，形成数据空间的高 9 位地址，以进行直接寻址

ST1 的位的详细描述见表 2.4 所示。

表 2.4   状态寄存器 ST1

位	名 称	复位值	说 明
15	BRAF	0	块循环有效
14	CPL	0	编译方式，CPL=0，DP 作页指针，CPL=1，SP 作页指针
13	XF	1	XF 引脚值
12	HM	0	保持方式
11	INTM	1	全局中断屏蔽，1 为禁止所以中断，0 为开放中断
10	0	0	此位总是读为 0
9	OVM	0	溢出方式，是否按饱和处理
8	SXM	1	符号扩展方式
7	C16	0	双字/双精度运算方式
6	FRCT	0	分数方式，乘法器结果影响
5	CMPT	0	ARP 工作方式
4～0	ASM	0	累加器移位方式，取-16～15

(2) 处理器工作模式状态寄存器(PMST)。PMST 寄存器由存储器映射寄存器指令进行加载，例如 STM 指令。

PMST 的位的详细描述见表 2.5 所示。

表 2.5　状态寄存器 PMST

位	名　称	复位值	功　　能
15～7	IPTR	1FFh	中断向量指针。9 位的 IPTR 指示中断向量所驻留的 128 字程序存储器的位置。在自举——加载操作情况下，用户可以将中断向量重新映像到 RAM。复位时，这 9 位全都置 1；复位向量总是驻留在程序存储器空间的地址 FF80h。RESET 指令不影响这个字段
6	MP/$\overline{\text{MC}}$	为 MP/$\overline{\text{MC}}$ 引脚的状态	微处理器/微型计算机模式位。MP/$\overline{\text{MC}}$ 可以使能或禁止片内 ROM 在程序存储空间中可寻址： (1) MP/$\overline{\text{MC}}$ =0 时，片内 ROM 被使能并可寻址； (2) MP/$\overline{\text{MC}}$ =1 时，片内 ROM 无效。 　　当复位时，对 MP/$\overline{\text{MC}}$ 引脚采样，并且 MP/$\overline{\text{MC}}$ 被设置为与 MP/$\overline{\text{MC}}$ 引脚相对应的逻辑值。复位后 MP/$\overline{\text{MC}}$ 不再进行采样，直到下一次复位，RESET 指令不会影响该位。该位也可以通过软件来设置或清除
5	OVLY	0	RQAM 重叠位。OVLY 可以使能片内的双访问数据 RAM 映射到程序空间。OVLY 位的值及其意如下： (1) OVLY=0 时，片内 RAM 可在数据空间寻址，但不能在程序空间寻址； (2) OVLY=1 时，片内 RAM 映射到程序空间和数据空间。但是第 0 页数据(地址为 0h～7Fh)，无论如何不会被映射到程序空间
4	AVIS	0	地址可见性模式位。AVIS 使能或禁止在地址引脚上看到内部程序空间的地址： (1) AVIS=0 时，外部地址线不能随内部程序地址一起变化。控制和数据线不受影响，并且地址总线受总线上的最后一个地址驱动。 (2) AVIS=1 时，该内部程序存储空间地址线出现在 C54x DSP 的地址引脚上，以便内部程序空间地址可以被跟踪。当中断向量驻留在片内存储器时，也允许中断向量 $\overline{\text{IACK}}$ 一起进行译码
3	DROM	0	数据 ROM 位。DROM 可以让片内 ROM 映像到数据空间。DROM 位的值为： (1) DROM=0 时，片内 ROM 不能映像到数据空间； (2) DROM=1 时，片内 ROM 的一部分映像到数据空间
2	CLKOFF	0	CLKOUT 时钟输出关断位。当 CLKOFF=1 时，CLKOUT 的输出被禁止，且保持为高电平
1	SMUL	N/A	乘法饱和方式位。当 SMUL=1 时，在用 MAC 或 MAS 指令进行累加以前，对乘法结果作饱和处理。仅当 OVM=1 和 FRCT=1 时，SMUL 位才起作用

位	名　称	复位值	功　能
0	SST	N/A	存储饱和位。当 SST=1 时，对存储前的累加器值进行饱和处理。饱和操作是在移位操作执行完之后进行的。执行下列指令时可以进行存储前的饱和处理：STH、STL、STLM、DST、ST‖ADD、ST‖LD、ST‖MACR[R]、ST‖MAS[R]、ST‖MPY 以及 ST‖SUB。存储前的饱和处理按以下步骤进行： (1) 根据指令要求对累加器的 40 位数据进行移位(左移或右移)。 (2) 将 40 位数据饱和处理成 32 位数，饱和操作与 SXM 位有关(饱和处理时，数值总是假设为正数)。 　　如果 SXM=0，生成以下 32 位数： 　　　• 如果数值大于 FFFF FFFFh，则生成 FFFF FFFFh。 　　如果 SXM=1，生成以下 32 位数： 　　　• 如果数值大于 7FFF FFFFh，则生成 7FFF FFFFh。 　　　• 如果数值小于 8000 0000h，则生成 8000 0000h。 (3) 按指令要求存放数据。 (4) 在整个操作期间，累加器中的内容保持不变

2.3.2　算术逻辑单元

　　C54X DSP 算术逻辑单元包括 1 个 40 位的 ALU，1 个比较、选择和存储单元 CSSU(Compare Select Save Unit)和 1 个指数编码器。

　　40 位 ALU 可以实现绝大多数的算术和逻辑运算功能，且许多运算可以在 1 个周期内完成。ALU 有 2 个输入端，1 个输出端。当 ALU 进行算术运算时，分为两个 16 位的 ALU 使用，此时来自数据存储器、累加器或 T 寄存器的数据分别进入两个 ALU。在这种情况下，1 个周期内将同时完成两个 16 位的操作。ALU 的运算结果通常被送往累加器 A 或累加器 B。

　　CSSU 单元是为实现数据通信与模式识别领域常用的快速加法/比较/选择 ACS 运算而专门设计的专用硬件电路。CSSU 中的比较电路将累加器中的高 16 位与低 16 位比较，其结果分别送入状态转移寄存器 TRN 和状态比较寄存器 TC，同时，结果也送入选择器，选择较大的数，并存于指令指定的存储单元中。

　　指数编码器是专门为支持单周期 EXP 指令而设计的硬件电路。在定点运算中，经常涉及到整数的定标问题。将 EXP 指令与 NORM 指令配合使用，可以使得累加器数据的标准化操作非常方便快捷。

2.3.3　累加器

　　C54x DSP 芯片有 2 个独立的 40 位累加器 ACCA 和 ACCB 可以存放 ALU 或 MAC 单元的运算结果，也可以作为 ALU 的一个输入。累加器结构如图 2.2 和图 2.3 所示，其中保护位可以防止迭代运算中(如自相关运算)产生的溢出。

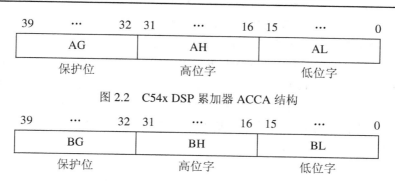

图 2.2　C54x DSP 累加器 ACCA 结构

图 2.3　C54x DSP 累加器 ACCB 结构

　　AG、BG、AH、BH、AL 和 BL 是存储器映射寄存器(MMR)，它们的值可以通过压入或弹出堆栈进行保存或恢复。ACCA 和 ACCB 的差别在于 ACCA 的(31～16)位可以用作乘累加单元的一个输入。这些寄存器还可用于寻址操作。

2.3.4　移位寄存器

　　40 位的桶形移位寄存器主要用于累加器或数据区操作数的定标：

　　(1) 在 ALU 运算前，对来自数据存储器的操作数或者累加器的值进行定标；

　　(2) 对累加器的值进行算术或逻辑移位；

　　(3) 对累加器归一化处理；

　　(4) 对累加器的值存储到数据存储器之前进行定标。

　　移位位数范围为-16～31，移位位数为正对应于左移，移位位数为负则对应于右移。40 位的输出结果可以送到 ALU 的输入端。

　　移位数可以用一个立即数(-16～15)形式定义，或者用状态寄存器 ST1 的累加器移位模式(ASM)字段(共 5 位)定义，或者用 T 寄存器中最低 6 位的值来定义。例如：

```
SFTL    A  ,    +2        ;累加器 A(ACCA)中的值逻辑左移 2 位
ADD     A  ,  ASM，B      ;累加器 A 中的值移位(位数由 ASM 值确定)后与累加器 B 的值
                          相加，结果放在累加器 B(ACCB)中
NORM    A                 ;标准化累加器 A 中的值(移位位数由 T 寄存器中最低 6 位的值
                          确定)
```

2.3.5　乘累加单元

　　乘累加(MAC)单元包括 1 个 17 位×17 位的乘法器和 1 个 40 位的专用加法器。MAC 单元具有强大的乘累加功能，在一个流水线周期内可以完成 1 次乘法运算和 1 次加法运算。

　　MAC 单元中，乘法器能够进行有符号数、无符号数以及有符号数与无符号数的相乘运算，依据不同情况作以下三种处理：

　　(1) 如果是两个有符号数相乘，则每个 16 位操作数先进行符号扩展，在最高位前添加 1 个符号位(其值由最高位决定)，扩展为 17 位有符号数后再相乘；

　　(2) 如果是无符号数乘以无符号数，则在两个操作数的最高位前面添加"0"，扩展为 17 位的操作数再相乘；

(3) 如果是有符号数与无符号数相乘,有符号数在最高位前添加 1 个符号位(其值由最高位决定),无符号数在最高位前面添加 "0",然后两个操作数相乘。

两个 16 位的二进制补码相乘会产生两个符号位,为了提高计算精度,在状态寄存器 ST1 中设置小数相乘模式 FRCT=1,乘法器结果左移 1 位以去掉 1 个多余的符号位。

在 MAC 单元中,加法器的输入一个来自乘法器的输出,另一个来自累加器 A 或 B 中的某一个输出。加法器的运算结果输出到累加器 A 或 B 中。有关加法器的舍入和饱和逻辑详见第三章 MAC 等指令详解。

2.4 存储器和 I/O 空间

2.4.1 C54x DSP 存储器概述

C54x DSP 总共具有 192 K 字 16 位的存储器空间。这些空间可分为三种专门的存储器空间,即 64 K 字的程序空间、64 K 字的数据空间和 64 K 字的 I/O 空间。一些 C54x DSP 芯片采用了分页扩展方法可访问 8 M 的程序空间。

C54x DSP 体系结构的并行特性和片内 RAM 的双访问功能,允许 C54x DSP 器件在任何给定的机器周期内执行四个并行存储器操作:一次取指、两次读操作数和一次写操作数。

片外存储器具有寻址较大存储空间的能力,片内存储器寻址空间较小。但片内存储器具有如下优点:不需插入等待状态、低成本和低功耗。

C54x DSP 包含随机存取存储器(RAM)和只读存储器(ROM)。RAM 可分为以下三种类型:双访问 RAM(DARAM)、单访问 RAM(SARAM)和两种方式共享的 RAM。在多 CPU 核心器件和子系统中,DARAM 或 SARAM 可以被共享。用户可以配置 DARAM 和 SARAM 为数据存储器或程序/数据存储器。C54x DSP 片内存储器容量见表 2.6。C54x DSP 片内还有 26 个映射到数据存储空间的 CPU 寄存器和外设寄存器。

表 2.6 各种 C54x DSP 片内各种存储器的容量　　　　(单位:K 字)

存储器类型	C541	C542	C543	C545	C546	C548	C549	C5402	C5410	C5420
ROM	28	2	2	48	48	2	16	4	16	0
程序 ROM	20	2	2	32	32	2	16	4	16	0
程序/数据 ROM	8	0	0	16	16	0	16	4	0	0
DARAM[①]	5	10	10	6	6	8	8	16	8	32
SARAM[①]	0	0	0	0	0	24	24	0	56	168

注:① 用户可以配置双访问 RAM(DARAM)和单访问 RAM(SARAM)位数据存储器或程序/数据存储器

2.4.2 存储器地址空间分配

C54x DSP 的存储器空间可以分为三个单独选择的空间,即程序、数据和 I/O 空间。在任何一个存储空间内,RAM、ROM、EPROM、EEPROM 或存储器映射外设都可以驻留在片内或者片外。

根据芯片的型号不同,C54x DSP 包含 RAM(DARAM、SARAM 和两种方式共享的 RAM) 和 ROM。

C54x DSP 具有三个 CPU 状态寄存器位,影响存储器的配置,这三个状态位是处理器模式状态寄存器(PMST)中的位: MP/$\overline{\text{MC}}$ 、OVLY 和 DROM。

(1) MP/$\overline{\text{MC}}$ 位:

① 若 MP/$\overline{\text{MC}}$ =0,则片内 ROM 映射到程序存储空间;

② 若 MP/$\overline{\text{MC}}$ =1,则片内 ROM 不映射到程序存储空间。

(2) OVLY 位:

① 若 OVLY=1,则片内 RAM 映射到程序和数据存储空间;

② 若 OVLY=0,则片内 RAM 只映射到数据存储空间。

(3) DROM 位:

① 若 DROM=1,则部分片内 ROM 映射到数据存储空间;

② 若 DROM=0,则片内 ROM 不映射到数据存储空间。

图 2.4~2.8 所示为 C54x DSP 系列中的一些常用 DSP 的数据存储器和程序存储器映射。

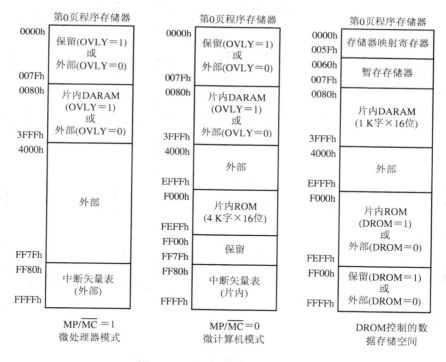

图 2.4 VC5402 的存储器映射

VC5402 可以采用分页扩展方法扩展程序存储空间。其程序空间可扩展到 1024 K(1 MB) 字。故 VC5402 有 20 根地址线,增加了一个额外的存储器映像寄存器——程序计数器扩展寄存器(XPC)以及 6 条寻址扩展程序空间的指令,VC5402 的扩展程序空间分成 16 页,每页 64 K 字,如图 2.5 所示。

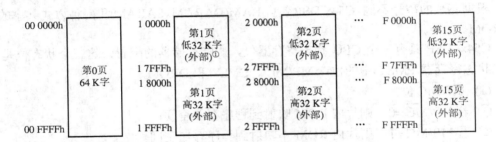

注：① 当 OVLY=0 时，1～15 页的低 32 K 字是可以获得的。

    ② 当 OVLY=1 时，则片内 RAM 映射到程序空间页面的低 32 K 字。

图 2.5   VC5402 的扩展程序存储器映射

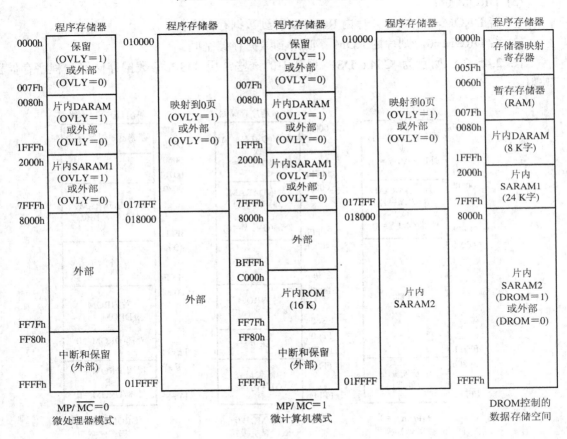

图 2.6   C5410 的存储器映射

C5410 可以扩展程序存储器空间。C5410 采用分页扩展方法，使其程序空间扩展到 8192K(8M) 字。故它有 23 根地址线。同 VC5402 一样，它也拥有一个 XPC 及 6 条寻址扩展程序空间的指令，C5410 中的扩展程序空间分成 128 页，每页 64K 字，如图 2.7 和图 2.8 所示。根据片内 RAM 是否映射到程序空间和数据空间以及 OVLY 的设置，可访问的外部扩展程序存储空间是不同的。

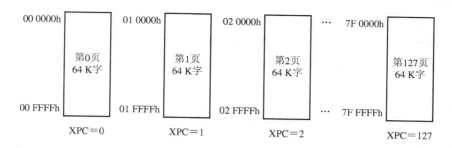

图 2.7　C5410 的扩展程序存储器映射

(OVLY=0 时，片内 RAM 不映射到程序空间和数据空间)

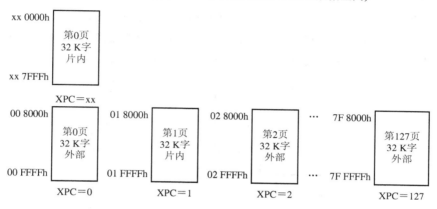

注：当片内 RAM 在程序空间有效时，所有对 xx 0000～xx7FFFh 区的访问，无论其页面为多少，均被映射到 00 0000～00 7FFFh 的片内 RAM。

图 2.8　C5410 的扩展程序存储器映射

(OVLY=1 时，片内 RAM 映射到程序空间和数据空间)

2.4.3　程序存储器

C54x DSP 的外部程序存储器可寻址 64 K 字的存储空间。它们具有片内 ROM、DARAM、SARAM 和双访问单访问两种方式共享的 RAM，这些存储器都是可以通过软件映射到程序空间。当存储单元被映射到程序空间时，并且当地址处于片内存储器的范围之内时，处理器就能自动地对这些存储器单元进行访问。当程序地址产生单元(PAGEN)产生的地址处在片内存储器范围之外，处理器就能自动地对外部寻址。表 2.7 列出了 C54x DSP 几种可用的片内程序存储器的容量。

表 2.7　C54x DSP 可用的片内程序存储器的容量　（单位：K 字）

芯　片	ROM	DARAM	SARAM
C548	2	8	24
C549	16	8	24
C5402	4	16	—
C5410	16	8	56
C5420	—	32	168

1. 程序存储器的可配置性

MP/$\overline{\text{MC}}$ 和 OVLY 位决定了哪个片内存储器在程序空间中可用。

器件复位时，MP/$\overline{\text{MC}}$ 引脚的逻辑状态被传送到 PMST 寄存器的 MP/MC 位。MP/MC 位决定了是否使用片内 ROM。

(1) 如果 MP/$\overline{\text{MC}}$ =1，器件配置为微处理器，并且片内的 ROM 不可用。

(2) 如果 MP/$\overline{\text{MC}}$ =0，器件被配置为微计算机，并且片内的 ROM 可用。

DSP 的 MP/$\overline{\text{MC}}$ 引脚仅仅在复位时被采样。用户可以通过软件来设置或清除 PMST 寄存器的 MP/MC 位，以便禁止或使能片内 ROM。

2. 片内 ROM 的组织

为了增强处理的性能，片内 ROM 可以细分和组织为若干块。例如，块组织可以让用户捕获来自于一个 ROM 块的指令，而不必牺牲来自不同块的数据访问(即可以同时在别的块中读取数据)。图 2.9 所示为几种 C54x DSP 的片内 ROM 的块组织。

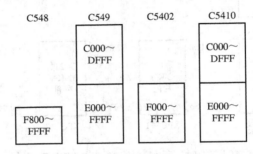

图 2.9　片内 ROM 的块组织

根据 C54x DSP 的不同，ROM 可以组织成容量为 2 K 字、4 K 字或 8 K 字的块。

3. 程序存储器地址映射和片内 ROM 的内容

当 DSP 复位时，复位和中断向量都映射到起始地址为 FF80h 的第 128 页的程序空间首地址。复位后，这些向量可以被重新映射到程序空间中任何一个 128 字页的开头。这个特征使得很容易地将中断向量表从自举 ROM 中移出来，然后再从存储器映射中移去 ROM。

在 C54x DSP 的片内 ROM 中，128 字被保留用于器件的测试。写到片内 ROM 并且在片内 ROM 执行的应用程序代码必须保留 128 字(FF00h~FF7Fh)。

4. 片内 ROM 的代码内容和映射

C54x DSP 提供了各种容量的 ROM(2 K 字、4 K 字、16 K 字、28 K 字或 48 K 字)。容量大的片内 ROM 可以把用户的程序代码编写进去，然而片内高 2 K 字 ROM 中的内容是由 TI 公司定义的。这 2 K 字程序空间(F800h~FFFFh)中包含如下内容：

(1) 自举加载程序。从串行口、外部存储器、I/O 端口或者主机接口(如果有的话，自举加载。

(2) 256 字 μ 律扩展表。

(3) 256 字 A 律扩展表。

(4) 256 字正弦函数值查找表。

(5) 中断向量表。

图 2.10 所示为 C54x DSP 片内高 2K 字 ROM 中的内容及其地址范围。如果 MC/$\overline{MC}$ =0，则用于代码的地址范围 F800h～FFFFh 被映射到片内 ROM。

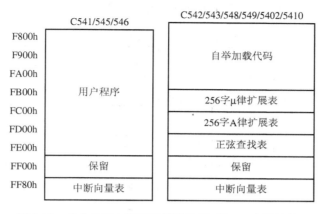

图 2.10　片内 ROM 程序存储器映射(高 2 K 字的地址)

2.4.4　数据存储器

C54x DSP 的数据存储器包含多达 64 K×16 位字。除了 SARAM 和 DARAM 外，C54x DSP 还可以通过软件将片内 ROM 映射为数据存储空间(DROM)。表 2.8 列出了几种 C54x DSP 可用的片内数据存储器的容量。

表 2.8　各种 C54x DSP 可用的片内数据存储器的容量　　　(单位：K 字)

器件	程序/数据 ROM	DARAM	SARAM
C548	—	8	24
C549	16	8	24
C5402	4	16	—
C5410	16	8	56
C5420	—	32	168

1.　数据存储器的可配置性

数据存储器可以驻留在片内或者片外。片内 DARAM 映射为数据存储空间。对于 C54x DSP，用户可以通过设置 PMST 寄存器的 DROM 位，将部分片内 ROM 映射到数据存储空间。这一部分片内 ROM 既可以在数据存储空间使能(DROM 位置 1)，也可以在程序空间使能(MP/$\overline{MC}$ 清 0)。复位时，处理器将 DROM 位清 0。

通过使用单操作数寻址指令，包括 32 位长字操作数的指令，可以在单周期内完成对数据 ROM 的访问。而在使用双操作数寻址时，如果两个操作数驻留在同一块内，则需要 2 个周期才能完成对数据 ROM 的访问；如果操作数驻留在不同的块内，则只需 1 个周期就可以了。

2.　片内的 RAM 的组织

为了提高处理器的性能，片内 RAM 也可细分成若干块。例如，分块组织可以让用户在同一个周期内从同一块 DARAM 中取出两个操作数，并将数据写入到另一块 DARAM 中。

几种 C54x DSP 内的 RAM 的分块组织见图 2.11 所示。

所有 C54x DSP 上的 DARAM 的起始 1 K 字的块包括程序存储器映射 CPU 和外设寄存器，32 位的暂存存储器 DARAM 和 896 个字的 DARAM。

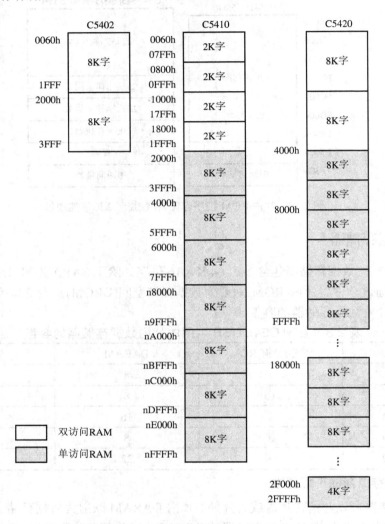

图 2.11   C5402/5410/5420 的 RAM 分块组织

3. 存储器映射寄存器

64 K 字的数据存储器空间包括器件的存储器映射寄存器，这些寄存器驻留在数据页的第 0 页(数据地址 0000h～007Fh)。第 0 页数据存储空间包含如下内容：

(1) CPU 的寄存器(共 26 个)，可以不需要插入等待周期进行访问，见表 2.9。

(2) 外设寄存器用于对外设电路进行控制和数据存放。这些寄存器驻留在地址 0020h～005F 之间，并且具有一个专用的外设总线结构。对 C54x DSP 的外设寄存器的讲解，请参见 2.6 节。

(3) 暂存存储器 RAM 块(位于数据存储器的 006h～007Fh)包括 32 个字的 DARAM，用于存储变量，有助于避免对大 RAM 块进行分段。

表 2.9　C54x DSP CPU 寄存器

名称	地址	说明
IMR	0	中断屏蔽
IFR	1	中断标志
ST0	6	状态 0
ST1	7	状态 1
AL	8	累加器 A 低 16 位
AH	9	累加器 A 高 16 位
AG	AH	累加器 A 最高 8 位
BL	BH	累加器 B 低 16 位
BH	CH	累加器 B 高 16 位
BG	DH	累加器 B 最高 8 位
TREG	EH	暂存器
TRN	FH	转换寄存器
AR0～7	10H～17H	辅助寄存器
SP	18H	堆栈指针
BK	19H	循环缓冲大小
BRC	1AH	指令块重复计算
RSA	1BH	指令块重复起始地址
REA	1CH	指令块重复终止地址
PMST	1DH	处理器模式
XPC	1EH	程序计数器扩展寄存器(仅 C548、C549、C5402、C5410 和 C5420)
—	001E～1Fh	保留

2.4.5　I/O 空间

　　C54x DSP 除了程序和数据存储器空间外，还有一个 I/O 存储器空间。I/O 存储器空间是一个 64K 的地址空间(0000h～FFFFh)，并且在器件之外。可以使用两条指令(输入指令 PORTR 和输出指令 PORTW)对 I/O 空间进行寻址。程序存储器和数据存储器空间的读取时序与 I/O 空间的读取时序不同，在于访问 I/O 是对 I/O 映射的器件进行访问，而不是访问存储器。

　　所有 C54x DSP 只有两个通用 I/O，即 $\overline{\text{BIO}}$ 和 XF。为了访问更多的 I/O，可以对主机通信并行接口和同步串行接口进行配置，以用作通用 I/O。另外，还可以扩展外部 I/O，C54x DSP 可以访问 64K 字的 I/O，外部 I/O 必须使用缓冲或锁存电路，配合外部 I/O 读写控制时序构成外部 I/O 的控制电路。DSP 的 I/O 扩展的内容详见 2.7 节。

2.5 流 水 线

C54x DSP 有一个 6 级深度的指令流水线。这 6 级流水线是彼此独立的，允许指令的重叠执行。在任何一个机器周期内，可以有 1～6 条不同的指令在同时工作，每条指令可工作在流水线的不同阶段。这 6 级流水线结构的功能如下：

(1) 程序预取值　加载一条获取的指令地址到程序地址总线(PAB)。

(2) 程序取值　一个指令字从程序总线(PB)获取，并且加载到指令寄存器(IR)。这个过程完成一个由当前周期和上一次周期组成的取指序列。

(3) 译码　对指令寄存器(IR)的内容进行译码，以确定何种类型的存储器访问操作及数据地址产生单元(DAGEN)和 CPU 的控制信号。

(4) 寻址　DAGEN 输出指令的读操作数地址到数据地址总线(DAB)。如果指令具有第二个操作数，则也将相应的操作数地址加载到另一条数据总线(CAB)。间接寻址模式下的辅助寄存器和堆栈指针(SP)也被更新。这个功能是两阶段操作数读顺序的第一阶段。

(5) 读操作数　从数据总线(DB 和 CB)读数据操作数。这个功能完成了两阶段操作数读顺序的第二阶段，即完成了操作数读。同时，两阶段操作数写顺序开始。写操作数的数据地址加载到数据写总线(EAB)。对于存储器映射寄存器，读数据操作数通过 DB 总线从存储器中读取并写到所选定的存储器映射寄存器中。

(6) 执行　操作数写序列通过使用数据写(EB)总线写数据来完成。指令在该阶段执行。

图 2.12 显示了流水线的 6 个阶段。

预取值	取指	译码	寻址	读操作数	执行

图 2.12　流水线的 6 个阶段

C54x DSP 的流水线允许多条指令同时访问 CPU 资源,但是 CPU 的资源毕竟是有限的,所以当某个 CPU 资源被多于 1 个流水线阶段所占用时,就会产生流水线冲突。其中的一些流水线冲突可以由 CPU 自动插入延迟来解决,有些则需要程序员调整程序语句的次序或在两条有冲突的指令中间插入一定数量的 NOP 指令来解决。

2.6 片 内 外 设

C54x DSP 系列中的外设并不完全相同，C54x DSP 完整的片内外设配置包括：

- 通用输入输出(I/O)引脚；
- 定时器；
- 时钟发生器；
- 主机接口(HPI)；
- 软件可编程的等待状态发生器；
- 可编程的分区转换模块；
- 串行接口，包括标准同步串行接口、带缓冲的串行接口(BSP)、多通道缓冲串行接口(McBSP)和时分复用串行接口(TDM)；

● 直接存储器访问(DMA)控制器。目前只有 C5402、C5410，C5420 具有 DMA 控制器模块。

不同类型的 C54x DSP 芯片具有不同的外设，但若有某种外设，就一定有相应的控制该外设的外设寄存器，这些寄存器可以从外设取数据或者将数据传输到外设，通过访问这些寄存器来操作和控制外设。外设寄存器映射在片内存储器 20H～5FH 地址中。表 2.10 是 VC5402 的一些外设寄存器的地址映射表。有关串口、DMA 等的映射寄存器数目众多，不一一例举。

表 2.10　　VC5402 的部分片内外设映射寄存器

TIM	24H	定时器 0 减数计数器
PRD	25H	定时器 0 周期
TCR	26H	定时器 0 控制
SWWSR	28H	软等待状态
BSCR	29H	组间切换控制
SWCR	2BH	软等待数扩展
HPIC	2CH	主机接口控制
TIM1	30H	定时器 1 减数计数器
PRD1	31H	定时器 1 周期
TCR1	32H	定时器 1 控制
GPIOCR	3CH	通用 I/O 控制，控制主机接口和 TOUT1
GPIOSR	3DH	通用 I/O 状态，主机接口作通用 I/O 时有用
CLKMD	58H	时钟模式
PCR0	39H+0EH	串口 0 管脚控制
PCR1	49H+0EH	串口 1 管脚控制

2.6.1　通用输入输出(I/O)引脚

每种 C54x DSP 芯片都含有两个通用 I/O 引脚：XF 和 $\overline{\text{BIO}}$。XF 是一个由软件控制的外部标志输出引脚。通过对状态寄存器 ST1 中的 XF 位清零，可以使 XF 外部引脚输出低电平，通过对 ST1 中的 XF 位置位可以使 XF 外部引脚输出高电平。$\overline{\text{BIO}}$ 为转移控制输入引脚，用于监视外部器件的状态。在汇编指令中，有判断 $\overline{\text{BIO}}$ 引脚状态并产生相应条件转移的指令。

一些 C54x DSP 芯片的多通道缓冲串口(McBSP)和主机接口(HPI)的一些引脚也可以作为通用 I/O 引脚。

2.6.2　定时器

C54x DSP 有一个 4 bit 预分频器的 16 bit 的定时电路，可获得较大范围的定时器频率，定时器计数器在每一个时钟周期中减 1，每当计数器减至 0 时产生一个定时中断。通过设置特定的状态，可使定时器停止、恢复运行、复位或禁止。

VC5402 有两个片内定时器。

1.　定时器寄存器

片内定时器由三个存储器映射寄存器组成，即定时器寄存器(TIM)、定时器周期寄存器

(PRD)和定时器控制寄存器(TCR)。

　　(1) 定时器寄存器(TIM)　16位的存储器映射定时器寄存器(TIM)加载周期寄存器(PRD)的值，并随计数而减少。

　　(2) 定时器周期寄存器(PRD)　16 位的存储器映射定时器周期寄存器(PRD)用于重载定时器寄存器(TIM)。

　　(3) 定时器控制寄存器(TCR)　16 位的存储器映射定时器控制寄存器(TCR)包含定时器的控制和状态位，如图 2.13 所示。TCR 各位的意义描述如表 2.11 所示。

15～12	11	10	9～6	5	4	3～0
保留位	Soft	Free	PSC	TRB	TSS	TDDR

图 2.13　TCR 的各位

表 2.11　TCR 各位的意义描述[①]

位	名　称	说　明
15～12	保留位	读总为 0
11	SOFT	SOFT 和 FREE 结合使用
10	FREE	FREE　SOFT　　定时器操作 　0　　　0　　　定时器立即停止工作 　0　　　1　　　计数器减为 0 时停止工作 　1　　　x　　　定时器继续运行(PRD 重新装入 TIM)
9～6	PSC	预定标计数器,每个 CLKOUT 作减 1 操作,减为 0 时,TDDR 值装入 PSC,TIM 减 1,PSC 的作用相当于预分频器
5	TRB	对此位置 1 将 PRD、TDDR 的值分别装入 TIM 和 PSC,此位总是读为 0
4	TSS	置 0 将启动定时器工作,置 1 将使定时器停止
3～0	TDDR	定时器分频比,以此数对 CLKOUT 分频后再去对 TIM 作减 1 操作;当 PSC 减为 0 时,此值装入 PSC

　　注：①复位后，TCR 的值为 0000H，TIM 和 PRD 均为 FFFFH。

2. 定时器工作过程

　　C54x DSP 定时器结构如图 2.14 所示。它由两个基本功能块组成，即主定时器模块(PRD 和 TIM)、预定标器模块(TCR 中的 TDDR 和 PSC 等)及相应的控制电路。

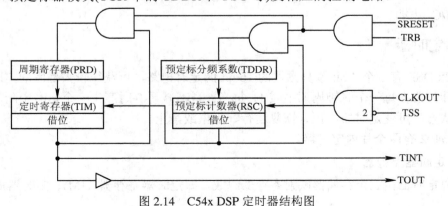

图 2.14　C54x DSP 定时器结构图

　　定时器由 CPU 提供时钟，定时器的工作受三个寄存器(TIM、PRD、TCR)的控制。CLKOUT 时钟先经 PSC 预分频后，用分频的时钟对 TIM 作减 1 计数，当 TIM 减为 0 时，将产生定时器中断信号(TINT)。TINT 被送往 CPU，并在定时器输出管脚 TOUT 上产生一个脉冲，脉宽为一个主时钟周期，同时 PSC 和 TIM 重新装入预设的值，即计数器重载周期值。

　　VC5402 两个定时器分别有三个寄存器和相应的输出管脚 TOUT 和 TOUT1，其中 TOUT1 只有当主机接口(HPI-8)被禁止时才有效。TOUT 信号可为外设提供时钟。

　　在正常工作情况下，主定时模块中，当 TIM 减计数到 0 后，PRD 中的内容自动地加载到 TIM。当系统复位(SRESET 输入信号有效)或者定时器单独复位(TRB 输入信号有效)时，PRD 中的内容重新加载到 TIM。同样，预定标模块中当 PSC 减计数到 0 时，TDDR 的内容加载到 PSC。当系统复位或者定时器单独复位时，TDDR 的内容重新加载到 PSC。通过读 TCR，可以读取 PSC，但是它不能直接被写。

　　每次当定时器计数器减少到 0 时，会产生一个定时器中断(TINT)，定时器中断 TINT 的速率可由下式计算：

$$TINT_{rate} = \frac{1}{t_c (TDDR + 1) \times (PRD + 1)}$$

式中，t_c 为 CPU 时钟周期。

　　初始化定时器时，采用以下步骤：

　　(1) TSS=1，停止定时器；

　　(2) 载入 PRD 值；

　　(3) 重新载入 TCR 初始化 TDDR，设置 TSS=0 和 TRB=1 来重载定时器周期，启动定时器。

　　使能定时器中断的操作步骤如下(ST1 的中断模式 INTM=1 情况下)：

　　(1) 设置中断标志寄存器(IFR)中的 TINT=1，清除定时器中断；

　　(2) 设置中断屏蔽寄存器(IMR)中的 TINT=1，激活定时器中断；

　　(3) 设置 INTM=0，激活全部中断。

　　复位时，TIM 和 PRD 被设置为最大值 FFFFh，定时器的分频系数(TDDR)清 0，并且启动定时器。

2.6.3　时钟发生器

1. 时钟发生器

　　时钟发生器为 C54x DSP 提供时钟信号。时钟发生器由一个内部振荡器和一个锁相环电路组成，可以通过晶振或外部的时钟驱动。锁相环电路能使时钟电源乘上一个特定的系数，得到一个内部 CPU 时钟，故可以选择一个频率比 CPU 时钟低的时钟源。时钟发生器可以由两种方法实现：

　　(1) 使用具有内部振荡电路的晶体振荡器。如图 2.15 所示。晶体振荡器电路连接到 C54x DSP 的 X1 和 X2/CLKIN 引脚。另外 CLKMD 引脚必须配置以使能内部振荡器。

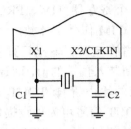 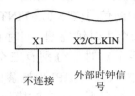

图 2.15　外部晶体振荡器的连接　　　　图 2.16　　外部参考振荡器的连接

(2) 使用外部时钟。如图 2.16 所示，将一个外部时钟信号直接连接到 X2/CLKIN 引脚，X1 引脚悬空。

2. 时钟模式

C54x DSP 内部的锁相环(PLL)具有频率放大和时钟信号提纯作用，因此，PLL 的外部频率源可以比 CPU 机器周期速度要低，这样可以降低因为高速开关时钟引起的高频噪声。有些器件具有硬件可配置的 PLL 电路，而有些器件具有的是软件可编程的 PLL 电路。C54x DSP 的 PLL 硬件配置时钟模式是通过配置 CLKMD1、CLKMD2 和 CLKMD3 引脚来实现的。对于不使用 PLL 的器件，其 CPU 时钟频率为晶体振荡频率(或外部时钟频率)的一半。

软件可编程 PLL 具有高度的灵活性，并且包括提供各种时钟乘法器系数的时钟定标器、直接使能或禁止 PLL 的功能、用于延迟转换 PLL 时钟模式(直到锁定为止)的 PLL 锁定定时器。具有软件可编程 PLL 的 DSP 器件可以选用以下两种时钟方式之一来配置：

(1) PLL 模式　输入时钟(CLKIN)乘以从 0.25～15 共 31 个系数之一。这些系数通过使用 PLL 电路来获得。

(2) DIV(分频器)模式　输入时钟(CLKIN)除以 2 或 4。当使用 DIV 方式时，所有的模拟电路，包括 PLL 电路都被禁止，以使功耗最小。

紧接着复位后，时钟模式由 3 个外部引脚(CLKMD1、CLKMD2 和 CLKMD3)的状态所决定。 与 CLKMD 引脚有关的模式见表 2.12 和表 2.13。C5420 没有 CLKMD 引脚，复位后 C5420 工作在旁路模式(PLL 关)。

表 2.12　复位时时钟模式设置(C541B/C545A/C546A/C548/C549/C5410)

CLKMD1	CLKMD2	CLKMD3	CLKMD 寄存器	时钟模式
0	0	0	0000h	使用外部时钟源，时钟频率除以 2
0	0	1	1000h	使用外部时钟源，时钟频率除以 2
0	1	0	2000h	使用外部时钟源，时钟频率除以 2
1	0	0	4000h	使用内部时钟源，时钟频率除以 2
1	1	0	6000h	使用外部时钟源，时钟频率除以 2
1	1	1	7000h	使用内部振荡器，时钟频率除以 2
1	0	1	0007h	使用外部时钟源，PLL×1
0	1	1	—	停止模式

表 2.13　复位时时钟模式设置(VC5402)

CLKMD1	CLKMD2	CLKMD3	CLKMD 寄存器	时钟模式
0	0	0	E007H	乘 15，内部振荡器工作，PLL 工作
0	0	1	9007H	乘 10，内部振荡器工作，PLL 工作
0	1	0	4007H	乘 5，内部振荡器工作，PLL 工作
1	0	0	1007H	乘 2，内部振荡器工作，PLL 工作
1	1	0	F007H	乘 1，内部振荡器工作，PLL 工作
1	1	1	0000H	乘 1/2，内部振荡器工作，PLL 不工作
1	0	1	F000H	乘 1/4，内部振荡器工作，PLL 不工作
0	1	1	—	保留

　　复位后，软件可编程 PLL 可以编程为任何期望的配置。复位时，下面的始终模式引脚组合使能 PLL：对于 C5402，CLKMD(3～1)由 000b 变为 110b，而对于其他 C54x DSP，则变为 101b。当使用这些时钟模式引脚组合时，内部 PLL 锁定定时器不工作，因此系统必须延迟释放复位，以便允许 PLL 锁定时间的延迟。

　　复位后，可以对 16 位存储器映射时钟模式寄存器(CLKMD，地址为 58h)编程加载 PLL，以配置所要求的时钟方式。CLKMD 是用来定义 PLL 时钟模块中的时钟配置，它的各位的功能见表 2.14。由 CLKMD 的 PLLNDIV、PLLDIV 和 PLLMUL 位所确定的 PLL 的乘法系数见表 2.15。

表 2.14　CLKMD 寄存器各位的意义描述

位	名称	功　能
15~12	PLLMUL	PLL 乘法系数(乘法器)。与 PLLDIV 和 PLLNDIV 一起定义频率的乘数
11	PLLDIV	PLL 乘法系数(除法器)。与 PLLMUL 和 PLLNDIV 一起定义频率的乘数
10~3	PLLCOUNT	PLL 计数器值。在 PLL 启动之后，PLL 为处理器提供时钟之前，为 PLL 锁定定时器指定计数的输入时钟周期数(16 个周期为增量)。PLL 计数器是一个由输入时钟除以 16 来驱动减法计数器，因此每 16 个输入时钟 CLKIN 到来后，PLL 计数器减 1。 PLL 计数器可以用于确保处理器直到 PLL 锁定之后才被锁定，以便只有有效的时钟信号送到 DSP
2	PLLON/OFF	PLL 开/关。与 PLLDIV 一起使能或禁止时钟发生器的 PLL 部分。PLLON/OFF 和 PLLNDIV 强制 PLL 工作；当 PLLON/OFF 位置 1 时，不管 PLLNDIV 的状态如何，PLL 都处于工作状态： PLLON/OFF　　　PLLNDIV　　　PLL 状态 　0　　　　　　　0　　　　　　关 　0　　　　　　　1　　　　　　开 　1　　　　　　　0　　　　　　开 　1　　　　　　　1　　　　　　开

续表

位	名称	功　　　能
1	PLLNEDIV	PLL 时钟发生器选择。决定时钟发生器是工作在 PLL 模式还是分频器(DIV)模式，并且与 PLLMUL 和 PLLDIV 一起定义频率的乘数 PLLNDIV=0 时，工作在分频器(DIV)模式 PLLNDIV=1 时，工作在 PLL 模式
0	PLLSTATUS	PLL 状态。表示时钟发生器的工作模式： PLLSTATUS=0 时，分频器(DIV)模式 PLLSTATUS=1 时，PLL 模式

表 2.15　CLKMD 寄存器的 PLLNDIV、PLLDIV 和 PLLMUL 位所确定的 PLL 的乘法系数

PLLNDIV	PLLDIV	PLLMUL	乘法系数[①]
0	x	0~14	0.5
0	x	15	0.25
1	0	0~14	PLLMUL+1
1	0	15	1(旁路)[②]
1	1	0 或偶数	(PLLMUL+1)÷2
1	1	奇数	PLLMUL÷4

注：① CLKOUT=CLKIN×乘法系数。

　　② C5420 复位后的默认模式。

(3) 时钟模式寄存器(CLKMD)，如图 2.17 所示。16 位存储器映射时钟模式寄存器(CLKMD)包含定时器的控制和状态位。CLKMD 各位的意义描述如表 2.14 所示。

15~12	11	10~3	2	1	0
PLLMUL	PLLDIV	PLLCOUNT	PLLON/OFF	PLLNDIV	PLLSTATUS
R/W	R/W	R/W	R/W	R/W	R

注：当工作在 DIV 模式时(PLLSTATUS 为低)，PLLMUL、PLLDIV、PLLCOUNT 和 PLLON/OFF 是无关的，并且它们的内容是不确定的。

图 2.17　CLKMD 的各位

软件可编程 PLL 在启动配置、操作模式和节省功耗等特性方面提供了不同的选项。

2.6.4　串行口

1. 串行口概述

各种 C54x DSP 的芯片有不同的串口，但主要有以下 4 种：

(1) 标准同步串行口(SP)　是高速、全双工串口，提供与编码器、A/D 转换器等串行设备之间的通信。当一个 C54x DSP 芯片有多个同步串口时，它们是相互独立的。同步串口为

收发双向缓冲的，单独由可屏蔽的外部中断信号控制，数据可由字节或字传送。

(2) 缓冲同步串口(BSP)　在标准同步串行口的基础上增加了一个自动缓冲单元，并以整 CLKOUT 频率计时。它也是全双工和双缓冲的，能提供灵活的数据串长度，自动缓冲单元支持高速传送并降低服务中断开销。

(3) 时分多路同步串口(TDM)　是一个允许数据时分多路的同步串口，既能工作在普通同步串行口(SP)方式，也能工作在 TDM 方式下，在多处理器中得到广泛的应用。

(4) 多通道带缓冲同步串行口(McBSP)　该种串行口具有通道数多，数据格式范围宽等特点。目前 C54x DSP 系列中只有 VC5402、C5410 和 C5420 有此串口。

下面以 VC5402 为例详细介绍其串口的特性、结构、功能和工作原理。

2. VC5402 串口

VC5402 有两个高速多通道带缓冲串行接口 McBSP。

1) McBSP 特点

多通道带缓冲的串口 McBSP 的硬件部分是基于标准串口的引脚连接界面，具有如下特点：

- 充分的双向通信；
- 双缓冲的发送和三缓冲的接收数据存储器，允许连续的数据流；
- 独立的接收、发送帧和时钟信号；
- 可以直接与工业标准的编码器，模拟界面芯片(AICS)，其他串行 A / D，D / A 器件连接与通信；
- 具有外部移位时钟发生器及内部频率可编程移位时钟；
- 可以直接利用多种串行协议接口通信，例如，T1 / E1，MVIP，H100，SCSA，IOM-2，AC97，IIS，SPI 等；
- 发送和接收通道数多达 128 路；
- 宽范围的数据格式选择，包括 8，12，16，20，24，32 位字长；
- 利用 μ 律或 A 律的压缩扩展通信；
- 8 位数据发送，其高位、低位先发送可选；
- 帧同步和时钟信号的极性可编程；
- 可编程内部时钟和帧同步信号发生器。

2) McBSP 结构及工作原理

McBSP 结构如图 2.18 所示，包括数据通路和控制通路两部分，并且通过 7 个引脚与外部器件相连。

DX　数据发送引脚。

DR　数据接收引脚。

CLKX　发送时钟引脚。

CLKR　接收时钟引脚。

FSX　发送帧同步引脚。

FSR　接收帧同步引脚。

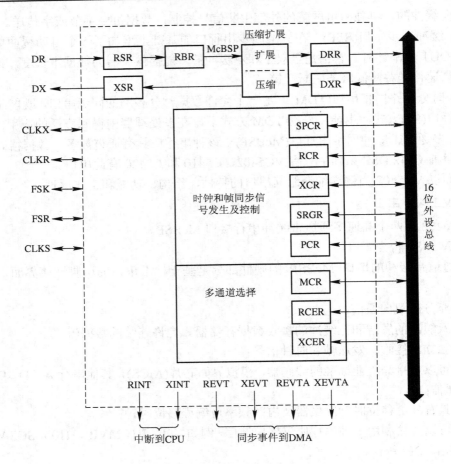

图 2.18 McBSP 内部结构

在时钟信号和帧同步信号控制下,接收和发送通过 DR 和 DX 引脚与外部器件直接通信。C54x DSP 内部 CPU 对 McBSP 的操作,利用 16 位控制寄存器,通过片内外设总线进行存取控制。

数据发送过程为:

① 写数据与数据发送寄存器 DXR[1,2];

② 通过发送移位寄存器 XSR[1,2],将数据经引脚 DX 移出发送。

数据接收过程为:

① 通过引脚 DR 接收的数据移入接收移位寄存器 RSR[1,2],复制这些数据到接收缓冲寄存器 RBR[1,2];

② 复制数据到 DRR[1,2];

③ 由 CPU 或 DMA 控制器读出。

这个过程允许内部和外部数据通信同时进行。如果接收或发送字长 R / XWDLEN 被指定为 8,12 或 16 模式时,DRR2、RBR2、RSR2、DXR2、XSR2 等寄存器不能进行写、读、移位操作。CPU 或 DMA 控制器可对其余的寄存器进行操作,这些寄存器列于表 2.16。

表 2.16　McBSP 寄存器列表

映 射 地 址			子地址	McBSP 控制寄存器 名称编写	McBSP 控制寄存器名称
McBSP0	McBSP1	McBSP2			
—	—	—		RBR[1，2][①]	接收缓冲寄存器 1 和 2
—	—	—		RSR[1，2][①]	接收移位寄存器 1 和 2
—	—	—		XSR[1，2][①]	发送移位寄存器 1 和 2
0020h	0040h	0030h	—	DRR2x	数据接收寄存器 2
0021h	0041h	0031h	—	DRR1x	数据接收寄存器 1
0022h	0042h	0032h	—	DXR2x	数据发送寄存器 2
0023h	0043h	0033h	—	DXR1x	数据发送寄存器 1
0038h	0048h	0034h	—	SPSAx	子地址寄存器
0039h	0049h	0035h	0000h	SPCR1x	串行口控制寄存器 1
0039h	0049h	0035h	0001h	SPCB2x	串行口控制寄存器 2
0039h	0049h	0035h	0002h	RCR1x	接收控制寄存器 1
0039h	0049h	0035h	0003h	RCR2x	接收控制寄存器 2
0039h	0049h	0035h	0004h	XCR1x	发送控制寄存器 1
0039h	0049h	0035h	0005h	XCR2x	发送控制寄存器 2
0039h	0049h	0035h	0006h	SRGR1x	采样率发生寄存器 1
0039h	0049h	0035h	0007h	SRGR2x	采样率发生寄存器 2
0039h	0049h	0035h	0008h	MCR1x	多通道控制寄存器 1
0039h	0049h	0035h	0009h	MCR2x	多通道控制寄存器 2
0039h	0049h	0035h	000Ah	RCERAx	接收通道使能寄存器 A
0039h	0049h	0035h	000Bh	RCERBx	接收通道使能寄存器 B
0039h	0049h	0035h	000Ch	XCERAx	发送通道使能寄存器 A
0039h	0049h	0035h	000Dh	XCERBx	发送通道使能寄存器 B
0039h	0049h	0035h	000Eh	PCRx	引脚控制寄存器

　　注：① *RBR[1，2]、RSR[1，2]、XSR[1，2]不能直接通过 CPU 或 DMA 存取。

　　McBSP 的控制模块由内部时钟发生器、帧同步信号发生器、控制电路和多通道选择四部分构成。两个中断和四个同步事件信号控制 CPU 和 DMA 控制器的中断，CPU 和 DMA 事件同步。图 2.18 中 RINT、XINT 分别为触发 CPU 的接收和发送中断；REVT、XEVT 分别为触发 DMA 接收和发送同步事件；REVTA、XEVTA 分别为触发 DMA 接收和发送同步事件 A。

　　3) McBSP 串口配置

　　通过 3 个 16 位寄存器 SPCR[1,2]和 PCR 进行 McBSP 串口配置。串口接收控制寄存器 SPCRl 结构如图 2.19 所示。

15	14~13	12~11	10~8	7	6	5~4	3	2	1	0
DLB	RJUST	CLKSTP	保留	DXENA	ABIS	RINTM	RSYNCERR	RFULL	RRDY	$\overline{RRST}$
RW, +0	RW, +0	RW, +0	R, +0	RW, +0	RW, +0	RW, +0	RW, +0	R, +0	R, +0	RW, +0

图 2.19　串口接收控制寄存器 SPCR1 结构

图中，R 为读，W 为写，+0 表示为复位值为 0。

SPCR1 的位详细描述如下：

第 15 位：DLB 数字循环返回模式。

DLB=0，废除；DLB=1，使能。

第 14~13 位：RJUST 接收符号扩展和判别模式。

RJUST=00，右位判 DRR[1，2]最高位为 0；

RJUST=01，右位判 DRR[1，2]最高位为符号扩展位；

RJUST=10，左位判 DRR[1，2]最低位为 0；

RJUST=11，保留。

第 12~11 位：CLKSTP 时钟停止模式。

CLKSTP=0X，废除时钟停止模式，对于非 SPI 模式为正常时钟。

SPI 模式包括 CLKSTP=10，CLKXP=0，时钟开始于上升沿，无延时；

　　　　　　　CLKSTP=10，CLKXP=1，时钟开始于下降沿，无延时；

　　　　　　　CLKSTP=11，CLKXP=0，时钟开始于上升沿，有延时；

　　　　　　　CLKSTP=11，CLKXP=1，时钟开始于下降沿，有延时。

第 10~8 位：保留。

第 7 位：DXENA 为 DX 使能位。

DXENA=0，关断；DXENA=1，打开。

第 6 位：ABIS 模式。

ABIS=0 废除；ABIS=1 使能。

第 5~4 位：RINTM 接收中断模式。

RINTM=00，接收中断 RINT 由 RRDY(字结束)驱动，在 A-bis 模式下由帧结束驱动；

RINTM=01，多通道操作中，由块结束或帧结束产生接收中断 RINT；

RINTM=10，一个新的帧同步产生接收中断 RINT；

RINTM=11，由接收同步错误 RSYNCERR 产生中断 RINT。

第 3 位：RSYNCERR 接收同步错误。

RSYNCERR=0，无接收同步错误；RSYNCERR=1，探测到接收同步错误。

第 2 位：RFULL 接收移位寄存器 RSR[1，2]满。

RFULL=0，接收缓冲寄存器 RBR[1，2]未越限；

RFULL=1，接收缓冲寄存器 RBR[1，2]满，接收移位寄存器 RSR[1，2]移入新字满，而数据接收 DRR[1，1]未读。

第 1 位：RRDY 接收准备位。

RRDY=0，接收器未准备好；RRDY=1，接收器准备好从 DRR[1，2]读数据。

第 0 位：$\overline{RRST}$ 接收器复位，可以复位和使能接收器。

$\overline{RRST}$ =0，串口接收器被废除，并处于复位状态；$\overline{RRST}$ =1 串口接收器使能。

注意：所有的保留位都读为 0。如果写 1 到 RSYNCERR 就会设置一个错误状态，因此这位只能用于测试。

图 2.20 为串口发送控制寄存器 SPCR2 的结构。

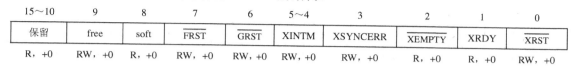

15～10	9	8	7	6	5～4	3	2	1	0
保留	free	soft	$\overline{FRST}$	$\overline{GRST}$	XINTM	XSYNCERR	$\overline{XEMPTY}$	XRDY	$\overline{XRST}$
R，+0	RW，+0	R，+0	RW，+0	RW，+0	RW，+0	RW，+0	R，+0	R，+0	RW，+0

图 2.20　串口发送控制寄存器 SPCR2 的结构

SPCR2 的位详细描述如下：

第 15～10 位：保留。

第 9 位：free 全速运行模式。

free=0，废除；free=1，使能。

第 8 位：soft 软件模式。

soft=0，废除软件模式；soft=1，使能软件模式。

第 7 位：$\overline{FRST}$ 帧同步发送器复位。

$\overline{FRST}$ =0，帧同步逻辑电路复位，采样率发生器不会产生帧同步信号 FSG；

$\overline{FRST}$ =1，在时钟发生器 CLKG 产生了(FPER+1)个脉冲后，发出帧同步信号 FSG，例如，所有的帧同步计数器由它们的编程值装载。

第 6 位：GRST 采样率发生器复位。

$\overline{GRST}$ =0，采样率发生器复位；GRST=1，采样率发生器启动。

CLKG 按照采样率发生器中的编程值产生时钟信号。

第 5～4 位：XINTM 发送中断模式。

XINTM=00，由发送准备好位 XRDY 驱动发送中断；

XINTM=01，块结束或多通道操作时的帧同步结束，驱动发送中断请求 XINT；

XINTM=10，新的帧同步信号产生 XINT；

XINTM=11，发送同步错误位 XSYNCERR，产生中断。

第 3 位：XSYNCERR 发送同步错误位。

XSYNCERR=0，无同步错误；XSYNCERR=1，探测到同步错误。

第 2 位：$\overline{XEMPTY}$ 发送移位寄存器 XSR[1，2]空。

$\overline{XEMPTY}$ =0，空；$\overline{XEMPTY}$ =1，不空。

第 1 位：XRDY 发送器准备。

XRDY=0，发送器未准备好；XRDY=1，发送器准备好发送 DXR[l，2]中的数据。

第 0 位：$\overline{XRST}$ 发送器复位和使能位。

$\overline{XRST}$ =0，串口发送器废除，且处于复位状态；$\overline{XRST}$ =1，串口发送器使能。

图 2.21 为串口引脚控制寄存器 PRC 的结构。

PRC 的位详细描述如下：

第 15～14 位：保留。

第 13 位：XIOEN 发送通用 I/O 模式，只有 SPCR[1，2]中的 $\overline{XRST}$ =0 时才有效。

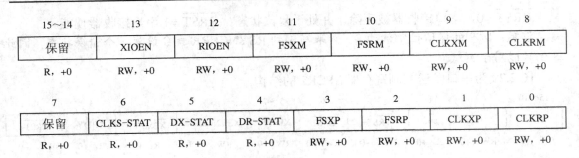

图 2.21　串口引脚控制寄存器 PRC 的结构

XIOEN=0，DX，FSX，CLKX 引脚配置为串口；

XIOEN=1，引脚 DX 配置为通用输出，FSX，CLKX 引脚配置为通用 I/O。此时，这些引脚不能用于串口操作。

第 12 位：RIOEN 接收通用 I/O 模式，只有 SPCR[1，2]中的 $\overline{RRST}$ =0 时才有效。

RIOEN=0，DR，FSR，CLKR，CLKS 引脚配置为串口；

RIOEN=1，引脚 DR 和 CLKS 配置为通用 I／O。CLKS 受接收器信号 $\overline{RRST}$ 和 RIOEN 组合状态影响。

第 11 位：FSXM 帧同步模式。

FSXM=0，帧同步信号由外部器件产生；

FSXM=1，采样率发生器中的帧同步位 FSGM 决定帧同步信号。

第 10 位：FSRM 接收帧同步模式。

FSRM=0，帧同步脉冲由外部器件产生，FSR 为输入引脚；

FSRM=1，帧同步由片内采样率发生器产生。除 SRGR 中的 GSYNC=1 情况外，FSR 为输出引脚。

第 9 位：CLKXM 发送器时钟模式。

CLKXM=0，CLKX 作为输入引脚输入外部时钟信号驱动发送器时钟；

CLKXM=1，片上采样率发生器驱动 CLKX 引脚，此时，CLKX 为输出引脚。

在 SPI 模式下(为非 0 值)，CLKXM=0，McBSP 为从器件，时钟 CLKX 由系统中的 SPI 主器件驱动，CLKR 由内部 CLKX 驱动；CLKXM=1，McBSP 为主器件，产生时钟 CLKX 驱动它的接收时钟 CLKR。

第 8 位：CLKRM 接收时钟模式。

SPCR1 中 DLB=0 时，数字循环返回模式不设置。CLKRM=0，外部时钟驱动接收时钟；CLKRM=1，内部采样发生器驱动接收时钟 CLKR。

SPCR1 中 DLB=1 时，数字循环返回模式设置。CLKRM=0，由 PCR 中 CLKXM 确定的发送时钟驱动接收时钟(不是 CLKR)，CLKR 为高阻。CLKRM=1，CLKR 设定为输出引脚，由发送时钟驱动，发送时钟由 PCR 中的 CLKM 位定义驱动。

第 7 位：保留。

第 6 位：CLKS-STAT 为 CLKS 引脚状态。

当被选作为通用 I/O 输入时，反映 CLKS 引脚的电平值。

第 5 位：DX-STAT 为 DX 引脚状态。

作为通用 I/O 输出时，DX 的值。

第 4 位：DR-STAT 为 DR 引脚状态。

作为通用 I/O 输入时，DR 的值。

第 3 位：FSXP 发送帧同步信号极性。

FSXP=0，帧同步脉冲上升沿触发；FSXP=1，帧同步脉冲下降沿触发。

第 2 位：FSRP 接收帧同步极性。

FSRP=0，帧同步脉冲上升沿触发；FSRP=1，帧同步脉冲下降沿触发。

第 1 位：CLKXP 发送时钟极性。

CLKXP=0，发送数据在 CLKX 的上升沿采样；

CLKXP=1，发送数据在 CLKX 的下降沿采样。

第 0 位：CLKRP 发送时钟极性。

CLKRP=0，接收数据在 CLKR 的下降沿采样；

CLKRP=1，接收数据在 CLKR 的上升沿采样。

4）接收和发送控制寄存器 RCR[1，2]，XCR[1，2]

接收和发送寄存器 RCR[1，2]，XCR[1，2]分别配置接收和发送操作的各种参数。接收控制寄存器 RCR1 如图 2.22 所示。

15	14～8	7～5	4～0
保留	RFRLEN1	RWDLEN1	保留
R，+0	RW，+0	RW，+0	R，+0

图 2.22　接收控制寄存器 RCR1

RCR1 的位详细描述如下：

第 15 位：保留。

第 14～8 位：RFRLEN1 接收帧长度为 1。

RFRLEN1=0000000，每帧 1 个字；

RFRLEN1=0000001，每帧 2 个字；

…　…　…　…　…　…　…　…

RFRLEN1=1111111，每帧 128 个字。

第 7～5 位：RWDLEN1 接收字长为 1。

RWDLEN1=000，8 位；

RWDLEN1=001，12 位；

RWDLEN1=010，16 位；

RWDLEN1=011，20 位；

RWDLEN1=100，24 位；

RWDLEN1=101，32 位；

RWDLEN1=11X，保留。

第 4～0 位：保留。

接收控制寄存器 RCR2 如图 2.23 所示。

15	14～8	7～5	4～3	2	1～0
RPHASE	RFRLEN2	RWDLEN2	RCOMPAND	RFIG	RDATDLY
WR，+0	RW，+0	RW，+0	WR，+0	WR，+0	WR，+0

图 2.23　接收控制寄存器 RCR2

RCR2 的位详细描述如下：

第 15 位：RPHASE 接收相位。

RPHASE=0，单相帧；RPHASE=1，双相帧。

第 14～8 位：RFRLEN2 接收帧长度为 2。

RFRLEN2=0000000，每帧 1 个字；

RFRLEN2=0000001，每帧 2 个字；

… … … … … … … …

RFRLEN2=1111111，每帧 128 个字。

第 7～5 位：RWDLEN2 接收字长为 2。

RWDLEN2=000，8 位；

RWDLEN2=001，12 位；

RWDLEN2=010，16 位；

RWDLEN2=011，20 位；

RWDLEN2=100，24 位；

RWDLEN2=101，32 位；

RWDLEN2=11X，保留。

第 4～3 位：RCOMPAND 接收扩展模式。

除了 00 模式外，当相应的 RWDLEN=000 时，这些模式被使能，8 位数据。

RCOMPAND=00，无扩展，数据转换开始于最高位 MSB；

RCOMPAND=01，8 位数据，数据转换开始于最低位 LSB；

RCOMPAND=10，接收数据利用 μ 率扩展；

RCOMPAND=11，接收数据利用 A 率扩展。

第 2 位：RFIG 接收帧忽略。

RFIG=0，第一个帧同步接收脉冲之后重新开始转换；

RFIG=1，第一个帧同步脉冲之后，忽略帧同步信号(连续模式)。

第 1～0 位：RDATDLY 接收数据延时。

RDATDLY=00，0 位数据延时；

RDATDLY=01，1 位数据延时；

RDATDLY=10，2 位数据延时；

RDATDLY=11，保留。

发送控制寄存器 XCRl 如图 2.24 所示。

15	14～8	7～5	4～0
保留	XFRLEN1	XWDLEN1	保留
R，+0	RW，+0	RW，+0	R，+0

图 2.24　发送控制寄存器 XCR1

XCR1 的位详细描述如下：

第 15 位：保留。

第 14～8 位：XFRLEN1 发送帧长度为 1。

XFRLEN1=0000000，每帧 1 个字；

XFRLEN1=0000001，每帧 2 个字；

… … … … … … … …

XFRLEN1=1111111，每帧 128 个字。

第 7～5 位：XWDLENl 接收字长为 1。

XWDLEN1=000，8 位；

XWDLEN1=001，12 位；

XWDLEN1=010，16 位；

XWDLEN1=011，20 位；

XWDLEN1=100，24 位；

XWDLEN1=101，32 位；

XWDLEN1=11X，保留。

第 4～0 位：保留。

发送控制寄存器 XCR2 如图 2.25 所示。

15	14～8	7～5	4～3	2	1～0
XPHASE	XFRLEN2	XWDLEN2	XCOMPAND	XFIG	XDATDLY
WR，+0	RW，+0	RW，+0	WR，+0	WR，+0	WR，+0

图 2.25　发送控制寄存器 XCR2

XCR2 的位详细描述如下：

第 15 位：XPHASE 发送相位。

XPHASE=0，单相帧；XPHASE=1，双相帧。

第 14～8 位：XFRLEN2 发送帧长度为 2。

XFRLEN2=0000000，每帧 1 个字；

XFRLEN2=0000001，每帧 2 个字；

… … … … … … … …

XFRLEN2=1111111，每帧 128 个字。

第 7～5 位：XWDLEN2 发送字长为 2。

XWDLEN2=000，8 位；

XWDLEN2=001，12 位；

XWDLEN2=010，16 位；

XWDLEN2=011， 20 位；

XWDLEN2=100，24 位；

XWDLEN2=101，32 位；

XWDLEN2=11X，保留。

第 4～3 位：XCOMPAND 发送扩展模式。

除了 00 模式外，当相应的 XWDLEN=000 时，这些模式被使能，8 位数据。

XCOMPAND=00，无扩展，数据转换开始于最高位 MSB；

XCOMPAND=01，8 位数据，数据转换开始于最低位 LSB；

XCOMPAND=10，发送数据利用 μ 率扩展；

XCOMPAND=11，发送数据利用 A 率扩展。

第 2 位：XFIG 发送帧忽略。

XFlG=0，第一个帧同步发送脉冲之后重新开始转换；

XFIG=1，第一个帧同步发送脉冲之后，忽略帧同步信号(连续模式)。

第 1～0 位：XDATDLY 发送数据延时。

XDATDLY=00，0 位数据延时；

XDATDLY=01，1 位数据延时；

XDATDLY=10，2 位数据延时；

XDATDLY=11，保留。

5) 发送和接收工作步骤

(1) 复位 McBSP 串口。

① 芯片复位 $\overline{RS}$ =0 引发的串口发送器、接收器、采样率发生器复位。当 $\overline{RS}$ =1 芯片复位完成后，串口仍然处于复位状态，$\overline{GRST} = \overline{FRST} = \overline{RRST} = \overline{XRST} = 0$。

② 串口的发送器和接收器可用串口控制寄存器中 $\overline{XRST}$ 和 $\overline{RRST}$ 位分别独立复位。采样率发生器可用 SPCR2 中的 $\overline{GRST}$ 位复位。

表 2.17 列出了两种复位情况下串口各引脚的状态。

表 2.17　McBSP 引脚复位状态

McBSP 引脚	引脚状态	芯片复位 RS	McBSP 复位	
			接收复位 $\overline{RRST}$ =0，$\overline{GRST}$ =0	发送复位 $\overline{XRST}$ =0，$\overline{GRST}$ =0
DR	输入	输入	输入	
CLKR	输入/输出/高阻	输入	如果为输入，状态已知 如果输出，CLKR 运行	
FSR	输入/输出/高阻	输入	如果为输入，状态已知 如果输出，FSRP 未被激活	
CLKS	输入/输出/高阻	输入	输入	
DX	输出	输入	高阻	高阻
CLKX	输入/输出/高阻	输入		如果为输入，状态已知 如果输出，CLKX 运行
FSX	输入/输出/高阻	输入		如果为输入，状态已知 如果输出，FSXP 未被激活
CLKS	输入	输入		输入

(2) 复位完成后, 串口初始化。

① 设定串口控制寄存器 SPCR[1, 2]中的 $\overline{XRST}=\overline{RRST}=\overline{FRST}=0$。如果刚刚复位完毕, 不必进行这一步操作。

② 按照表 2.17 中串口复位要求, 编成特定的 McBSP 寄存器配置。

③ 等待两个时钟周期, 以保证适当的内部同步。

④ 按照写 DXR 的要求, 给出数据。

⑤ 设定 $\overline{XRST}=1$, $\overline{RRST}=1$ 以使能串口。注意此时对 SPCR[1, 2]所写的值应该仅将复位改变到 1, 寄存器中的其余位与步骤②相同。

⑥ 如果要求内部帧同步信号, 则设定 $\overline{FRST}=1$。

⑦ 等待两个时钟周期后, 接收器和发送器被激活。

上述步骤可用于正常工作情况下发送器和接收器的复位。

6) μ 律/A 律压缩扩展硬件操作

压缩和扩展硬件允许使用 μ 律和 A 律格式进行数据的压缩及扩展。μ 律和 A 律格式编码为 8 位码的字。压缩扩展的数据总是 8 位宽, 因此相应的(R/X)WDLEN[1, 2]必须设置为 0, 表示 8 位宽的串行数据流。如果压缩扩展功能被使能, 而帧的任一相没有 8 位字长, 然后就进行压缩扩展继续工作, 字长如同为 8 位。

当使用压缩扩展时, 发送数据按照指定的压缩扩展律进行编码, 而接收数据被解码为 2 补码格式。为了使能压缩扩展和选择期望的格式, 可以通过设置 (R/X)CR2 的 (R/X)COMPAND 位来实现(参见前面所述有关接收和发送控制寄存器 RCR[1, 2]和 XCR[1, 2]内容)。

压缩数据发生在将数据从 DXR1 复制到 XSR1 的过程(发送数据的过程)。扩展数据发生在将数据从 RBR1 复制到 DRR1 的过程(接收数据的过程)。

7) 可编程的时钟和帧

McBSP 有多种为接收器和发送器选择时钟及帧的模式。时钟及帧可以通过采样率发生器送到接收器和发送器。接收器和发送器可以独立选择外部时钟或帧。有关采样率发生寄存器 SRGR[1, 2]等的描述与设置, 可从有关数据手册/文件或从 CCS5000 环境下的在线帮助中获得使用说明。

8) 多通道选择配置

用单相帧同步配置 McBSP 可以选择多通道独立的发送器和接收器工作模式, 每一个帧代表一个时分多路(TDM)数据流, 由(R/X)FRLEN1 指定的每帧的字数指明所选的有效通道数。当用 TDM 数据流时, CPU 仅需要处理少数通道。为了节省内存和总线带宽, 多通道选择总是独立地使能所选定的发送器和接收器。

多通道接收控制寄存器 MCR1, 其结构如图 2.26 所示。

15~9	8~7	6~5	4~2	1	0
保留	RPBBLK	RPABLK	RCBLK	保留	RMCM
R, +0	RW, +0	RW, +0	R, +0	R, +0	WR, +0

图 2.26　McBSP 多通道寄存器 MCR1

MCR1 的位详细描述如下:

第 15～9 位：保留。

第 8～7 位：RPBBLK 接收区域 B 块划分。

RPBBLK=00，块 1，对应通道 16～31；

RPBBLK=01，块 3，对应通道 48～63；

RPBBLK=10，块 5，对应通道 80～95；

RPBBLK=11，块 7，对应通道 112～127。

第 6～5 位：RPABLK 接收区域 A 块划分。

RPABLK=00，块 0，对应通道 0～15；

RPABLK=01，块 2，对应通道 32～47；

RPABLK=10，块 6，对应通道 64～79；

RPABLK=11，块 8，对应通道 96～111。

第 4～2 位：RCBLK 接收当前块。

RCBLK=000，块 0，通道 0～15；

RCBLK=001，块 1，通道 16～31；

RCBLK=010，块 2，通道 32～47；

RCBLK=011，块 3，通道 48～63；

RCBLK=100，块 4，通道 64～79；

RCBLK=101，块 5，通道 80～95；

RCBLK=110，块 6，通道 96～111；

RCBLK=111，块 7，通道 112～127。

第 1 位：保留。

第 0 位：RMCM 接收多通道选择使能。

RMCM=0，所有 128 个通道使能；

RMCM=1，默认废除所有通道。由使能 RP(A／B)BLK 块和相应的 RCER(A／B)选择所需要的通道。

多通道发送控制寄存器 MCR2，其结构如图 2.27 所示。

15～9	8～7	6～5	4～2	1～0
保留	XPBBLK	XPABLK	XCBLK	XMCM
R，+0	RW，+0	RW，+0	R，+0	WR，+0

图 2.27　McBSP 多通道寄存器 MCR2

MCR2 的位详细描述如下：

第 15～9 位：保留。

第 8～7 位：XPBBLK 发送区域 B 块划分。

XPBBLK=00，块 1，对应通道 16～31；

XPBBLK=01，块 3，对应通道 48～63；

XPBBLK=10，块 5，对应通道 80～95；

XPBBLK=11，块 7，对应通道 112～127。

第 6～5 位：XPABLK 发送区域 A 块划分。

XPABLK=00，块 0，对应通道 0～15；

XPABLK=01，块 2，对应通道 32～47；

XPABLK=10，块 6，对应通道 64～79；

XPABLK=11，块 8，对应通道 96～111。

第 4～2 位：XCBLK 发送当前块。

XCBLK=000，块 0，通道 0～15；

XCBLK=001，块 1，通道 16～31；

XCBLK=010，块 2，通道 32～47；

XCBLK=011，块 3，通道 48～63；

XCBLK=100，块 4，通道 64～79；

XCBLK=101，块 5，通道 80～95；

XCBLK=110，块 6，通道 96～111；

XCBLK=111，块 7，通道 112～127。

第 1～0 位：XMCM 发送多通道选择使能。

XMCM=00，所有通道无屏蔽使能，数据发送期间 DX 总是被驱动的。在下述情况下，DX 被屏蔽呈高阻态：① 两个数据包之间的间隔内；② 当一个通道被屏蔽，无论这个通道是否被使能；③ 通道未使能。

XMCM=01，所有通道被废除，因此，默认屏蔽。所需的通道由使能 XP(A/B)BLK 和 XCER(A/B)的相应位选择。另外，这些选定的通道不能被屏蔽，因此，DX 总是被驱动的。

XMCM=10，除了被屏蔽的外，所有通道使能。由 XP(A/B)BLK 和 XCER(A/B)所选择的通道不可屏蔽。

XMCM=11，所有通道被废除，因此，默认为屏蔽状态。利用置位 RP(A/B)和 RCEB(A/B)选择所需通道；利用置位 RP(A/B)BLK 和 XCER(A/B)选择不可屏蔽通道，这个模式用于对称发送和接收操作。

通道使能寄存器(R/X)CER(A/B)。接收通道使能分 A 区和 B 区(RCER(A/B))，发送通道使能分 A 区和 B 区(XCER(A/B))，寄存器分别用于使能接收和发送的 32 个通道的任何一个，32 个通道中 A 和 B 区分别有 16 个，分别如图 2.28～图 2.31 所示。

A 区接收通道使能寄存器 RCERA 如图 2.28 所示。

15	14	13	12	11	10	9	8
RCEA15	RCEA14	RCEA13	RCEA12	RCEA11	RCEA10	RCEA9	RCEA8
WR, +0	RW, +0	RW, +0	WR, +0	WR, +0	WR, +0	WR, +0	WR, +0

7	6	5	4	3	2	1	0
RCEA7	RCEA6	RCEA5	RCEA4	RCEA3	RCEA2	RCEA1	RCEA0
WR, +0	RW, +0	RW, +0	WR, +0	WR, +0	WR, +0	WR, +0	WR, +0

图 2.28　A 区接收通道使能寄存器 RCERA

RCERA 的位详细描述如下：

第 15～0 位：RCEA 接收通道使能。

RCEAn=0，在 A 区的相应块中，废除第 n 通道的接收；

RCEAn=1，在 A 区的相应块中，使能第 n 通道的接收。

B 区接收通道使能寄存器 RCERB 如图 2.29 所示。

15	14	13	12	11	10	9	8
RCEB15	RCEB14	RCEB13	RCEB12	RCEB11	RCEB10	RCEB9	RCEB8
WR，+0	RW，+0	RW，+0	WR，+0	WR，+0	WR，+0	WR，+0	WR，+0

7	6	5	4	3	2	1	0
RCEB7	RCEB6	RCEB5	RCEB4	RCEB3	RCEB2	RCEB1	RCEB0
WR，+0	RW，+0	RW，+0	WR，+0	WR，+0	WR，+0	WR，+0	WR，+0

图 2.29　B 区接收通道使能寄存器 RCERB

RCERB 的位详细描述如下：

第 15～0 位：RCEB 接收通道使能。

RCEBn=0，在 B 区的相应块中，废除第 n 通道的接收；

RCEBn=1，在 B 区的相应块中，使能第 n 通道的接收。

A 区发送通道使能寄存器 XCERA 如图 2.30 所示。

15	14	13	12	11	10	9	8
XCEA15	XCEA14	XCEA13	XCEA12	XCEA11	XCEA10	XCEA9	XCEA8
WR，+0	RW，+0	RW，+0	WR，+0	WR，+0	WR，+0	WR，+0	WR，+0

7	6	5	4	3	2	1	0
XCEA7	XCEA6	XCEA5	XCEA4	XCEA3	XCEA2	XCEA1	XCEA0
WR，+0	RW，+0	RW，+0	WR，+0	WR，+0	WR，+0	WR，+0	WR，+0

图 2.30　A 区发送通道使能寄存器 XCERA

XCERA 的位详细描述如下：

第 15～0 位：XCEA 发送通道使能。

XCEAn=0，在 A 区的相应块中，废除第 n 通道的发送；

XCEAn=1，在 A 区的相应块中，使能第 n 通道的发送。

B 区发送通道使能寄存器 XCERB 如图 2.31 所示。

15	14	13	12	11	10	9	8
XCEB15	XCEB14	XCEB13	XCEB12	XCEB11	XCEB10	XCEB9	XCEB8
WR，+0	RW，+0	RW，+0	WR，+0	WR，+0	WR，+0	WR，+0	WR，+0

7	6	5	4	3	2	1	0
XCEB7	XCEB6	XCEB5	XCEB4	XCEB3	XCEB2	XCEB1	XCEB0
WR，+0	RW，+0	RW，+0	WR，+0	WR，+0	WR，+0	WR，+0	WR，+0

图 2.31　B 区发送通道使能寄存器 XCER

XCER 的位详细描述如下：

第 15～0 位：XCEB 发送通道使能。

XCEBn=0，在 B 区的相应块中，废除第 n 通道的发送；

XCEBn=1，在 B 区的相应块中，使能第 n 通道的发送。

利用多通道选择特性，无需 CPU 干涉就可以使能 32 个一组静态的通信传输通道，除非需要重新分配通道。一帧内随机选用通道数、通道组等，可在帧出现的时间内，相应块结束中断刷新块分配寄存器完成。注意，当改变所需通道时，决不能影响当前所选择的块。利用接收寄存器 MCRl 的 RCBLK 和发送寄存器 MCR2 的 XCBLK 可以分别读取当前所选块的内容。如果 MCR[1，2]中的(R/X)P(A/B)BLK 位指向当前块，则辅助通道使能寄存器不可修改。同样，当指向或被改变指向当前选择的块时，MCR[1，2]中的(R/X) P(A/B)BLK 位也不能被修改。如果选择的通道总数小于等于 16，总是指向当前的区，只有串口复位才能改变通道使能状态。

如果 SPCR[1，2]中 RINT=01 或 XINT=01，在多通道操作期间，每个 16 通道块边界处，接收或发送中断 RINT 和 XINT 就向 CPU 发出中断申请。这个中断表明一个区已经通过，如果相应的寄存器不指向该区，用户可以改变 A 或 B 区的划分。这些中断的时间长度为两个时钟周期。如果(R/X)MCM=0，则不会产生这个中断。

2.6.5　主机接口 (HPI)

1. 主机接口 (HPI)

主机接口(HPI, Host Port Interface)是 C54x DSP 系列定点芯片内部具有的一种并行接口部件，主要用于 DSP 与其他总线或 CPU 进行连接。HPI 接口通过 HPI 控制寄存器(HPIC)、地址寄存器(HPIA)、数据锁存器(HPID)和 HPI 内存块，实现与主机之间的通信。主机和 DSP 可独立地对 HPI 接口操作，主机和 DSP 握手可通过中断方式来完成。主机还可以通过 HPI 接口装载 DSP 应用程序、接收 DSP 运行结果或诊断 DSP 运行状态，为 DSP 芯片的接口开发提供了一种极为方便的途径。

C542、C545、C548 和 C549 片内都有一个标准主机接口(HPI)。信息在 C54x DSP 和主机间通过 C54x DSP 存储器进行交换，主机和 C54x DSP 均可以访问存储器。对于 C5402、C5410 (HPI-8) 和 C5420(HPI-16)DSP 器件，它们的主机接口是扩展的。

图 2.32 所示为 HPI 接口框图。主机是 HPI 的主控者，HPI 作为一个外设与主机相连接，使主机的访问操作很容易。主机通过以下单元与 HPI 通信：专用地址和数据寄存器、HPI 控制寄存器以及使用外部数据和接口控制信号。主机和 C54x DSP 都可以访问 HPI 控制寄存器。

HPI 的外部接口为 8 位的总线，通过两个连续的 8 位字节组合在一起形成一个 16 位字，HPI 就可为 C54x DSP 提供 16 位的数。当主机使用 HPI 寄存器执行一个数据传输时，HPI 控制逻辑自动执行对一个专用 2K 字的 C54x DSP 内部的双访问 RAM 的访问，以完成数据处理。然后 C54x DSP 可以在它的存储器空间访问读写数据。HPI RAM 也可以用作通用目标双访问数据或程序 RAM。

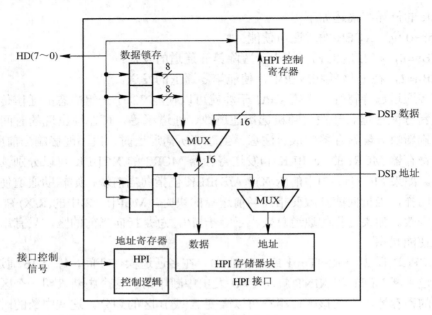

图 2.32　HPI 接口框图

HPI 具有两种工作模式：

(1) 共用访问模式(SAM)。这是常用的操作模式。在 SAM 模式下，主机和 C54x DSP 都能访问 HPI 存储器。异步的主机访问可以在 HPI 内部重新得到同步。如果 C54x DSP 与主机的周期(两个访问同时是读或写)发生冲突，则主机具有访问优先权，C54x DSP 等待一个周期。

(2) 仅仅主机访问模式(HOM)。在该模式下，只有主机可以访问 HPI 存储器，C54x DSP 则处于复位状态或者处在所有内部和外部时钟都停止工作的 IDLE2 空闲状态(最小功耗)。因此主机可以访问 HPI RAM，而 C54x DSP 则处于最小功耗配置。

HPI 支持主机与 C54x DSP 之间高速传输数据。在 SAM 工作模式下，DSP 运行在 40 MHz CLKOUT 时，HPI 每经过 5 个 CLKOUT 周期传输一个字节(即 64 Mb/s)。主机可以充分利用高带宽，并且其运行频率达 $(F_d \times n)/5$。其中 F_d 为 C54x DSP 的 CLKOUT 频率；n 为主机每进行一次外部访问的周期数。

因此对于 40 MHz 的 C54x DSP 和 n 为 4(或 3)的常数时，则主机可以运行在 30(或 24)MHz 的速度下，而不要求插入等待状态。

而在 HOM 方式下，HPI 支持更快的主机访问速度——每 50 ns 寻址一个字节(即 160 Mb/s)，与 C54x DSP 的时钟速度无关。

1) 主机接口的基本功能描述

外部 HPI 包括 8 位的 HPI 数据总线，以及配置和控制接口的控制信号线。HPI 接口可以不需要任何附加逻辑来连接各种主机设备。图 2.33 显示了 HPI 与主机之间的连接框图。

8 位数据总线(HD0～HD7)与主机之间交换信息。因为 C54x DSP 的 16 位字的结构，所以主机与 DSP 之间数据传输必须包含两个连续的字节。专用的 HBIL 引脚信号确定传输的是第一个还是第二个字节。HPI 控制寄存器 HPIC 的 BOB 位决定第一个或第二个字节放置在 16 位字的高 8 位，而主机不必破坏两个字节的访问顺序。如果字节的传输顺序被破坏，

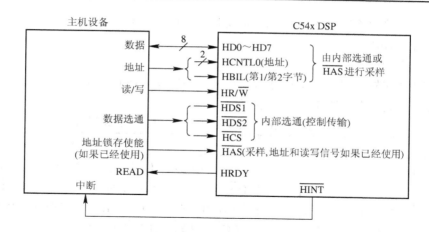

图 2.33　HPI 与主机设备之间的连接框图

则数据可能会丢失，产生不可预测的结果。

　　两个控制输入(HCNTL0 和 HCNTL1)表示哪个 HPI 寄存器被访问，并且表示对寄存器进行哪种访问。这两个输入与 HBIL 一起由主机地址总线位驱动。使用 HCNTL0/1 输入，主机可以指定对三个 HPI 寄存器(见表 2.18 的描述)访问：HPI 控制寄存器(HPIC)、HPI 地址寄存器(HPIA)或 HPI 数据寄存器(HPID)。HPIA 寄存器也可以使用自动增寻址方式访问 HPIA 寄存器。

表 2.18　HPI 用于主机和 C54x DSP 之间通信的寄存器

名称	地址	描　　　述
HPIA	—	HPI 地址寄存器。主机可以直接访问该寄存器
HPIC	002Ch	HPI 控制寄存器，可以由主机或 C54x DSP 直接访问，包含了 HPI 操作的控制和状态位
HPID	—	HPI 数据寄存器，只能由主机直接访问。包含从 HPI 存储器读出的数据，或者要写到 HPI 存储器的数据

　　自动增寻址特性为连续的字单元的读写提供了方便。在自动增寻址模式下，一次数据读会使 HPIA 在数据读操作后增加 1，而一个数据写操作会使 HPIA 操作前预先增加 1。

　　通过写 HPIC，主机可以中断 C54x DSP，并且 $\overline{\text{HINT}}$ 输出可以被 C54x DSP 用来中断主机。主机通过写 HPIC 来应答中断并清除 $\overline{\text{HINT}}$。

　　两个数据选通信号($\overline{\text{HDS1}}$ 和 $\overline{\text{HDS2}}$)、读写选通信号(HR/$\overline{\text{W}}$)和地址选通信号($\overline{\text{HAS}}$)，可以使 HPI 与各种工业标准主机设备进行连接。

　　HPI 准备引脚(HRDY)允许为准备输入的主机插入等待状态，这样可以调整主机对 HPI 的访问速度。当 HRDY 直接用于来自 C54x DSP CPU，则它不必满足主机时序要求，该信号可以使用外部逻辑实现重新同步。当 C54x DSP CPU 的操作频率是可见的，或者主机能够以更快的速度(比最大的 SAM 模式的访问速度更快)进行访问操作，HRDY 很有用。在这两种情况下，HRDY 引脚为自动调整适应于更快速度的 C54x DSP CPU 或转换 HPI 模式提供了很灵活的方法。

　　所有以上特性，使 HPI 为各种工业标准主机设备提供了灵活而有效的接口。另外，HPI

大大简化了主机和 C54x DSP 之间的数据交换。一旦接口配置好了，就能够以最高速度最经济地实现数据的传输。

2) HPI 接口操作

C54x DSP 的外部 HPI 接口信号可以很容易地实现与各种主机设备之间的接口，表 2.19 给出了 HPI 外部接口引脚的详细功能描述。

表 2.19　HPI 外部接口引脚的详细功能描述

HPI 引脚	主机引脚	状态	信号功能
$\overline{\text{HAS}}$	地址锁存使能(ALE)或者地址选通或不用(连接到高电平)	I	地址选通输入。使用多路复用的地址和数据总线，主机将 $\overline{\text{HAS}}$ 连接到它们的 ALE 引脚或等价的引脚。$\overline{\text{HAS}}$ 的下降沿锁存 HBIL、HCNTL0/1 和 HR/$\overline{\text{W}}$，此时 $\overline{\text{HAS}}$ 信号必须领先一个 $\overline{\text{HCS}}$、$\overline{\text{HDS1}}$ 或 $\overline{\text{HDS2}}$ 的较迟的信号 当主机的地址线和数据线是分开时，则应将 $\overline{\text{HAS}}$ 连接到高电平，在这种情况下，$\overline{\text{HAS}}$ 处于无效状态(高电平)，HBIL、HCNTL0/1 和 HR/$\overline{\text{W}}$ 由 $\overline{\text{HCS}}$、$\overline{\text{HDS1}}$ 或 $\overline{\text{HDS2}}$ 中较迟信号的下降沿锁存
HBIL	地址或控制线	I	字节识别输入信号。识别传输的第 1 或第 2 个字节(但不是最高位或最低位——这是由 HPIC 寄存器的 BOB 位来设置的)： 　　HBIL=0　　表示第 1 个字节 　　HBIL=1　　表示第 2 个字节
HCNTL0, HCNTL1	地址或控制线	I	主机控制输入。选择对 HPIA、HPIC 或 HPID 寄存器的访问： HCNTL0　HCNTL1　　功能 　0　　　　0　　主机可以读写 HPI 控制寄存器(HPIC) 　0　　　　1　　主机可以读写数据锁存寄存器(HPID)，HPIA 在每次读操作后增加 1，或者在写操作前增加 1 　1　　　　0　　主机可以读写 HPI 地址寄存器(HPIA)，该寄存器指向 HPI 存储器 　1　　　　1　　主机可以读写数据锁存寄存器(HPID)，HPIA 不受影响
$\overline{\text{HCS}}$	地址或控制线	I	片选信号。作为 HPI 的使能输入，在每次访问期间必须为低电平，在两次访问之间也要保持为低电平。通常，$\overline{\text{HCS}}$ 领先于 $\overline{\text{HDS1}}$ 或 $\overline{\text{HDS2}}$ 信号。如果没有使用 $\overline{\text{HAS}}$ 信号，并且 $\overline{\text{HDS1}}$ 或 $\overline{\text{HDS2}}$ 信号为低电平，则信号会采样 HCNTL0/1、HR/$\overline{\text{W}}$ 和 HBIL

续表

HPI 引脚	主机引脚	状态	信号功能
HD0～HD7	数据总线	I/O/Z	并行双向三态数据总线。当不输出数据($\overline{HDSx}$ 或 $\overline{HCS}=1$)或者 EMU1/$\overline{OFF}$ 为低电平时，HD7(MSB)～HD0(LSB)置于高阻态
$\overline{HDS1}$ $\overline{HDS2}$	读选通和写选通或数据选通	I	数据选通输入。在主机访问周期，控制数据的传输。当没有使用 $\overline{HAS}$ 信号，并且 $\overline{HCS}$ 信号处于低电平时，则 $\overline{HDS1}$ 或 $\overline{HDS2}$ 可用于对 HBIL、HCNTL0/1 或 HR/$\overline{W}$ 的采样。具有分开的读写选通信号的主机，可以将这些信号连接到 $\overline{HDS1}$ 或 $\overline{HDS2}$ 具有单根数据选通信号的主机，可以将该信号连接到 $\overline{HDS1}$ 或 $\overline{HDS2}$，不使用的 HPI 数据选通引脚连接到高电平 无论 HDS 如何连接，HR/$\overline{W}$ 仍然要求用来确定数据传输的方向。因为 $\overline{HDS1}$ 和 $\overline{HDS2}$ 是内部相互排斥的(或非)，所以具有高电平为真的数据选通信号的主机，可以将其数据选通信号连接其中一个 HDS 引脚，而另外一个 HDS 引脚连接到低电平
$\overline{HINT}$	主机中断输入	O/Z	主机中断输出。由 HPIC 寄存器的 HINT 位所控制。当 C54x DSP 复位时，驱动该引脚为高电平。当 EMU1/$\overline{OFF}$ 为低电平时，$\overline{HINT}$ 置于高阻态
HRDY	异步准备好	O/Z	HPI 准备输出。当为高电平时，表示 HPI 已经准备好执行一次数据传输。当为低电平时，表示 HPI 正忙于完成上一次数据传输的处理。当 EMU1/$\overline{OFF}$ 为低电平时，HRDY 置于高阻态。$\overline{HCS}$ 信号可以使能 HRDY，也就是说，当 $\overline{HCS}$ 为高电平时，HRDY 总是高电平
HR/$\overline{W}$	读/写选通、地址线或多路复用地址/数据	I	读/写输入。主机必须驱动 HR/$\overline{W}$ 为高电平时，才能读 HPI 操作；HR/$\overline{W}$ 为低电平时，才能写 HPI 操作。如果主机没有读/写选通信号，可以使用一根地址线用来实现这个功能

　　两条控制引脚(HCNTL0 和 HCNTL1)表示哪个内部 HPI 寄存器正在被访问，并且对寄存器进行哪种访问。这两条引脚的状态可以选择对 HPIA、HPIC 和 HPID 寄存器进行访问。HPI 地址寄存器(HPIA)用于指向 HPI 存储器；HPI 控制寄存器(HPIC)包含用于数据传输的控制和状态位；HPID 包含实际传输的数据。另外，HPID 寄存器可以使用自动增寻址方式进行访问。

　　对于 C54x DSP，HPI 存储器为 2K 字×16 位的双访问 RAM 块，其地址范围为数据存储空间的 1000h～17FFh，不过根据 OVLY 位的值，也可以是位于程序存储器空间。

　　从主机接口，2K 字的 HPI 存储器块可以很方便地从主机地址 0～7FFh 进行访问。然后，存储器也可以由任何 HPIA 的低 11 位为 0 的主机地址值进行访问。例如，对应地址为 C54x DSP 的数据存储器空间的 1000h 的 HPI 存储器块的第一个字，可以由具有如下 HPIA 值的主机访问：0000h、0800h、1000h、1800h、…、F800h。

HPI 自动增寻址特性为访问连续的 HPI 存储器的字单元提供了很方便的手段。在自动增寻址模式下，一次数据读会使操作后的 HPIA 增加 1，一次数据写会使 HPIA 在操作前预增加 1。因此，如果要向具有自动增寻址功能的 HPI 存储器的第一个字写入，由于写操作的预增加的特性，HPIA 将首先加载如下的值：07FFh、0FFFh、17FFh、…、FFFFh 。

HPIA 是一个 16 位的寄存器，并且所有 16 位都可以进行读和写，尽管 HPI 存储器具有 2 K 字，但只有 HPIA 的低 11 位被要求用来寻址 HPI 存储器。HPIA 的增加和减少影响到该寄存器的所有 16 位。

3) HPI 控制寄存器(HPIC)

HPIC 共有 4 个位用于控制 HPI 操作。这些位是 BOB(选择第 1 或第 2 个字节作为最高位)、SMOD(选择主机或共享访问模式，即 HOM 或 SAM 模式)、DSPINT 和 HINT(分别用于产生 C54x DSP 和主机中断)。关于这些控制位的详细描述见表 2.20。

表 2.20   HPIC 寄存器的控制位描述

位	主机访问	C54x DSP 访问	功 能 描 述
BOB	读/写	—	当 BOB=1 时，第 1 个字节为最低位 当 BOB=0 时，第 1 个字节为最高位 BOB 会影响数据和地址传输。只有主机可以修改这些位，对于 C54x DSP 来说是不可见的。在第一个数据或地址寄存器访问前，BOB 必须进行初始化
SMOD	读	读/写	如果 SMOD=1，共享访问模式(SAM)被使能，HPI 存储器可以被 C54x DSP 访问 如果 SMOD=0，主机模式(HOM)被使能，C54x DSP 不能访问整个 HPI RAM 块 复位期间，SMOD=0，复位后 SMOD=1。SMOD 只能由 C54x DSP 来修改，但是 C54x DSP 和主机都可以读该位
DSPINT	写	—	主机处理器到 C54x DSP 的中断。该位只能被主机写，并且主机和 C54x DSP 都不能读该位。当主机向该位写 1 时，就产生一个对 C54x DSP 的中断。对该位写 0 不会有任何效果 对 DSPINT 读操作总为 0，当主机写 HPIC 时，这两位 DSPINT 必须写入相同的值
HINT	读/写	读/写	该位确定 C54x DSP 的 $\overline{HINT}$ 信号输出状态，$\overline{HINT}$ 信号可用于向主机产生一个中断。复位时，HINT=0，外部 $\overline{HINT}$ 输出无效(高电平) HINT 位只能由 C54x DSP 设置(置 1)，并且只能由主机清除(清 0)。C54x DSP 向 HINT 写 1，使 HINT 引脚为低电平。当外部 $\overline{HINT}$ 引脚为无效(高电平)时，主机或 C54x DSP 读 HINT 位为 0；当外部 $\overline{HINT}$ 引脚为有效(低电平)时，读为 1。如果主机要清除中断，必须向 HINT 写 1。无论是 C54x DSP 还是主机，向 HINT 写 0 无任何效果

　　由于主机接口总是传输 8 位字节，而 HPIC(通常是首先要访问的寄存器，用来设置配置位并初始化接口)是一个 16 位寄存器，在主机一侧就以相同内容的高字节与低字节来管理 HPIC(尽管访问某些位受到一定的限制)，而在 C54x DSP 这一侧高位是不用的。控制／状态位都处在最低 4 位。选择合适的 HCNTL1 和 HCNTL0，主机可以访问 HPIC 和连续 2 个字节的 8 位 HPI 数据总线。当主机要写 HPIC 时，第 1 个字节和第 2 个字节的内容必须是相同的值。C54x DSP 访问 HPIC 的地址为数据存储空间的 002Ch。

　　主机和 C54x DSP 读写 HPIC 的结果如图 2.34 所示。

15～12	11	10	9	8	7～4	3	2	1	0
X	HINT	0	SMOD	BOB	X	HINT	0	SMOD	BOB

X：表示读为不确定数

主机从 HPIC 读取数据

(a)

15～12	11	10	9	8	7～4	3	2	1	0
X	HINT	DSPINT	X	BOB	X	HINT	DSPINT	X	BOB

X：表示任何可以写的值

主机向 HPIC 写数据

(b)

15～4	3	2	1	0
X	HINT	0	SMOD	0

X：表示读为不确定数

C54x DSP 从 HPIC 读取数据

(c)

15～4	3	2	1	0
X	HINT	X	SMOD	X

X：表示任何可以写的值

C54x DSP 向 HPIC 写数据

(d)

图 2.34　主机和 C54x DSP 读写 HPIC 寄存器的结果

　　如图 2.34 所示，对于读操作，如果指定为 0，则该值总被读；如果指定为 X，则读取的为一个未知的值。对于写操作，如果指定为 X，则任何值可以被写。对于主机写，两个字节必须一致。

　　因为 C54x DSP 可以写 SMOD 和 HINT 位，并且这些位在主机接口侧可以读两次，如果 C54x DSP 在两次读操作之间改变这些位的状态，则主机读取的第 1 个或第 2 个字节会产生不同的数据。主机和 C54x DSP 的 HPIC 读／写周期的特性描述见表 2.21。

表 2.21　主机和 C54x DSP 的 HPIC 读/写周期的特性描述

器　件	读	写
主机	2 个字节	2 个字节(字节必须一致)
C54x DSP	16 位	16 位

4) DSPINT 和 HINT 功能操作

主机和 C54x DSP 可以使用 HPIC 寄存器的 DSPINT 和 HINT 位相互产生中断，下面分别进行讲解。

(1) 主机使用 DSPINT 向 C54x DSP 产生中断。当主机向 DSPINT 位写 1 时，会产生一个 C54x DSP 中断。该中断可用来从 IDLE 状态唤醒 C54x DSP 的 CPU。主机和 C54x DSP 读该位总为 0。C54x DSP 写该位无效。一旦主机向 DSPINT 写入 1，在产生下一个中断前不必向其写 0，并且写 0 无任何效果。当主机向 BOB 或 HINT 位写入数据值时，不能向 DSPINT 位写 1，否则会产生一个不可预测的 C54x DSP 的 CPU 中断。

在 C54x DSP，主机到 C54x DSP 中断向量地址为 xx64h。该中断位于 IMR / IFR 的第 9 位。因为 C54x DSP 的 CPU 中断向量可以映射到 HPI 存储器，所以主机在使用位于地址 xx64h 的分支转移指令去中断 C54x DSP 的 CPU 之前，可以将函数的起始地址写到 HPI 存储器的地址 xx65h 处，这样就可以让 C54x DSP 执行预先编程的函数。如果中断被重映射到主机可以寻址的片内 RAM，用户必须使用 SAMN 模式，并且主机不能向地址单元 xx00h~xx7Fh 写数据，xx65h 除外。

(2) C54x DSP 的 HPI 使用 HINT 中断主机设备。当 C54x DSP 向 HPIC 的 HINT 位写 1 时，$\overline{\text{HINT}}$ 输出信号变为低电平，C54x DSP 或主机读 HINT 位的值为 1。$\overline{\text{HINT}}$ 信号用于向主机设备产生一个中断。主机设备探测到 $\overline{\text{HINT}}$ 中断信号后，会通过向 HINT 位写 1 应答和清除 C54x CPU 中断以及 HINT 位。HINT 位被清除，则读为 0，并且 $\overline{\text{HINT}}$ 引脚为高电平。如果 C54x DSP 或主机向 HINT 写 0，HINT 位依然保持不变。当访问 SMOD 位时，C54x DSP 不能向 HINT 位写 1，除非想中断主机。

2. 增强的 HPI

上一节讲述了 C54x DSP 的标准 HPI，对于 C542、C545、C548 和 C549，片内的 HPI 接口为一个标准主机接口。而对于 C5402、C5410 (HPI-8) 和 C5420 (HPI-16) DSP 器件，它们的主机接口是增强的 HPI。标准 HPI 和增强 HPI 接口主要功能类似，但是也存在很多不同点，总的来说，增强 HPI 接口具有更强的数据通信功能。下面分别对这两种增强 HPI 进行介绍。

1) 增强的 8 位 HPI(HPI-8)

增强的 8 位 HPI，其主要操作方式与标准 8 位 HPI 一样，只是增加了一些改进的功能。HPI-8 只有 C5402 和 C5410 两种才具有。

(1) HPI-8 接口概述。HPI-8 是一个 8 位的并行接口，可以将主机设备或主机处理器和 C54x DSP 连接起来，通过 C54x DSP 的片内 RAM 实现主机设备和 C54x DSP 之间的信息交换。增强的 8 位 HPI 和标准的 8 位 HPI 之间的区别见表 2.22。

表 2.22　增强的 8 位 HPI(HPI-8)和标准的 8 位 HPI 之间的区别

增强的 8 位 HPI(HPI-8)	标准的 8 位 HPI
允许对所有片内 RAM 进行访问	只能访问片内 RAM 固定的 2K 字的地址
主机访问总是与 C54x DSP 的时钟同步(无 HOM 模式)	在主机模式(HOM)下，允许异步主机访问
主机和 C54x DSP 总可以对片内 RAM 进行访问(无 HOM 模式)	在主机模式(HOM)下，只有主机能对 RAM 访问

HPI-8 可以起从属功能,并允许主机处理器对 C54x DSP 的片内存储器进行访问。HPI-8 接口包括一个 8 位双向数据总线和各种控制信号。通过两个连续的 8 位字节组合在一起形成一个 16 位字传输,HBIL 输入信号指定高或低字节。主机与 HPI-8 通过专用的地址和数据寄存器进行通信,而 C54x DSP 不能直接访问这些寄存器。HPI 控制寄存器是可以为主机和 C54x DSP 所访问的,这些控制寄存器包括配置和控制通信的协议(握手),HPI-8 的简单框图如图 2.35 所示。

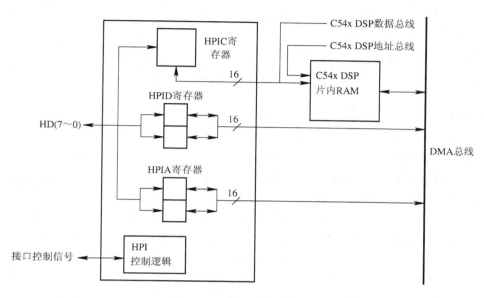

图 2.35　HPI-8 接口框图

HPI-8 为依然保持 8 位外部接口的 C54x DSP 提供 16 位的数据,两个连续的字节自动组合成 16 位的字。当主机设备执行与 HPI 寄存器一个数据传输,则 HPI-8 控制逻辑自动执行对内部 C54x DSP 的 RAM 访问,且完成数据传输。C54x DSP 然后可以在它的存储器空间访问数据。

C54x DSP 和主机都可以对 C54x DSP 的整个片内 RAM 进行访问。如果主机要访问 RAM,那么 C54x CPU 时钟必须有效,并且在 C54x DSP 处于复位模式时,HPI-8 是不可操作的。主机访问与 C54x CPU 时钟是同步的,以确保片内 RAM 访问的正确仲裁。当产生 C54x CPU 和主机周期同时访问相同的存储器单元时,主机具有访问优先权,而 C54x CPU 要等待一个时钟周期。

(2) HPI-8 基本功能描述。外部 HPI-8 接口可以使用较少的或不需要任何附加逻辑连接各种主机设备。8 位数据总线(HD0～HD7)与主机交换信息。两个控制输入(HCNTL0 和 HCNTL1)表示访问哪个内部 HPI-8 寄存器。这些输入信号和 HBIL 通常由地址总线位驱动。HPI-8 与主机设备之间连接框图和标准 HPI 接口一样。

关于 HPI-8 的基本功能参见前面的有关标准 HPI 的介绍。主机可以指定对三个 HPI 寄存器的访问:HPI 控制寄存器(HPIC)、HPI 地址寄存器(HPIA)或 HPI 数据寄存器(HPID)。HPIA 寄存器也可以使用自动增寻址方式访问 HPIA 寄存器。

(3) HPI-8 接口操作。C54x DSP 的外部 HPI-8 接口信号可以很容易实现与各种主机设备之间的接口，关于 HPI-8 外部接口引脚与标准的 HPI 接口是一致的。

HPI-8 接口的操作与标准 HPI 的一些不同之处介绍如下：

① HPI-8 地址寄存器和存储器的映射。主机使用 HPIA 寄存器作为指向 C54x DSP 的片内存储器的指针，并且所有片内 RAM 都可以通过 HPI-8 进行访问。因为每种 C54x DSP 内部存储器的映射是不同的，所以 HPI 寻址的范围也不同。例如 C5410 的片内存储器比 C5402 的片内存储器大。图 2.36 所示为 C5402 和 C5410 的 HPI-8 存储器映射图。

所有片内 RAM 块(程序 RAM 和数据 RAM)都映射到 HPI 存储器映射图中一个连续的地址范围。用户不能重映射该存储器映射图中的地址(也就是说，HPI-8 存储器映射图不受任何可编程寄存器的影响)。

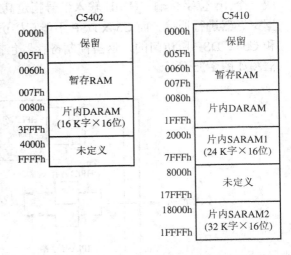

图 2.36　C5402 和 C5410 的 HPI-8 存储器映射图

② 扩展的 HPI-8 寻址。对于具有超过 64K 字常规地址的片内 RAM 的 DSP，HPI-8 包含一个扩展寻址功能。7 个扩展地址位可以让 HIP-8 寻址片内 RAM 的扩展页面。主机使用 HPIC 寄存器的扩展 HPI 地址位(XHPIA)访问扩展地址。当主机设置 XHPIA 位时，一个 7 位的寄存器表示扩展地址位(HPIA 16：22)可以代替 HPIA 寄存器被访问。为了初始化扩展地址位，主机必须用指定 HPIA 16：2 值的每个字节低 7 位向 HPIA 寄存器执行一次写访问。注意，在写访问时，第 1 和第 2 字节值均写到相同的寄存器。因此，如果没有向两个字节写相同的值，则第 2 个字节值用于初始化扩展地址，第 1 个字节值被丢弃。

初始化扩展地址位后，主机必须清除 XHIPA 位，以便可以重新对 HPIA 寄存器的低 16 位 UPI 地址位进行访问。对于地址自动增的功能，为了正确的操作，XHPIA 位必须清除为 0，因为当 XHPIA 位置为 1 时，自动增功能不能正确地工作。

在 C54x DSP 复位后，XHPIA 和扩展地址位都不会被初始化，因此主机在 C54x DSP 复位后应该对这些位进行初始化。

③ 地址自动增。HPI-8 地址自动增特性为访问连续的片内字单元提供了很方便的手段。在自动增模式下，每次访问后 HPIA 寄存器会自动增加 1。即使访问次数不变，因为每次存储器访问期间主机不用更新 HPIA 寄存器，所以性能可以大大提高。当 HCNTL0 为高电平而 HCNTL1 引脚为低电平时，系统具有地址自动增特性。

对于具有扩展片内 RAM 的 DSP 器件，HPIC 寄存器的 XPHIA 位必须置 1，以便得到正确的地址自动增操作。

当自动增功能使能后，一次数据读会使操作后的 HPIA 增加 1，一次数据写会使 HPIA 在操作前预增加 1。因此，如果要向具有自动增功能的 HPI 存储器的第一个字写入，由于写操作的地址预增加 1 的特性，因此 HPIA 寄存器应该初始化位目标地址减 1。自动增加功能影响 HPIA 寄存器的所有 16 位，对于具有扩展片内 RAM 的 DSP 芯片(C5410 例外)，自动增特性也影响扩展地址。

　　例如，如果 HPIA 设置为 FFFFh，并且自动增功能被使能，则下一次访问会改变 HPI 地址位 010000h。因为 C5410 的地址自动增不会影响扩展 HPI 地址，所以上面的例子改变 C5410 的 HPI 地址为 000000h。

　　④ HPI-8 控制寄存器(HPIC)的位和功能描述。HPIC 共有 5 个位用于控制 HPI 操作。这些位是 BOB(选择第 1 或第 2 个字节作为最高位)、DSPINT 和 HINT(分别用于产生 C54x DSP 和主机中断)、XHPIA(主机用来访问扩展地址)和 HPIENA(表示使能或禁止 HPI-8)。关于这些控制位的详细描述见表 2.23，请注意 HPI-8 的 HPIC 寄存器与标准 HPI 的相应寄存器(见表 2.19)的区别。

表 2.23　HPI-8 的 HPIC 寄存器的控制位描述

位	复位后的值	功　能　描　述
BOB	0	当 BOB=1 时，第 1 个字节为最低位 当 BOB=0 时，第 1 个字节为最高位 BOB 会影响数据和地址传输。只有主机可以修改这些位，对于 C54x DSP 来说是不可见的。在第 1 个数据或地址寄存器访问前，BOB 必须进行初始化
DSPINT	0	主机处理器到 C54x DSP 的中断。该位只能被主机写，并且主机和 C54x DSP 都不能读该位。当主机向该位写 1 时，就产生一个对 C54x DSP 的中断。对该位写 0 不会有任何效果 对 DSPINT 读操作总为 0，当主机写 HPIC 时，这两位 DSPINT 必须写入相同的值
HINT	0	该位确定 C54x DSP 的 $\overline{HINT}$ 信号输出状态，$\overline{HINT}$ 信号可用于向主机产生一个中断。复位时，HINT=0，外部 $\overline{HINT}$ 输出无效(高电平) HINT 位只能有 C54x DSP 设置(置 1)，并且只能由主机清除(清 0)。C54x DSP 向 HINT 写 1，使 HINT 引脚为低电平。当外部 $\overline{HINT}$ 引脚为无效(高电平)时，主机或 C54x DSP 读 HINT 位为 0；当外部 $\overline{HINT}$ 引脚为有效(低电平)时，读为 1。如果主机要清除中断，必须向 HINT 写 1。无论是 C54x DSP 还是主机，向 HINT 写 0 无任何效果
XHPIA	X	扩展地址使能 当 XHPIA=1 时，主机写到 HPIA 寄存器的值被加载到 HPIA[n:16] 当 XHPIA=0 时，主机写到 HPIA 寄存器的值被加载到 HPIA[15:0] 在自动增加模式下，所有 n+1 个地址位被增加 1 读 HPIA 寄存器以同样的方式进行，只是主机已经访问了这些位
HPIENA	X	HPI 使能状态位。该位可以锁存 HPIENA 引脚的复位值，并且可以被 C54x DSP 用来确定 HPI-8 被使能还是被禁止。写该位无效，并且主机不能访问该位 注意，并不是所有 C54x DSP 都有这一位(C5410 没有)

　　由于主机接口总是传输 8 位字节，而 HPIC 寄存器是一个 16 位寄存器，在主机一侧就

以相同内容的高字节与低字节来管理 HPIC 寄存器(尽管访问某些位受到一定的限制),而在 C54x DSP 这一侧高 8 位是不用的。选择合适的 HCNTL1 和 HCNTL0,主机可以访问 HPIC 寄存器和连续两个字节的 8 位 HPI-8 数据总线。当主机要写 HPIC 寄存器时,第 1 个字节和第 2 个字节的内容必须是相同的值。C54x DSP 访问 HPIC 寄存器的地址为数据存储空间的 002Ch。

主机和 C54x DSP 读写 HPI-8 的 HPIC 寄存器的结果如图 2.35 所示。图中,对于读操作,如果指定为 0,则该值总被读;如果指定为 X,则读取的为一个未知的值。对于写操作,如果指定为 X,则任何值可以被写。对于主机写,两个字节必须一致。

因为 C54x DSP 可以写 HINT 位,并且该位在主机接口侧可以读两次,如果 C54x DSP 在两次读操作之间改变这些位的状态,则主机读取的第 1 个或第 2 个字节会产生不同的数据。对于 HPI-8 接口,主机和 C54x DSP 的 HPIC 读 / 写周期的特性与标准 HPI 类似(见表 2.21)。

对于 HPI-8 接口,其读 / 写时序与标准 HPI 接口相同,对中断(DSPINT 和 HINT)的处理也一样。

2) 增强的 16 位 HPI(HPI-16)

TI 公司设计了多种 HPI 接口。目前,8 位 HPI 接口可以支持 16 位数据的读写操作,但是 8 位 HPI 需要两次连续传送才能完成 16 位数据的操作。HPI-16 是一种新的增强 HPI,其功能与标准 HPI 和 HPI-8 一样,允许主机处理器访问内部存储器,而不需要 DSP 的 CPU 来干预。HPI-16 提供了一个完整地 16 位双向数据总线。另外,只需要一个主机传送就可以完成访问操作。HPI-16 可以允许各种主机处理器与 C54x DSP 进行接口。目前只有 C5420 具有 HPI-16 功能。HPI-16 的特征包括:

- 允许直接与主机地址总线连接的 16 位地址总线(C5420 为 18 位地址总线);
- 16 位数据总线,不要求任何字节排序;
- 灵活的接口,包括多个选通和控制信号,使用于各种 16 位主机;
- 附加接口的复用和非复用操作的灵活性;
- 存储器访问可以通过直接存储器访问(DMA)控制来实现同步,可以对完整的内部存储器地址范围进行访问;
- HRDY 引脚的软件查询;
- 数据捕获的软件控制;
- 选通和控制信号。

2.6.6 软件可编程等待状态产生器

软件可编程等待状态产生器可以把外部总线周期扩展到 7 个机器周期,从速度上与较慢的片外存储器和 I/O 设备相匹配,它不需要任何外部硬件,只由软件控制。

2.6.7 可编程块开关模块

可编程块开关模块在访问越过存储器块边界,或从程序存储器跨到数据存储器时,能自动插入一个周期,此额外的周期允许存储器器件在其他器件开始驱动总线之前释放总线,防止总线竞争。用于存储器块切换的块大小由切换控制寄存器(BSCR)确定。

2.7　节　电　模　式

C54x DSP 可以工作在节电模式，此时，其进入睡眠状态，功耗比正常操作模式下要小，能保持 CPU 中的内容。当节电工作模式结束时，CPU 可以继续工作下去。

可以通过执行 IDLE1、IDLE2、IDLE3 指令，或者使 STI 寄存器的 HM 状态位置 1 而驱动 $\overline{\text{HOLD}}$ 信号为低电平，从而激活节电工作模式。

节电模式概括见表 2.24 所示。

表 2.24　节电模式概括

操作/特性	IDLE1	IDLE2	IDLE3	$\overline{\text{HOLD}}$
CPU 暂停	是	是	是	是①
CPU 时钟停止	是	是	是	否
外设时钟停止	否	是	是	否
锁相环(PLL)停止	否	否	是	否
外部地址线置于高阻态	否	否	否	是
外部数据线置于高阻态	否	否	否	是
外部控制线置于高阻态	否	否	否	是
节电模式可由下面操作结束：				
$\overline{\text{HOLD}}$ 信号被驱动为高电平	否	否	否	是
非屏蔽内部硬件中断	是	否	否	否
非屏蔽外部硬件中断	是	是	是	否
NMI	是	是	是	否
RS	是	是	是	否

注：① 与 HM 位的状态有关。当 HM 位=0 时，CPU 继续执行，除非执行要求一个外部存储器访问。

1．IDLE1 模式

除了系统的时钟外，IDLE1 模式会暂时停止所有 CPU 活动，因为系统时钟要应用到外设模块，外设电路需要继续工作并且 CLKOUT 引脚依然起作用。因此，串行接口和定时器这样的外设可以使 CPU 退出节电状态。

使用 IDLE1 指令进入 IDLE1 模式。要中止 IDLE1 模式，可以使用唤醒中断。当唤醒中断发生时，如果 INTM=0，IDLE1 模式被中止并且 C54x DSP 会进入中断服务程序(ISR)。如果 INTM=1，C54x DSP 会继续执行 IDLE1 指令后的指令。不管 INTM 的值为多少，所有唤醒中断都会设置 IMR 的相应位，惟一例外的是非屏蔽中断 $\overline{\text{RS}}$ 和 $\overline{\text{NMI}}$。

2．IDLE2 模式

IDLE2 模式会中止片内外设和 CPU 的活动，因为在该模式下会中止片内外设，所以片内外设不能用于产生唤醒处于 IDLE2 模式的 C54x DSP。因为器件完全被停止了，所以功耗会大大降低。

使用 IDLE2 指令进入 IDLE2 模式。要中止 IDLE2 模式，可以使用任何具有 10 ns 最小脉冲宽度的外部中断引脚($\overline{RS}$、$\overline{NMI}$ 和 $\overline{INT_X}$)。当唤醒中断发生时，如果 INTM=0，IDLE2 模式被中止，并且 C54x DSP 会进入中断服务程序(ISR)。如果 INTM=1，C54x DSP 会继续执行 IDLE2 指令后的指令。不管 INTM 的值为多少，所有唤醒中断都会设置 IMR 的相应位。当 IDLE2 的模式中止时，将复位所有外设，即使外设被外部锁定。

3. IDLE3 模式

IDLE3 模式的功能与 IDLE2 模式一样，但是它还会中止 PLL(锁相环)。IDLE3 用来完全关闭 C54x DSP。这种模式降低功耗比 IDLE2 模式要大。此外，如果系统需要 C54x DSP 在较低速度下操作以节省功耗时，则 IDLE3 模式允许用户重新配置 PLL。

使用 IDLE3 指令进入 IDLE3 模式。要中止 IDLE3 模式，可以使用任何具有 10 ns 最小脉冲宽度的外部中断引脚($\overline{RS}$、$\overline{NMI}$ 和 $\overline{INT_X}$)。当唤醒中断发生时，如果 INTM=0，IDLE3 模式被中止，并且 C54x DSP 会继续执行 IDLE3 指令后的指令。不管 INTM 的值为多少，所有唤醒中断都会设置 IMR 的相应位。当 IDLE3 的模式中止时，将复位所有外设，即使外设被外部锁定。

为了中止 IDLE3，外部中断必须为 10 ns 最小的脉冲宽度，以激活唤醒顺序。在唤醒顺序中，C54x DSP 可以接受多个中断，在 IDLE3 模式结束后，将按最高优先级的顺序进入中断服务。软件可编程的 PLL 只有在 TMS320C545/546/548 才有效。

当 $\overline{RS}$ 是 IDLE3 模式时的唤醒中断，具有 10 ns 最小脉冲宽度的 $\overline{RS}$ 可以激活复位顺序。另外，$\overline{RS}$ 应该保持 50 μs 有效，以便 PLL 可以为内部逻辑提供稳定的系统时钟。

4. 保持(Hold)模式

保持(Hold)模式是另一种节电模式，它可以将地址、数据和控制线置于高阻态。根据 ST1 寄存器的 HM 位的值，用户也可以使用这种模式中止 CPU。

这种节电模式由 $\overline{HOLD}$ 有效信号进行初始化。$\overline{HOLD}$ 信号的效果取决于 HM 的值。如果 HM=1，CPU 会停止执行，并且地址、数据和控制线进入高阻态。如果 HM=0，地址、数据和控制线进入高阻态，但是 CPU 继续内部执行。当系统不要求外部存储器访问时，用户可以使用 HM=0 和 $\overline{HOLD}$ 的信号。如果没有指令要求片外存储器访问，C54x DSP 会继续正常工作，处理器中止，直到 $\overline{HOLD}$ 信号被释放。

这种模式不会停止片内外设的操作(如定时器和串行接口)，不管 $\overline{HOLD}$ 信号状态如何以及 HM 位的值为多少，片内外设继续工作。当 $\overline{HOLD}$ 信号变为无效时，该模式被中止。

5. 其他节电性能

C54x DSP 还有另外两个影响节电操作的功能，即外部总线关和 CLKOUT 关。

(1) 外部总线关允许 C54x DSP 禁止用于外部接口的内部时钟，因此会将接口置于较低功耗模式。

通过设置分区转换控制寄存器(BSCR)的第 0 位的值为 1，可以禁止外部接口时钟。在复位时，该位被清 0，并且使能外部时钟。

(2) CLKOUT 关允许 C54x DSP 禁止使用软件指令的 CLKOUT。PMST 寄存器的 CLKOFF 位决定了 CLKOUT 是使能还是被禁止。

2.8 外部总线及扩展

本节讲述用于存储器和 I/O 访问的外部总线操作和控制,包括外部总线接口信号、外部总线优先权以及外部总线的控制性能。另外,有些 C54x DSP 的外部总线操作和控制还包括软件等待状态、分区转换逻辑和保持工作方式等。通过外部总线,C54x DSP 支持各种系统接口。

1. 外部总线接口

C54x DSP 的外部接口包括数据总线、地址总线和一组用于访问片外存储器与 I/O 端口的控制信号。C54x DSP 的外部程序或数据存储器以及 I/O 扩展的地址和数据总数复用,完全依靠片选和读写选通配合时序控制完成外部程序存储器、数据存储器和扩展 I/O 的操作。表 2.25 列出了 C54x DSP 的主要扩展接口信号。

表 2.25   C54x DSP 的主要扩展接口信号

信号名称	C541、C542、C543、C545、C546	C548、C549、C5410	C5402	C5420	描述
A0~A15	15~0	22~0	19~0	17~0	地址总线
D0~D15	15~0	15~0	15~0	15~0	数据总线
$\overline{\text{MSTRB}}$	√	√	√	√	外部存储器访问选通
$\overline{\text{PS}}$	√	√	√	√	程序空间片选
$\overline{\text{DS}}$	√	√	√	√	数据空间片选
$\overline{\text{IOSTRB}}$	√	√	√	√	I/O 访问控制
$\overline{\text{IS}}$	√	√	√	√	I/O 空间片选
R/$\overline{\text{W}}$	√	√	√	√	读/写信号
READY	√	√	√	√	数据准备完成周期
$\overline{\text{HOLD}}$	√	√	√		保持请求
$\overline{\text{HOLDA}}$	√	√	√		保持应答
$\overline{\text{MSC}}$	√	√	√		微状态完成
$\overline{\text{IAQ}}$	√	√	√		指令地址获取
$\overline{\text{IACK}}$	√	√	√		中断应答

外部接口总线是一组并行接口。它有两个互相排斥的选通信号 $\overline{\text{MSTRB}}$ 和 $\overline{\text{IOSTRB}}$。前者用于访问外部程序或数据存储器,后者用于访问 I/O 设备。读/写信号 R/$\overline{\text{W}}$ 则控制数据传送的方向。

外部数据准备输入信号(READY)与片内软件可编程等待状态发生器一起,可以使处理器与各种速度的存储器以及 I/O 设备接口。当与慢速器件通信时,CPU 处于等待状态,直到慢速器完成了它的操作并发出 READY 信号后才继续运行。

在某些情况下,只在两个外部存储器件之间进行转换时才需要等待状态。在这种情况下,可编程的分区转换逻辑可以自动插入一个等待状态。

当外部器件需要访问 C54x DSP 的外部程序、数据和 I/O 存储空间时，可以利用 $\overline{\text{HOLD}}$ 和 $\overline{\text{HOLDA}}$ 信号(保持工作模式)，使外部器件可以控制 C54x DSP 外部总线，从而可以访问 C54x DSP 的外部资源。保持工作模式有两种类型，即正常模式和并行 DMA 模式。

当 CPU 访问片内存储器时，数据总线置为高阻态。然而地址总线以及存储器选择信号(程序空间选择信号 $\overline{\text{PS}}$、数据空间选择信号 $\overline{\text{DS}}$ 以及 I/O 空间选择信号 $\overline{\text{IS}}$)均保持先前的状态，此外，$\overline{\text{MSTRB}}$、$\overline{\text{IOSTRB}}$、$\text{R/}\overline{\text{W}}$、$\overline{\text{IAQ}}$ 和 $\overline{\text{MSC}}$ 信号均保持在无效状态。如果处理器工作模式状态寄存器(PMST)中的地址可见位(AVIS)置 1，那么 CPU 执行指令时的内部程序存储器的地址就出现在外部地址总线上，同时 $\overline{\text{IAQ}}$ 信号有效。

当 CPU 寻址外部数据或 I/O 空间时，扩展地址线被驱动为逻辑状态 0。当 CPU 寻址片内存储器并且 AVIS 位置 1，也会出现这种情况。

2. 外部总线操作的优先级

C54x CPU 有 1 条程序总线(PB)、3 条数据总线(CB、DB 和 EB)以及 4 条地址总线(PAB、CAB、DAB 和 EAB)。由于片内是流水线结构，因此允许 CPU 同时访问它的这些总线。但是，外部总线只能允许每个周期进行一次访问。如果在一个机器周期内，CPU 访问外部存储器两次(一次取指，一次取操作数)，那么就会发生流水线冲突。这种流水线冲突可以通过一个与定义的优先级来自动解决。

3. 外部总线控制

C54x DSP 有两个控制外部总线的单元：等待状态发生器和分区转换逻辑单元。这些单元有两个寄存器控制，即软件等待状态寄存器(SWWSR)和分区转换控制寄存器(BSCR)。

4. 外部总线接口时序

所有的外部总线访问操作都在整数个 CLKOUT 的周期内完成的，一个 CLKOUT 周期定义为从一个 CLKOUT 下降沿到相邻的下一个 CLKOUT 下降沿所需的时间间隔。有些外部总线的访问操作不需要等待周期，例如，存储器写、I/O 写和读等操作需要两个时钟周期；存储器读只要一个时钟周期。然而，当一个存储器读紧跟一个存储器写或者相反时，存储器读需要一个附加的半个周期。

5. 复位和节电模式的时序

当扩展了外部存储器或 I/O 时，C54x DSP 的特殊工作状态(例如，睡眠状态、复位状态、唤醒状态)的外部时序，直接影响到与其相连的外设的复位、节电工作。

当 C54x DSP 进入或退出 IDLE1、IDLE2、复位或 IDLE3 等 4 种工作方式中的某一种时，CPU 总是在工作和不工作之间交换。由于在前两种方式(IDLE1 和 IDLE2)下，加到 CPU 和在片外围电路的时钟还在工作，因此不需要特别的注意。而对于复位和 IDLE3 两种工作模式，需要考虑其时序关系：

(1) 复位。发生硬件初始化；

(2) IDLE3。CPU 和片内外设从睡眠状态转换为有效工作状态。

6. 保持模式

C54x DSP 有两个信号：$\overline{\text{HOLD}}$ (保持请求信号)和 $\overline{\text{HOLDA}}$ (保持应答信号)，允许外部器件控制处理器的程序、数据和 I/O 总线。通过驱动 $\overline{\text{HOLDA}}$ 信号为低电平，处理器应接受一

个来自外部器件的 $\overline{\text{HOLD}}$ 信号，C54x DSP 就进入保持模式，并将它的外部地址总线、数据总线和控制信号置于高阻态。

习题

1. C54x DSP 芯片的 CPU 主要由哪几个部分组成？

2. 简述 VC5402 的功能结构和主要特点。

3. 处理器模式状态寄存器(PMST)中的 MP/$\overline{\text{MC}}$、OVLY 和 DROM 比特位是如何影响 DSP 存储器结构的？

4. C54x DSP 芯片采用了几级流水线的工作方式？完成一条指令分为哪几个阶段？

5. 初始化 C54x DSP 定时器需要按照哪些步骤？定时器中断(TINT)的速率如何计算？

6. C54x DSP 的串口有哪几种类型？试画出 McBSP 串口与 TLV320AIC10 音频模块接口芯片的典型连接方法，并说明它们是如何实现数据收发的？

7. 主机接口(HPI)有哪几种工作方式？增强型的 8 位 HPI 接口 HPI-8 与标准的 8 位 HPI 接口有什么区别？

8. 简述主机接口(HPI)的工作原理和主要用途。

第 3 章　TMS320C54x™ DSP 中断系统

3.1　C54x 中断系统概述

所谓中断是指这样一个过程：CPU 正处理某件事情(执行程序)时，外部发生了某一事件并向 CPU 发信号请求去处理，CPU 暂时中断当前工作，转去处理这一事件(进入中断服务程序)，处理完再回来继续原来的工作。实现这种功能的部件称为中断系统，产生中断的请求源称为中断源。

C54x DSP 支持软件中断和硬件中断。软件中断由程序指令(INTR、TRAP、RESET 指令)引起。硬件中断包括外部硬件中断和内部硬件中断，分别由外部中断信号和片内外设中断信号引起。外部硬件中断如 $\overline{\text{INT0}} \sim \overline{\text{INT3}}$，内部硬件中断包括定时器、串行口、主机接口引起的中断。软件中断不分优先级，当同时有多个硬件中断时，硬件中断有优先级，C54x DSP 按照中断优先级别的高低(1 表示优先级最高)对它们进行服务。

3.2　中　断　分　类

C54x DSP 的中断可以分成如下两大类：

第一类是可屏蔽中断。这些都是可以用软件来屏蔽或用软件来使能的硬件和软件中断源。C54x DSP 最多可以支持 16 个用户可屏蔽中断。

第二类是不可屏蔽中断。这些中断是不能够屏蔽的。C54x DSP 总是响应这一类中断。C54x DSP 的非屏蔽中断包括所有的软件中断与 $\overline{\text{RS}}$ 和 $\overline{\text{NMI}}$ 两个外部硬件中断，这两个中断可通过硬件控制也可通过软件控制。复位中断 $\overline{\text{RS}}$ 对 C54x DSP 所有操作方式产生影响，而 $\overline{\text{NMI}}$ 中断不会对 C54x DSP 的任何操作模式产生影响。但 $\overline{\text{NMI}}$ 中断被声明时，禁止所有其他中断。

3.3　中断标志寄存器(IFR)和中断屏蔽寄存器(IMR)

中断标志寄存器和中断屏蔽寄存器都是存储器映射的 CPU 寄存器。IFR 对各硬件中断进行标志，当一个中断触发时，IFR 中的相应的中断标志位置 1，直到 CPU 识别该中断为止。IMR 对各硬件中断进行屏蔽或使能，某位为 0 表示此中断被屏蔽(禁止)，某位为 1 表示此中断使能(以状态寄存器 INTM 位为 0 为前提条件)。

图 3.1 所示为部分常用 C54x DSP 的 IFR。对 IFR 来说，某位为 1 表示 DSP 收到了一个相应的中断请求，用软件将 IFR 某位置 1，等效于 DSP 收到了一个中断请求。通常在开始某中断前，都将 IFR 对应位中记录的过期中断标志清 0。

15~12	11	10	9	8	7	6	5	4	3	2	1	0
Resvd	BXINT1	BRINT1	BRINT1	INT3	TXINT	TRINT	RXINT0	BRINT0	TINT	INT2	INT1	INT0

(a) C548 IFR

15~14	11	10	9	8	7	6	5	4	3	2	1	0
Resvd	BMINT1	BMINT1	BRINT	INT3	TXINT	TRINT	RXINT0	BRINT0	TINT	INT2	INT1	INT0

(b) C549 IFR

15~14	13	12	11	10	9	8	7	6	5	4	3	2	1	0
Resvd	DMAC5	DMAC4	BXINT1 或 DMAC3	BRINT1 或 DMAC2	HPINT	INT3	TINT1 或 DMAC1	DMAC0	BXINT0	BRINT0	TINT0	INT2	INT1	INT0

(c) C5402 IFR

15~14	13	12	11	10	9	8	7	6	5	4	3	2	1	0
Resvd	DMAC5	DMAC4	BXINT1 或 DMAC3	BRINT1 或 DMAC2	HPINT	INT3	BXINT2 或 DMAC1	BRINT2 或 DMAC0	BXINT0	BRINT0	TINT0	INT2	INT1	INT0

(d) C5410 IFR

15	14	13	12	11	10	9	8	7	6	5	4	3	2	1	0
Resvd	IPINT	DMAC5	DMAC4	BXINT1 或 DMAC3	BRINT1 或 DMAC2	HPINT	Resvd	BXINT2 或 DMAC1	BRINT2 或 DMAC0	BXINT0	BRINT0	TINT0	Resvd	INT1	INT0

(e) C5420 IFR

图 3.1　C54x DSP 中断标志寄存器(IFR)

图 3.2 所示为部分常用 C54x DSP 的 IMR，$\overline{RS}$ 和 $\overline{NMI}$ 都不包括在 IMR 中，IMR 不能控制这两个中断。

15～12	11	10	9	8	7	6	5	4	3	2	1	0
Resvd	BXINT1	BRINT1	HPINT	INT3	TXINT	TRINT	RXINT0	BRINT0	TINT-	INT2	INT1	INT0

(a) C548 IMR

15～14	13	12	11	10	9	8	7	6	5	4	3	2	1	0
Resvd	BMINT1	BMINT1	BXINT1	BRINT1	HPINT	INT3	FXINT	TRINT	BXOMT0	BRINT0	TINT	INT2	INT1	INT0

(b) C549 IMR

15～14	13	12	11	10	9	8	7	6	5	4	3	2	1	0
Resvd	DMACS	DMAC4	BXINT1 或 DMAC3	BRINT1 或 DMAC2	HPINT	INT3	BXINT2 或 DMAC1	BRINT2 或 DMAC0	BXINT0	BRINT0	TINT0	INT2	INT1	INT0

(c) C5402 IMR

15～14	13	12	11	10	9	8	7	6	5	4	3	2	1	0
Resvd	DMACS	DMAC4	BXINT1 或 DMAC3	BRINT1 或 DMAC2	HPINT	INT3	BXINT2 或 DMAC1	BRINT2 或 DMAC0	BXINT0	BRINT0	TINT0	INT2	INT1	INT0

(d) C5410 IMR

15	14	13	12	11	10	9	8	7	6	5	4	3	2	1	0
Resvd	IPINT	DMAC5	DMAC4	BXINT1 或 DMAC3	BRINT1 或 DMAC2	HPINT	Resvd	BXINT2 或 DMAC1	BRINT2 或 DMAC0	BXINT0	BRINT0	TINT0	Resvd	INT1	INT0

(e) C5420　IMR

图 3.2　C54x DSP 中断屏蔽寄存器(IMR)

3.4　中断响应过程

1．接收中断请求

一个中断由硬件器件或软件指令请求。当产生一个中断请求时，**IFR** 寄存器中相应的中断标志位被置位。不管中断是否被处理器应答，该标志位都会被置位。当相应的中断被响应后，该标志位自动被清除。

1) 硬件中断请求

外部硬件中断由外部中断口的信号发出请求，而内部硬件中断由片内外设的信号发出中断请求。

2) 软件中断请求

软件中断由如下程序指令发出中断请求：

(1) INTR 该指令允许执行任何一个中断服务程序。指令操作数(K)表示 CPU 分支转移到哪个中断向量地址。表 3.1~3.6 列出了用于指向每个中断向量位置的操作数 K。当应答 INTR 中断时，ST1 寄存器的中断模式位(INTM)被设置为 1 以禁止可屏蔽中断。

(2) TRAP 该指令执行的功能与 INTR 指令一致，但不用设置 INTM 位。

(3) RESET 该指令执行一个非屏蔽软件复位，可以在任何时候被使用并将 C54x DSP 置于已知状态。RESET 指令影响 ST0 和 ST1 寄存器，但是不会影响 PMST 寄存器。

当应答 RESET 指令时，INTM 位被调协为 1 以禁止可屏蔽中断。IPTR 和外设寄存器的初始化与硬件复位的初始化是不同的。

2. 应答中断

硬件或软件中断发送了一个中断请求后，CPU 必须决定是否应答该中断请求。软件中断和非屏蔽硬件中断会立刻被应答，可屏蔽中断仅仅在如下条件满足后才被应答。

1) 最高优先级

当超过一个硬件中断同时被请求时，C54x DSP 按照中断优先级响应中断请求。表 3.1~3.6 列出了部分 C54x DSP 的硬件中断和优先级。

2) INTM 位清 0

ST1 的中断模式位(INTM)使能或禁止所有可屏蔽中断。

(1) 当 INTM=0，所有非屏蔽中断被使能。

(2) 当 INTM=1，所有非屏蔽中断被禁止。

当响应一个中断后，INTM 位被置 1。如果程序使用 RETE 指令退出中断服务程序(ISR)后，从中断返回后 INTM 重新使能。使用硬件复位($\overline{\text{RS}}$)或执行 RSBX INTM 指令(禁止中断)会将 INTM 位置 1。通过执行 BSBX INTM 指令(使能中断)，可以复位 INTM 位。INTM 不会自动修改 IMR 或 IFR。

3) IMR 屏蔽位为 1

每个可屏蔽中断在 IMR 中有自己的屏蔽位。为了使能一个中断，可以将屏蔽位置 1。

INTR 指令会强制 PC 到相应地址，并且获取软件向量。当 CPU 读取软件向量的第一个字时，它会产生 $\overline{\text{IACK}}$ (中断应答信号)信号，而清除相应的中断标志位。

对于被使能的中断，当产生 $\overline{\text{IACK}}$ (中断应答信号)信号时，在 CLKOUT 的上升沿，地址位 A6~A2 会指明中断号。如果中断向量驻留在片内存储器，并且用户想查看这些地址，C54x DSP 必须在地址可见模式下工作(AVIS=1)，以便中断号被译码。如果当 C54x DSP 处于 Hold 模式并且 HM=0 时，则会产生一个中断。当 $\overline{\text{IACK}}$ 信号有效时，地址不可见。

3. 执行中断服务程序

当应答中断后，CPU 会采取如下的操作：

(1) 保存程序计数器(PC)值(返回地址)到数据存储器的堆栈顶部。程序计数器扩展寄存器(XPC)不会压入堆栈的顶部，也就是说，它不会保存在堆栈中。因此，如果 ISR 位于和中断向量表不同的页面，用户必须在分支转移到 ISR 之前压入 XPC 到堆栈中。FRET[E]指令可以从 ISR 返回。

(2) 将中断向量的地址加载到 PC。

（3）获取位于向量地址的指令(分支转移被延时，并且用户也存储了一个 2 字指令或两个 1 字指令，则 CPU 也会获取这两个字)。

（4）执行分支转移，转到中断服务程序(ISR)地址(如果分支转移被延时，则在分支转移之前会执行额外的指令)。

（5）执行 ISR，直到一个返回指令中止 ISR。

（6）将返回地址从堆栈中弹出到 PC 中。

（7）继续执行主程序。

整个中断响应过程的详细流程图如图 3.3 所示。

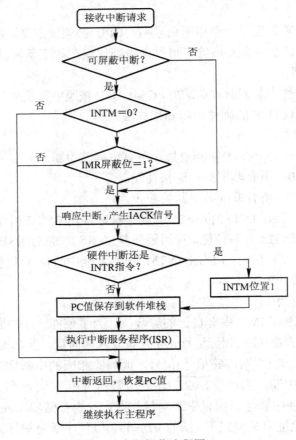

图 3.3　中断操作流程图

根据中断请求源的两种不同类型，分别描述其中断操作流程：

（1）如果请求的是一个可屏蔽中断，则操作过程如下：

① 设置 IFR 的相应标志位。

② 测试应答条件(INTM＝0 并且相应的 IMR＝1)。如果条件为真，则 CPU 应答该中断，产生一个 $\overline{\text{IACK}}$ (中断应答信号)信号；否则，忽略该中断并继续执行主程序。

③ 当中断已被应答后，IFR 相应的标志位被清除，并且 INTM 位被置 1(屏蔽其他可屏蔽中断)。

④ PC 值保存到堆栈中。

⑤ CPU 分支转移到中断服务程序(ISR)并执行 ISR。

⑥ ISR 由返回指令结束，返回指令将返回地址从堆栈中弹出给 PC。

⑦ CPU 继续执行主程序。

(2) 如果请求的是一个非屏蔽中断，则操作过程如下：

① CPU 立刻应答该中断，产生一个 $\overline{IACK}$ (中断应答信号)信号。

② 如果中断是由 $\overline{RS}$、$\overline{NMI}$ 或 INTR 指令请求的，则 INTM 位被置 1(屏蔽其他可屏蔽中断)。

③ 如果 INTR 指令已经请求了一个可屏蔽中断，那么相应标志位被清除为 0。

④ PC 值保存到堆栈中。

⑤ CPU 分支转移到中断服务程序(ISR)并执行 ISR。

⑥ ISR 由返回指令结束，返回指令将返回地址从堆栈中弹出给 PC。

⑦ CPU 继续执行主程序。

3.5　重新映射中断向量地址

中断向量可以映射到程序存储器的任何 128 字页面的起始位置，除保留区域外。中断向量地址是由 PMST 寄存器中的 IPTR(9 位中断向量指针)和左移两位后的中断向量序号(中断向量序号为 0～31，左移两位后变成 7 位)所组成。例如，如果 $\overline{INT0}$ 被声明为低优先级，并且 IPTR=0001h，则中断向量的地址为 00C0h，如图 3.4 所示。$\overline{INT0}$ 的中断向量号为 16。

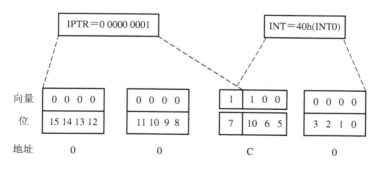

图 3.4　中断向量地址产生

复位时，IPTR 所有的位被置 1(IPTR=1FFh)，并按此值将复位向量映射到程序存储器的 511 页空间。所以，硬件复位后总是从 0FF80h 开始执行程序。加载除 1FFh 之外的值到 IPTR 后，中断向量可以映射到其他地址。例如，用 0001h 加载 IPTR，那么中断向量就被移到从 0080h 单元开始的程序存储器空间。

注意：硬件复位($\overline{RS}$)向量不能被重新映射，因为硬件复位会加载 1 到 IPTR 所有的位，因此，硬件复位向量总是指向程序空间的 FF80h 位置。

3.6 中断和中断向量表

表 3.1～3.6 列出了部分 C54x DSP 的中断号、优先级和中断向量位置。

表 3.1 C542 中断和优先级

中断号(K)	优先级	名称	向量位置	功 能
0	1	$\overline{RS}$ /SINTR	0	复位(硬件和软件复位)
1	2	$\overline{NMI}$ /SINT16	4	非屏蔽中断
2	—	SINT17	8	软件中断#17
3	—	SINT18	C	软件中断#18
4	—	SINT19	10	软件中断#19
5	—	SINT20	14	软件中断#20
6	—	SINT21	18	软件中断#21
7	—	SINT22	1C	软件中断#22
8	—	SINT23	20	软件中断#23
9	—	SINT24	24	软件中断#24
10	—	SINT25	28	软件中断#25
11	—	SINT26	2C	软件中断#26
12	—	SINT27	30	软件中断#27
13	—	SINT28	34	软件中断#28
14	—	SINT29	38	软件中断#29，保留
15	—	SINT30	3C	软件中断#30，保留
16	3	$\overline{INT0}$/SINT0	40	外部用户中断#0
17	4	$\overline{INT1}$ /SINT1	44	外部用户中断#1
18	5	$\overline{INT2}$ /SINT2	48	外部用户中断#2
19	6	TINT/SINT3	4C	内部定时器中断
20	7	BRINT0/SINT4	50	缓冲串行接口接收中断
21	8	BXINT0/SINT5	54	缓冲串行接口发送中断
22	9	TRINT/SINT6	58	TDM 串行接口接收中断
23	10	TXINT/SINT7	5C	TDM 串行接口发送中断
24	11	$\overline{INT3}$ /SINT8	60	外部用户中断#3
25	12	HPINT/SINT9	64	HPI 中断
26～31	—		68～7F	保留

表 3.2　C548 中断和优先级

中断号(K)	优先级	名称	向量位置	功　能
0	1	$\overline{RS}$ /SINTR	0	复位(硬件和软件复位)
1	2	$\overline{NMI}$ /SINT16	4	非屏蔽中断
2	—	SINT17	8	软件中断#17
3	—	SINT18	C	软件中断#18
4	—	SINT19	10	软件中断#19
5	—	SINT20	14	软件中断#20
6	—	SINT21	18	软件中断#21
7	—	SINT22	1C	软件中断#22
8	—	SINT23	20	软件中断#23
9	—	SINT24	24	软件中断#24
10	—	SINT25	28	软件中断#25
11	—	SINT26	2C	软件中断#26
12	—	SINT27	30	软件中断#27
13	—	SINT28	34	软件中断#28
14	—	SINT29	38	软件中断#29，保留
15	—	SINT30	3C	软件中断#30，保留
16	3	$\overline{INT0}$ /SINT0	40	外部用户中断#0
17	4	$\overline{INT1}$ /SINT1	44	外部用户中断#1
18	5	$\overline{INT2}$ /SINT2	48	外部用户中断#2
19	6	TINT /SINT3	4C	内部定时器中断
20	7	BRINT0/SINT4	50	缓冲串行接口 0 接收中断
21	8	BXINT0/SINT5	54	缓冲串行接口 0 发送中断
22	9	TRINT/SINT6	58	TDM 串行接口接收中断
23	10	TXINT/SINT7	5C	TDM 串行接口发送中断
24	11	$\overline{INT3}$ /SINT8	60	外部用户中断#3
25	12	HPINT/SINT9	64	HP1 中断
26	13	BRINT1/SINT10	68	缓冲串行接口 1 接收中断
27	14	BXINT1/SINT11	6C	缓冲串行接口 1 发送中断
28～31	—	—	70h～7F	保留

表 3.3　C549 中断和优先级

中断号(K)	优先级	名称	向量位置	功　能
0	1	$\overline{RS}$ /SINTR	0	复位(硬件和软件复位)
1	2	$\overline{NMI}$ /SINT16	4	非屏蔽中断
2	—	SINT17	8	软件中断#17
3	—	SINT18	C	软件中断#18
4	—	SINT19	10	软件中断#19
5	—	SINT20	14	软件中断#20
6	—	SINT21	18	软件中断#21
7	—	SINT22	1C	软件中断#22
8	—	SINT23	20	软件中断#23
9	—	SINT24	24	软件中断#24
10	—	SINT25	28	软件中断#25
11	—	SINT26	2C	软件中断#26
12	—	SINT27	30	软件中断#27
13	—	SINT28	34	软件中断#28
14	—	SINT29	38	软件中断#29
15	—	SINT30	3C	软件中断#30
16	3	$\overline{INT0}$ /SINT0	40	外部用户中断#0
17	4	$\overline{INT1}$ /SINT1	44	外部用户中断#1
18	5	$\overline{INT2}$ /SINT2	48	外部用户中断#2
19	6	TINT /SINT3	4C	内部定时器中断
20	7	BRINT0/SINT4	50	缓冲串行接口 0 接收中断
21	8	BXINT0/SINT5	57	缓冲串行接口 0 发送中断
22	9	TRINT/SINT6	58	TDM 串行接口接收中断
23	10	TXINT/SINT7	5C	TDM 串行接口发送中断
24	11	$\overline{INT3}$ /SINT8	60	外部用户中断#3
25	12	HPINT/SINT9	64	HP1 中断
26	13	BRINT1/SINT10	68	缓冲串行接口 1 接收中断
27	14	BXINT1/SINT11	6C	缓冲串行接口 1 发送中断
28	15	BMINT0/SINT12	70	BSP#0 检测偏移中断
29	16	BMINT1/SINT13	74	BSP#1 检测偏移中断
30～31	—		78～7F	保留

表 3.4　C5402 中断和优先级

中断号(K)	优先级	名称	向量位置	功　能
0	1	$\overline{RS}$/SINTR	0	复位(硬件和软件复位)
1	2	$\overline{NMI}$/SINT16	4	非屏蔽中断
2	—	SINT17	8	软件中断#17
3	—	SINT18	C	软件中断#18
4	—	SINT19	10	软件中断#19
5	—	SINT20	14	软件中断#20
6	—	SINT21	18	软件中断#21
7	—	SINT22	1C	软件中断#22
8	—	SINT23	20	软件中断#23
9	—	SINT24	24	软件中断#24
10	—	SINT25	28	软件中断#25
11	—	SINT26	2C	软件中断#26
12	—	SINT27	30	软件中断#27
13	—	SINT28	34	软件中断#28
14	—	SINT29	38	软件中断#29
15	—	SINT30	3C	软件中断#30
16	3	$\overline{INT0}$/SINT0	40	外部用户中断#0
17	4	$\overline{INT1}$/SINT1	44	外部用户中断#1
18	5	$\overline{INT2}$/SINT2	48	外部用户中断#2
19	6	TINT 0/SINT3	4C	定时器 0 中断
20	7	BRINT0/SINT4	50	McBSP#0 接收中断
21	8	BXINT0/SINT5	57	McBSP#0 发送中断
22	9	DMAC0/SINT7	58	DMA 通道 0 中断
23	10	TINT1/DMAC1/SINT7	5C	定时器 1(默认)/DMA 通道 1 中断
24	11	$\overline{INT3}$/SINT8	60	外部用户中断#3
25	12	HPINT/SINT9	64	HP1 中断
26	13	BRINT1/DMAC2/SINT10	68	McBSP#1 接收中断/DMA 通道 2 中断
27	14	BXINT1/DMAC3/SINT11	6C	McBSP#1 发送中断/DMA 通道 3 中断
28	15	DMAC4/SINT12	70	DMA 通道 4 中断
29	16	DMAC5/SINT13	74	DMA 通道 5 中断
120～127	—	保留	78～7F	保留

表 3.5　C5410 中断和优先级

中断号(K)	优先级	名称	向量位置	功　能
0	1	$\overline{\text{RS}}$ /SINTR	0	复位(硬件和软件复位)
1	2	$\overline{\text{NMI}}$ /SINT16	4	非屏蔽中断
2	—	SINT17	8	软件中断#17
3	—	SINT18	C	软件中断#18
4	—	SINT19	10	软件中断#19
5	—	SINT20	14	软件中断#20
6	—	SINT21	18	软件中断#21
7	—	SINT22	1C	软件中断#22
8	—	SINT23	20	软件中断#23
9	—	SINT24	24	软件中断#24
10	—	SINT25	28	软件中断#25
11	—	SINT26	2C	软件中断#26
12	—	SINT27	30	软件中断#27
13	—	SINT28	34	软件中断#28
14	—	SINT29	38	软件中断#29
15	—	SINT30	3C	软件中断#30
16	3	$\overline{\text{INT0}}$ /SINT0	40	外部用户中断#0
17	4	$\overline{\text{INT1}}$ /SINT1	44	外部用户中断#1
18	5	$\overline{\text{INT2}}$ /SINT2	48	保留
19	6	TINT/SINT3	4C	外部定时器
20	7	BRINT0/SINT4	50	McBSP#0 接收中断
21	8	BXINT0/SINT5	57	McBSP#0 发送中断
22	9	BRINT2/DMAC0	58	McBSP#2 接收中断/DMA 通道 0 中断
23	10	BXINT2/DMAC1	5C	McBSP#2 发送中断/DMA 通道 1 中断
24	11	INT3/SINT8	60	保留
25	12	HPINT/SINT9	64	HP1 中断(来自 HPIC 的 DSPINT)
26	13	BRINT1/KMAC2/SINT10	68	McBSP#1 接收中断/DMA 通道 2 中断
27	14	BRINT1/KMAC3/SINT11	6C	McBSP#1 发送中断/DMA 通道 3 中断
28	15	DMAC4/SINT12	70	DMA 通道 4 中断
29	16	DMAC5/SINT13	74	DMA 通道 5 中断
120~127	—	保留	78~7F	保留

表 3.6　TMS320C5420 中断和优先级

中断号(K)	优先级	名称	向量位置	功　能
0～29	与 TMS320C5410 的 0～29 号中断一致，请参考表 3.5			
30	17	IPINT/SINT14	78	
120～127	—	保留	7C～7F	保留

3.7　复位中断($\overline{\text{RS}}$)

复位($\overline{\text{RS}}$)是一个不可屏蔽的外中断，以 VC5402 为例，复位后 VC5402 的相关内部资源设置成以下状态：

- IPTR=1FFH，中断矢量表位于 FF80H，PC=FF80H；
- PMST 中的 MP/$\overline{\text{MC}}$ 位与管脚 MP/$\overline{\text{MC}}$ 电平一致；
- XPC=0；
- 地址总线置为 FF80H，数据总线为高阻；
- 所有控制线无效；
- 产生 $\overline{\text{IACK}}$ 信号；
- INTM=1，屏蔽所有中断；
- IFR 清 0；
- 置下列状态位为初始值：

ARP=0　　CLKOFF=0　HM=0　　SXM=0　ASM=0　CMPT=0

INTM=1　TC=1　　　　AVIS=0　CPL=0　OVA=0　OVB=0

BRAF=0　DP=0　　　　XF=1　　C=0　　C16=0　OVM=0

FRCT=0　DROM=0　　OVLY=0

复位时，由于 SP 没有被初始化，因此用户必须对 SP 进行设置。

习题

1. C54x DSP 中断可分为哪几类？
2. C54x DSP 处理中断可分为哪几个步骤？
3. C54x DSP IFR 和 IMR 的功能是什么？
4. C54x DSP 执行中断服务程序过程中 CPU 采取哪几步操作？
5. C54x DSP 硬件复位中断向量总是指向程序空间的哪几个位置？

第 4 章　TMS320C54x^{TM} DSP 汇编语言与混合编程

4.1　概　　述

C54x DSP 软件设计的方法通常有三种。

第一种，用 C 语言开发。TI 公司提供了用于 C 语言开发的 CCS(Code Composer Studio) 平台。该平台包括了优化 ANSI C 编译器，从而可以在 C 源程序级进行开发调试。这种方式 的优点是可以增强软件的可读性，提高了软件的开发速度，方便软件的修改和移植。然而，C 编译器无法实现在任何情况下都能够合理地利用 DSP 芯片的各种资源。此外，对 DSP 芯片 的某些硬件控制，用 C 语言就不如用汇编程序方便，有些甚至无法用 C 语言实现。

第二种，用汇编语言开发。此种方式代码效率高，程序执行速度快，可以充分合理地 利用芯片提供的硬件资源。然而，用汇编语言编写程序比较烦琐，可读性较差。另外，不 同类别或不同公司的芯片汇编语言往往不同，因此可移植性较差。总之，用汇编语言开发 产品，周期长，软件的修改和升级困难。

第三种，C 和汇编语言混合编程开发。采用混合编程的方法能更好地达到设计要求，完 成设计任务。

4.2　汇　编　语　言

C54x DSP 的指令系统中的指令有两种表示形式：一种是助记符形式，另一种是代数形 式。其中助记符形式应用较为广泛。

4.2.1　汇编语言源程序格式

汇编语言是 DSP 应用软件的基础。编写汇编语言必须要符合相应的格式，这样汇编器 才能将源文件转换为机器语言的目标文件。C54x DSP 汇编语言源程序由源说明语句组成， 包含汇编语言指令、汇编伪指令、宏伪指令和注释等，一般一句程序占据编辑器的一行。 由于汇编器每行最多只能读 200 个字符，因此源语句的字符数不能超过 200 个，一旦长度 超过 200 个字符，汇编器将自行截去行尾的多余字符并给出警告信息。如果截去的是注释， 那么不影响程序的正确执行；但如果截去了语句的执行部分，则程序会编译出错或错误 执行。

汇编语言语句格式可以包含 4 个部分：标号域、指令域、操作数域和注释域。以助记 符指令为例，汇编语言语句格式如下：[标号][：]　指令[操作数列表]　　[；注释]，其中[] 内的部分是可选项。

在编写汇编指令时，必须遵循以下格式：

(1) 语句必须以标号、空格、星号或分号开始。

(2) 标号为可选项。若要使用标号，则必须从第 1 列开始。标号长度最多为 32 个字符，由 A～Z，a～z，0～9，_和$等组成，但第 1 个字符不能为数字。标号后可以跟一个冒号(：)，但并不作为标号的一部分。

(3) 每个域必须由 1 个或多个空格分开，制表符等效于空格。

(4) 注释是可选项，开始于第 1 列的注释须用星号或分号(*或；)标示，但在其他列开始的注释前面只能标分号。

(5) 指令域一定不能从第 1 列开始，否则将被视为标号。指令域包括以下操作码之一：助记符指令、汇编伪指令(如.data，.set)、宏伪指令(如.var，.macro)和宏调用。

(6) 操作数域为操作数的列表，汇编器允许指定常数、符号或表达式作为地址、立即数或间接寻址。当操作数为立即数时，使用#符号作为前缀；操作数为间接寻址时，使用*符号作为前缀，将操作数的内容作为地址。

4.2.2　汇编指令介绍

C54x DSP 按指令的功能分类，可分为如下四类：

- 数据传送指令；
- 算术运算指令；
- 逻辑运算指令；
- 程序控制指令。

描述指令的符号定义见表 4.1 所示。

表 4.1　指 令 集 符 号

符　号	说　明	符　号	说　明
A	累加器 A	n	XC 指令操作数。n=1 表示 1 条指令执行；n=2 表示 2 条指令执行
ALU	算术逻辑单元	N	指定 RSBX/SSBX/XC 指令中修改的状态寄存器。N=0，状态寄存器 ST0；N=1，状态寄存器 ST1
AR	辅助寄存器	OVA	ST0 中的累加器 A 的溢出标志
ARx	指定的辅助寄存器(0≤x≤7)	OVB	ST0 中的累加器 B 的溢出标志
ARP	ST0 中的辅助寄存器指针域，3 位域指针指向当前的辅助寄存器(AR)	OVdst	目的累加器(A 或 B)的溢出标志
ASM	ST1 中的 5 位累加器移位模式域 (−16≤ASM≤15)	OVdst_	与当前目的累加器相反的累加器的溢出标志
B	累加器 B	OVsrc	源累加器(A 或 B)的溢出标志
BRAF	ST1 中的块重复有效标志	OVM	ST1 中的溢出模式位
BRC	块重复计数器	PA	16 位立即数表示的端口地址 (0≤PA≤65535)

符号	说　明	符号	说　明
BITC	4 位值，用于确定位测试指令对指定数据存储器的哪一位进行测试	PAR	程序地址寄存器
C16	ST1 中的双 16 位/双精度算术模式位	PC	程序计数器
C	ST0 中的进位位	pmad	16 位立即数表示的程序存储器地址（0≤PA≤65 535）
CC	2 位的条件代码	Pmem	程序存储器操作数
CMPT	ST1 中的兼容模式位	PMST	处理器模式状态寄存器
CPL	ST1 中的编译模式位	prog	程序存储器操作数
cond	条件执行指令所用的条件	[R]	舍入(凑整)选项
[d],[D]	延迟方式的选项	rnd	舍入
DAB	地址总线	RC	循环计数器
DAR	DAB 地址寄存器	RTN	在 RETF[D]指令中使用的快速返回寄存器
dmad	16 位立即数表示的数据存储器地址（0≤dmad≤65 535）	REA	块循环尾地址寄存器
Dmem	数据存储器操作数	RSA	块循环起始地址寄存器
DP	ST0 中的 9 位数据存储器页指针域	SBIT	4 位域指示在 RSBX/SSBX/XC 指令中修改的状态寄存器位数（0≤SBIT≤15）
dst	目的累加器(累加器 A 或 B)	SHFT	4 位指示的移位数(0≤SHFT≤15)
dst_	与当前目的累加器相反的累加器。若 dst=A，则 dst_=B；若 dst=B，则 dst_=A	SHIFT	5 位指示的移位数(-16≤SHIFT≤15)
EAB	E 地址总线	Sind	使用间接寻址的单访问数据存储器操作数
EAR	EAB 地址寄存器	Smem	16 位单访问的数据存储器操作数
extpmad	23 位立即数表示的程序存储器地址	SP	堆栈指针
FRCT	ST1 中的分数模式位	src	源累加器(A 或 B)
hi(A)	累加器 A 中的高 16 位(31～16 位)	ST0,ST1	状态寄存器 0，状态寄存器 1
HM	ST1 中的保持模式位	SXM	ST1 中的符号扩展模式位
IFR	中断标志寄存器	T	暂存寄存器
INTM	ST1 中的中断屏蔽位	TC	ST0 中的测试/控制标志位
K	小于 9 位的短立即数	TOS	堆栈栈顶
k3	3 位立即数(0≤k3≤7)	TRN	转换寄存器
k5	5 位立即数(0≤k5≤7)	TS	T 寄存器中位(5～0)确定的位移数

续表二

符号	说　明	符号	说　明
k9	9 位立即数(0≤k9≤7)	uns	无符号数
1k	16 位长立即数	XF	ST1 中的外部标志状态位
Lmem	使用长字寻址的 32 位单访问数据存储器操作数	XPC	程序计数器的扩展寄存器
mmr MMR	存储器映射寄存器	Xmem	在双操作数和一些单操作数指令中使用的 16 位双访问数据存储器操作数
MMRx MMRy	存储器映射寄存器，AR0～AR7 或 SP	Ymem	在双操作数指令中使用的 16 位双访问数据存储器操作数
( )	寄存器或存储单元包含的内容	#	立即数寻址时常数的前缀
[ ]	表示可选项	‖	并行指令

下面根据指令的功能特性分类介绍 C54x 指令系统。

1．数据传送指令

数据传送指令把源操作数从源存储器中传送到目的操作数指定的存储器中。C54x DSP 的数据传送指令包括装载指令、存储指令、条件存储指令、并行装载和存储指令、并行装载和乘法指令、并行存储和加/减法指令、并行存储和乘法指令、混合装载和存储指令。

1) 装载指令

装载指令是取数或赋值指令，将存储器内容或立即数赋给目的寄存器，共 7 条指令，如下所示。

(1) DLD

语　　法：助记符方式　　　　　　　　　　　表达式方式

　　　　　DLD　Lmem，dst　　　　　　　　dst = dbl(Lmem)

　　　　　　　　　　　　　　　　　　　　　dst = dual(Lmem)

执行方式：if　C16 = 0

　　　　　Then

　　　　　 (Lmem)→dst

　　　　　Else

　　　　　 (Lmem(31-16))→dst(39-16)

　　　　　 (Lmem(15-0))→dst(15-0)

受 SXM 的影响。

功能描述：该指令只把 32 bit 的长操作数 Lmem 装入到目的累加器 dst 中。C16 的值决定了所采用的方式：

　　　　　C16=0　指令以双精度方式执行。Lmem 装入到 dst 中。

　　　　　C16=1　指令以双 16 bit 方式执行。Lmem 的高 16 bit 装入到 dst 前 24 bit 中；同时，Lmem 的低 16 bit 装入到 dst 的低 16 bit 中。

例 4.1

DLD   *AR3+，B

	Before Instruction		After Instruction
B	00 0000 0000	B	00 6666 5555
AR3	0100	AR3	0102

Data   Memory

0100H	6666	0100H	6666
0101H	5555	0101H	5555

因为该指令是一个长操作指令，所以 **AR3** 在执行后加 **2**。

(2) LD

语　　法：助记符方式　　　　　　　　　表达式方式

    ① LD   Smem，dst　　　　　　　① dst =dbl(Lmem)

                                            dst =dual(Lmem)

    ② LD   Smem，TS，dst　　　　② dst = Smem << TS

    ③ LD   Smem，16，dst　　　　③ dst = Smem << 16

    ④ LD   Smem[，SHIFT]，dst　　④ dst = Smem [<<SHIFT]

    ⑤ LD   Xmem，SHIFT，dst　　⑤ dst = Xmem [<<SHIFT]

    ⑥ LD   # K，dst　　　　　　　⑥ dst = # K

    ⑦ LD   # 1k [，SHIFT]，dst　　⑦ dst = # 1k [<<SHIFT]

    ⑧ LD   # 1k ，16，dst　　　　⑧ dst = # 1k << 16

    ⑨ LD   src，ASM [，dst]　　　⑨ dst = src <<ASM

    ⑩ LD   src[，SHIFT] [，dst]　　⑩ dst = src [<<SHIFT]

执行过程：① (Smem)→dst

          ② (Smem)<< TS→dst

          ③ (Smem)<< 16→dst

          ④ (Smem)<< SHIFT→dst

          ⑤ (Xmem)<< TS→dst

          ⑥ K→dst

          ⑦ 1k << SHIFT→dst

          ⑧ 1k << 16→dst

          ⑨ (src)<<ASM→dst

          ⑩ (src)<<SHIFT→dst

    在所有累加器装入操作中都会受到 SXM 影响，在带有 SHIFT 或 ASM 移位的装入操作中只受 OVM 的影响；在带有 SHIFT 或 ASM 移位的装入指令中影响 Ovd(或当 dst=src 时影响 OVsrc)。

功能描述：把一数据存储器值或一立即数装入累加器(dst 或当没有确定 dst 时为 src)，并支持各种不同的移位。另外，指令支持带移位的累加器到累加器的搬移。

例 4.2

LD　*AR1，A

	Before Instruction		After Instruction
A	00　0000　0000	A	00　0000　ABCD
SXM	0	SXM	0
AR1	0200	AR1	0200

Data Memory			
0200H	ABCD	0200H	ABCD

例 4.3

LD　*AR1，A

	Before Instruction		After Instruction
A	00　0000　0000	A	FF　FFFF　FEDC
SXM	1	SXM	1
AR1	0200	AR1	0200

Data Memory			
0200H	FEDC	0200H	FEDC

例 4.4

LD　*AR1，TS，B

	Before Instruction		After Instruction
B	00　0000　0000	B	FF　FFFE　DC00
SXM	1	SXM	1
AR1	0200	AR1	0200
T	8	T	8

Data Memory			
0200H	FEDC	0200H	FEDC

例 4.5

LD　*AR3+，16，A

	Before Instruction		After Instruction
A	00　0000　0000	A	FF　FFDC　0000
SXM	1	SXM	1
AR3	0300	AR3	0301

Data Memory

0300H	FEDC		0300H	FEDC

(3) LD

语　　　法：助记符方式	表达式方式
① LD　Smem，T	① T = Smem
② LD　Smem，DP	② DP = Smem
③ LD　# k9，DP	③ DP = # k9
④ LD　# k5，ASM	④ ASM = # k5
⑤ LD　# k3，ARP	⑤ ARP = # k3
⑥ LD　Smem，ASM	⑥ ASM = Smem

执行过程：① (Smem)→T

② (Smem(8-0))→DP

③ k9→DP

④ k5→ASM

⑤ k3→ARP

⑥ (Smem(4-0))→ASM

不影响任何状态位。

功能描述：把一个数装入 T 寄存器或状态寄存器 ST0 或 ST1 中的 DP、ASM 和 ARP 域中。装入的数可以是一个单数据存储器操作数 Smem 也可以是一个常数。该指令代码为一个字，但当 Smem 采用了长偏移直接寻址或绝对地址寻址方式时，指令代码为两个字。

例 4.6

LD　*AR3+，T

	Before Instruction		After Instruction
T	0000	T	ABCD
AR3	0300	AR3	0301

Data Memory

0300H	ABCD		0300H	ABCD

例 4.7

LD　*AR4，DP

	Before Instruction		After Instruction
AR4	0200	AR4	0200
DP	1FF	DP	0DC

Data Memory

| 0200H | FEDC | 0200H | FEDC |

例 4.8

LD　#23，DP

| | Before Instruction | | After Instruction |
| DP | 1FF | DP | 017 |

例 4.9

LD　15，ASM

| | Before Instruction | | After Instruction |
| ASM | 00 | ASM | 0F |

例 4.10

LD　3，ARP

| | Before Instruction | | After Instruction |
| ARP | 0 | ARP | 3 |

例 4.11

LD　DAT0　ASM

	Before Instruction		After Instruction
ASM	00	ASM	1C
DP	004	DP	004

Data Memory

| 0200H | FEDC | 0200H | FEDC |

(4) LDM

语　　法：助记符方式　　　　　　　　　表达式方式

　　　　　LDM　MMR，dst　　　　dst = MMR

　　　　　　　　　　　　　　　　dst =mmr(MMR)

执行过程：(MMR)→dst

　　　　不影响任何状态位。

功能描述：把存储器映射寄存器 MMR 中的值装入到目的累加器 dst 中。不管 DP 的当前值
　　　　　或 ARx 的高 9 位的值是多少，都把有效地址的高 9 位清 0，以指定为在数据页 0
　　　　　中。该指令不受 SXM 的影响。

例 4.12

LDM　AR4，A

	Before Instruction		After Instruction
A	00　0000　1111	A	00　0000　EEEE
AR4	EEEE	AR4	EEEE

(5) LDR

语　　法：助记符方式　　　　　　　　　　　　表达式方式

　　　　　LDR　Smem，dst　　　　　　　　　dst = rnd(Smem)

执行过程：(Smem)<< 16 + 1 << 15→dst(31-16)

　　　　受 SXM 的影响。

功能描述：把单数据存储器操作数 Smem 左移 16 bit 后装入目的累加器 dst 的高端(31～16
　　　　　位)。Smem 通过加 2^{15} 再对累加器的低端(15～0 位)清 0 来凑整。累加器的第 15
　　　　　位置为 1。

例 4.13

LDR　*AR1，A

	Before Instruction		After Instruction
A	00　0000　0000	A	00　EEEE　8000
SXM	0	SXM	0
AR1	0200	AR1	0200

Data Memory

0200H	EEEE	0200H	EEEE

(6) LDU

语　　法：助记符方式　　　　　　　　　　　　表达式方式

　　　　　LDU　Smem，dst　　　　　　　　　dst = uns(Smem)

执行过程：(Smem)→dst(15-0)

　　　　　00 0000H→dst(39-6)

　　　　不影响任何状态位。

功能描述：把单数据存储器值 Smem 装入目的累加器 dst 的低端(15～0 位)。dst 的保护位和
　　　　　高端(39～16 位)清 0。因此，数据被看成是一个不带符号的 16 bit 数。不管 SXM
　　　　　位的状态如何都无符号扩展。该指令代码占一个字，但当 Smem 采用长偏移间
　　　　　接寻址或绝对地址寻址方式时就会多占一个字。

例 4.14

LDU　*AR1，A

	Before Instruction		After Instruction
A	00　0000　0000	A	00　0000　EEEE
AR1	0200	AR1	0200

Data Memory

0200H	EEEE	0200H	EEEE

(7) LTD

语　　法：助记符方式　　　　　　　　　　表达式方式

　　　　　　LTD　Smem　　　　　　　　　ltd(Smem)

执行过程：(Smem)→T

　　　　　(Smem)→Smem + 1

　　　　　不影响任何状态位。

功能描述：把一个单数据存储器单元的内容 Smem 复制到 T 寄存器和紧接着 T 的数据单元中去。当数据复制完毕后，Smem 单元的内容保持不变。这个功能在数字信号处理中实现一个 Z 延时是相当有用的。该功能在存储器延迟指令中也存在。

例 4.15

LTD　*AR3

Before Instruction　　　　　　　　　After Instruction

T	0000	T	6666
AR3	0100	AR3	0100

Data Memory

0100H	6666	0100H	6666
0101H	XXXX	0101H	6666

2) 存储指令

存储指令将原操作数或立即数存入存储器或寄存器，共 10 条指令，如下所示。

(1) DST

语　　法：助记符方式　　　　　　　　　表达式方式

　　　　　DST　src，Lmem　　　　　　　dbl(Lmem)= src

　　　　　　　　　　　　　　　　　　　dual(Lmem)= src

执行过程：(src(31-0))→Lmem

　　　　　不影响任何状态位。

功能描述：把源累加器的内容放在一个 32 bit 的长数据存储器单元 Lmem 中。

例 4.16

DST　B，*AR3+

Before Instruction　　　　　　　　　After Instruction

B	00　6666　5555	B	00　6666　5555
AR3	0100	AR3	0102

Data Memory

0100H	0000
0101H	0000

0100H	6666
0101H	5555

(2) ST

语　　法：助记符方式　　　　　　　　　　表达式方式

　　　　　① ST　T，Smem　　　　　　　① Smem = T

　　　　　② ST　TRN，Smem　　　　　　② Smem = TRN

　　　　　③ ST　#1k，Smem　　　　　　③ Smem = #1k

执行过程：① (T)→Smem

　　　　　② (TRN)→Smem

　　　　　③ 1k →Smem

该指令不影响任何状态位。

功能描述：把 T 寄存器的内容，过渡寄存器(TRN)的内容或一个 16 bit 常数 1 k 存放到数据
　　　　　存储器单元 Smem 中去。

例 4.17

ST　TRN，DAT5

	Before Instruction			After Instruction
DP	004		DP	004
TRN	1234		TRN	1234

Data Memory

0205H	0030		0205H	1234

例 4.18

ST　T，*AR7−

	Before Instruction			After Instruction
T	4210		T	4210
AR7	0321		AR7	0320

Data Memory

0321H	1200		0321H	4210

(3) STH

语　　法：助记符方式　　　　　　　　　　表达式方式

　　　　　① STH　src，Smem　　　　　　① Smem = hi(src)

② STH　src，ASM，Smem 　　　　② Smem = hi(src)<< ASM

③ STH　src，SHFT，Xmem 　　　　③ Xmem = hi(src)<<SHFT

④ STH　src[，SHIFT]，Smem 　　　④ Smem = hi(src)<< SHIFT

执行过程：　① (src(31-16))→Smem

　　　　　　② (src)<<(ASM-16)→Smem

　　　　　　③ (src)<<(SHFT-16)→Xmem

　　　　　　④ (src)<<(SHIFT-16)→Smem

该指令受 SXM 影响。

功能描述：把源累加器 src 的高端(31～16 位)存放到数据存储器单元 Smem 中去。Src 进行左移，移动位数由 ASM、SHFT 或 SHIFT 决定；然后再把移位后的值(31～16 位)存放到数据存储器单元(Smem 或 Xmem)中。如果 SXM=0，则把 src 的 39 位复制到数据存储器单元的最高位。如果 SXM=1，就把移位后进行了符号扩展的第 39 位存放到数据存储器单元的最高位。

例 4.19

STH　A，DAT10

	Before Instruction			After Instruction
A	FF　1234　5678		A	FF　1234　5678
DP	004		DP	004

Data Memory

020AH	8765		020AH	1234

例 4.20

STH　B，-8，*AR7 -

	Before Instruction			After Instruction
B	FF　8421　1234		B	FF　8421　1234
AR7	0321		AR7	0320

Data Memory

0321H	ABCD		0321H	FF84

(4) STL

语　　法：助记符方式　　　　　　　　表达式方式

　　　　① STL　src，Smem 　　　　　① Smem = src

　　　　② STL　src，ASM，Smem 　　② Smem = src<< ASM

　　　　③ STL　src，SHFT，Xmem 　　③ Xmem = src<<SHFT

　　　　④ STL　src[，SHIFT]，Smem 　④ Smem = src<< SHIFT

执行过程：① (src(15-0))→Smem

　　　　　② (src)<< ASM→Smem

　　　　　③ (src)<< SHFT→Xmem

　　　　　④ (src)<< SHIFT-16→Smem

　　该指令受 SXM 影响。

功能描述：把源累加器 src 的低端(15～0 位)存放到数据存储器单元 Smem 中去。Src 进行左
　　　　　移操作，移动位数由 ASM、SHFT 或 SHIFT 决定。然后把移位后的值(15～0 位)
　　　　　存放到数据存储器单元(Smem 或 Xmem)中去。当移位值为正时，低位添 0。

例 4.21

STL　A，DAT11

	Before Instruction		After Instruction
A	FF　1234　5678	A	FF　1234　5678
DP	004	DP	004

Data Memory

020BH	8765	020BH	5678

例 4.22

STL　B，-8，*AR7-

	Before Instruction		After Instruction
B	FF　8421　1234	B	FF　8421　1234
SXM	0	SXM	0
AR7	0321	AR7	0320

Data Memory

0321H	0099	0321H	2112

　　(5) STLM

语　　法：助记符方式　　　　　　　　　　　　　表达式方式

　　　　　STLM　src，MMR　　　　　　　　　MMR = src

　　　　　　　　　　　　　　　　　　　　　　mmr(MMR)= src

执行过程：(src(15-0))→MMR

　　该指令不影响任何状态位。

功能描述：把源累加器 src 的低端(15～0 位)存放到存储器映射寄存器 MMR 中。无论 DP 的
　　　　　当前值或 ARx 的高 9 位是多少，都对有效地址的高 9 位清 0。指令允许 src 存放
　　　　　在数据第 0 页中的任何一个存储器单元中而不必修改状态寄存器 ST0 中的
　　　　　DP 域。

例 4.23

STLM　A，BRC

Before Instruction			After Instruction		
A	FF	1234　5678	A	FF	1234　5678
BRC(1AH)		8765	BRC		5678

例 4.24

STLM　B，*AR1-

Before Instruction			After Instruction		
B	FF	8421　1234	B	FF	8421　1234
AR1		3F17	AR1		0016
AR7(17H)		0099	AR7		1234

(6) STM

语　　法：助记符方式　　　　　　　　　　表达式方式

　　　　　STM　#1k，MMR　　　　　　　MMR = #1k

　　　　　　　　　　　　　　　　　　　mmr(MMR)= #1k

执行过程：1k→MMR

　　该指令不影响任何状态位。

功能描述：该指令的功能是：把一个 16 bit 常数 1k 存放到一个存储器映射寄存器 MMR 或
　　　　　一个在第 0 数据页中的存储器单元，而不必修改状态寄存器 ST0 中的 DP 域。
　　　　　无论 DP 的当前值或 ARx 的高 9 位是多少，都对有效地址的高 9 位清 0。

例 4.25

STM　1111H，IMR

Before Instruction	After Instruction
IMR　　FF01	IMR　　1111

例 4.26

STM　8765H，*AR7+

Before Instruction	After Instruction
AR0　　0000	AR0　　8765
AR7　　8010	AR7　　8010

(7) CMPS

语　　法：助记符方式　　　　　　　　　　表达式方式

　　　　　CMPS　src，Smem　　　　　　　cmps(src，Smem)

执行过程：if((src(31-16)) > (src(15-0)))

Then   (src(31-16))→Smem

(TRN)<< 1→TRN

0→TRN(0)

0→TC

Else   (src(15-0))→Smem

1→TRN(0)

1→TC

该指令影响 TC 位。

功能描述：比较位于源累加器的高端和低端的两个 16 bit 二进制补码值的大小，把较大值存在单数据存储器单元 Smem 中。如果是源累加器的高端(31～16 位)较大，则过渡寄存器(TRN)左移一位，最低位填 0，TC 位清 0。如果是源累加器的低端(15～0 位)较大，则 TRN 左移一位，最低位填 1，TC 位置 1。该指令不遵从标准的流水操作。比较是在读操作数阶段完成，因而，源累加器的值是指令执行前一个阶段的值。TRN 寄存器和 TC 位是在执行阶段被修改的。

例 4.27

CMPS   A，*AR4+

	Before Instruction		After Instruction
A	00 2345 7899	A	00 2345 7899
TC	0	TC	1
AR4	0100	AR4	0101
TRN	4444	TRN	8889

Data Memory

0100H	0000	0100H	7899

(8) SACCD

语   法：助记符方式   表达式方式

SACCD   src, Xmem, cond   if (cond)   Xmem=hi (src)<<ASM

执行方式：if   (cond)

Then

(src)<< (ASM-16)→Xmem

Else

(Xmem)→(Xmem)

该指令受 ASM 和 SXM 的影响。

功能描述：如果满足条件(如表 4.2 所示)，则源累加器 src 左移(ASM-16)位后存放到 Xmem 指定的存储器单元中去；如果不满足条件，则指令从 Xmem 中读出数据，然后又把它写回到原来的单元中去，即 Xmem 单元的值保持不变。

表 4.2　功 能 条 件

条　件	说　明	条　件	说　明
AEQ	(A)=0	BEQ	(B)=0
ANEQ	(A)≠0	BNEQ	(B)≠0
AGT	(A)>0	BGT	(B)>0
AGEQ	(A)≥0	BGEQ	(B)≥0
ALT	(A)<0	BLT	(B)<0
ALEQ	(A)≤0	BLEQ	(B)≤0

例 4.28

SACCD　A，*AR3+0%，ALT

	Before Instruction		After Instruction
A	FF FE00 1234	A	FF FE00 1234
ASM	01	ASM	01
AR0	0002	AR0	0002
AR3	0202	AR3	0204

Data Memory

0202H	0101	0202H	FC00

(9) SRCCD

语　　法：助记符方式　　　　　　　　　　　表达式方式

　　　　　SRCCD　Xmem，cond　　　　　if(cond)Xmem=BRC

执行过程：if (cond)

　　　　　Then

　　　　　　(BRC)→Xmem

　　　　　Else

　　　　　　(Xmem)→Xmem

该指令不会影响任何状态位。

功能描述：如果满足条件，则指令把块循环计数器(BRC)中的内容放到 Xmem 中去；如果不满足条件，则指令把 Xmem 中的内容读出，再把它写回去，即 Xmem 保持不变。

例 4.29

SRCCD　*AR5-，AGT

	Before Instruction		After Instruction
A	00 70FF FFFF	A	00 70FF FFFF
AR5	0202	AR5	0201
BRC	3333	BRC	3333

Data Memory

0202H	1111	0202H	3333

(10) STRCD

语　　法：助记符方式　　　　　　　　　　　　表达式方式

　　　　　STRCD　Xmem，cond　　　　　　　if(cond) Xmem = T

执行过程：if (cond)

　　　　　(T)→Xmem

　　　　　Else

　　　　　(Xmem)→Xmem

该指令不会影响任何状态位。

功能描述：如果满足条件，就把 T 寄存器的值存放到数据存储器单元 Xmem 中去；如果不
　　　　　满足条件，则指令从单元 Xmem 中读出数据，然后再把它写回到 Xmem 中去，
　　　　　即 Xmem 中的数据保持不变。

例 4.30

STRCD　*AR5-，AGT

	Before Instruction		After Instruction
A	00　70FF　FFFF	A	00　70FF　FFFF
T	1234	T	1234
AR5	0202	AR5	0201

Data Memory

0202H	4321	0202H	1234

3) 混合装载和存储指令

混合装载和存储指令共 12 条，如下所示。

(1) MVDD

语　　法：助记符方式　　　　　　　　　　　　表达式方式

　　　　　MVDD　Xmem，Ymem　　　　　　　Ymem = Xmem

执行过程：(Xmem)→Ymem

　　　　　该指令不影响任何状态位。

功能描述：把通过 Xmem 寻址的数据存储器单元的值复制到通过 Ymem 寻址的数据存储器
　　　　　单元中去。

例 4.31

MVDD　*AR3+，*AR5+

	Before Instruction		After Instruction
AR3	8000	AR3	8001
AR5	0200	AR5	0201

Data　Memory

0200H	ABCD
8000H	1111

0200H	1111
8000H	1111

(2) MVDK

语　　法：助记符方式　　　　　　　　　　　　　　表达式方式

　　　　　MVDK　Smem，dmad　　　　　　　　data(dmad)= Smem

执行过程：(dmad)→EAR

　　　　　if (RC)≠0

　　　　　Then

　　　　　　　(Smem)→通过 EAR 寻址的 Dmem

　　　　　　　(EAR)+1→EAR

　　　　　Else

　　　　　　　(Smem)→通过 EAR 寻址的 Dmem

该指令不会影响任何状态位。

功能描述：把一个单数据存储器操作数 Smem 的内容复制到一个通过 dmad(地址在 EAB 地
　　　　　址寄存器 EAR 中)寻址的数据存储器单元。可以循环执行该指令来转移数据存储
　　　　　器中的连续字(使用间接寻址)。实际被转移的字数要比指令开始执行时循环计数
　　　　　器中的值大 1。一旦启动流水，指令就成为单周期指令。该指令代码占两个字，
　　　　　但当 Smem 采用长偏移间接寻址或绝对寻址方式时就会多占一个字。

例 4.32

MVDK　DAT10，8000H

Before Instruction　　　　　　　　　　　　After Instruction

DP　[004]　　　　　　　　　　　　　　　DP　[004]

Data　Memory

020AH	1234
8000H	ABCD

020AH	1234
8000H	1234

例 4.33

MVDK　*AR3-，1000H

Before Instruction　　　　　　　　　　　　After Instruction

AR3　[01FF]　　　　　　　　　　　　　　AR3　[01FE]

Data　Memory

1000H	ABCD
01FFH	1234

1000H	1234
01FFH	1234

(3) MVDM

语　　法：助记符方式　　　　　　　　　　　　　　表达式方式

　　　　　MVDM　dmad，MMR　　　　　　　　　MMR=data(dmad)

　　　　　　　　　　　　　　　　　　　　　　　　mmr(MMR)=data(dmad)

执行过程：dmad→DAR

　　　　　if (RC)≠0

　　　　　Then

　　　　　　(通过 DAR 寻址的 Dmem) → MMR

　　　　　　(DAR)+1→DAR

　　　　　Else

　　　　　　(通过 DAR 寻址的 Dmem) → MMR

　　该指令不影响任何状态位。

功能描述：把数据从一个数据存储器单元 dmem(dmad 的值装入 DAB 地址寄存器 DAR 中)
　　　　　复制到一个存储器映射寄存器 MMR 中。一旦启动了循环流水，指令就变成了
　　　　　一条单周期指令。该指令代码占两个字。

例 4.34

MVDM　300H，BK

	Before Instruction		After Instruction
BK	ABCD	BK	1111

Data Memory

0300H	1111	0300H	1111

(4) MVDP

语　　法：助记符方式　　　　　　　　　　　　　　表达式方式

　　　　　MVDP　Smem，pmad　　　　　　　　　prog(pmad)= Smem

执行过程：pmad→PAR

　　　　　if (RC)≠0

　　　　　Then

　　　　　　(Smem)→由 PAR 寻址的 Pmem

　　　　　　(PAR)+1→PAR

　　　　　Else

　　　　　　(Smem)→由 PAR 寻址的 Pmem

　　该指令不会影响任何状态位。

功能描述：把严格的 16 bit 单数据存储器操作数 Smem 复制到一个由 16 bit 立即数 pmad 寻址的程序存储器单元中。通过循环执行该指令可以把数据存储器中的连续字(使用间接寻址)转移到由 16 bit 立即数寻址的连续的程序存储器空间中。源和目的块不必全部在片外或片内。当循环流水开始进行时，该指令就变成了一个单周期指令。另外，当循环执行该指令时，中断被禁止。

例 4.35

MVDP　DAT0, 0FE00H

	Before Instruction		After Instruction
DP	004	DP	004
Data Memory			
0200H	0123	0200H	0123
Program Memory			
FE00H	FFFF	FE00H	0123

　　(5) MVKD

语　　法：助记符方式　　　　　　　　　　　　　　表达式方式
　　　　　MVKD　dmad,　Smem　　　　　　　Smem = data(dmad)

执行过程：dmad→DAR
　　　　　if (RC)≠0
　　　　　Then
　　　　　　　(通过 DAR 寻址的 Dmem)→Smem
　　　　　　　(DAR)+1→DAR
　　　　　Else
　　　　　　　(通过 DAR 寻址的 Dmem)→Smem

该指令不会影响任何状态位。

功能描述：把数据从一数据存储器单元转移到另一个数据存储器单元中。源数据存储器单元由一个 16 bit 立即数 dmad 寻址，然后转移到 Smem 中。循环执行该指令可以转移数据存储器中的连续字(使用间接寻址)。转移的字数要比指令开始执行时循环计数器中的值大 1。一旦形成循环流水，该指令就变成了单周期指令。该指令代码占两个字，但当 Smem 采用长偏移间接寻址或绝对寻址方式时就会多占一个字。

例 4.36

MVKD　1000H, *+AR5

	Before Instruction		After Instruction
AR5	01FF	AR5	0200

Data　Memory

1000H	1234		1000H	1234
0200H	ABCD		0200H	1234

(6) MVMD

语　　法：助记符方式　　　　　　　　　　　　表达式方式
　　　　　　MVMD　MMR，dmad　　　　　　data(dmad)= MMR
　　　　　　　　　　　　　　　　　　　　　　data(dmad)= mmr(MMR)

执行过程：dmad→EAR
　　　　　if(RC)≠0
　　　　　Then
　　　　　　(MMR)→由 EAR 寻址的 Dmem
　　　　　　(EAR)+ 1→EAR
　　　　　Else
　　　　　　(MMR)→由 EAR 寻址的 Dmem
　　　该指令不影响任何状态位。
功能描述：把数据从一个存储器映射寄存器 MMR 转移到一个数据存储器中。目的数据存
　　　　　储器通过一个 16 bit 立即数 dmad 寻址。一旦建立了循环流水，该指令就变成了
　　　　　单周期指令。

例 4.37

MVMD　AR7，8000H

　　　　　　　　　　　Before Instruction　　　　　　　　　After Instruction

AR7	1111		AR7	1111

Data Memory

8000H	ABCD		8000H	1111

(7) MVMM

语　　法：助记符方式　　　　　　　　　　　　表达式方式
　　　　　　MVMM　MMRx，MMRy　　　　　　MMRy = MMRx
　　　　　　　　　　　　　　　　　　　　　　mmr(MMRy)= mmr(MMRx)

执行过程：(MMRx)→MMRy
　　　该指令不会影响任何状态位。
功能描述：把存储器映射寄存器 MMRx 中的内容转移到另一个存储器映射寄存器 MMRy
　　　　　中。MMRx 和 MMRy 只可能为 9 种操作数(AR0～AR7 和 SP)。读 MMRx 的操
　　　　　作在译码阶段执行；写 MMRy 的操作在访问阶段执行。注意，该指令不能循环
　　　　　执行。

例 4.38

MVMM　SP，AR1

	Before Instruction		After Instruction
AR1	3EFF	AR1	0111
SP	0111	SP	0111

(8) MVPD

语　　法：助记符方式　　　　　　　　　　　　　表达式方式

　　　　　MVPD　pmad，Smem　　　　　　　　Smem = prog(pmad)

执行过程：pmad→PAR

　　　　　if (RC)≠0

　　　　　Then

　　　　　　　(由 PAR 寻址的 Pmem)→Smem

　　　　　　　(PAR)+1→PAR

　　　　　Else

　　　　　　　(由 PAR 寻址的 Pmem)→Smem

　　　　该指令不影响任何状态位。

功能描述：把一个字通过 16 bit 立即数 pmad 寻址的程序存储器转移到一个由 Smem 寻址的
　　　　　数据存储器单元。循环执行该指令能把程序存储器中的连续字转移到连续的数
　　　　　据存储器单元中去。源和目的块不必全部都在片内或片外。当建立起了循环流
　　　　　水，该指令就变成了单周期指令。另外，循环执行该指令时禁止中断。该指令
　　　　　代码占两个字，但当 Smem 采用长偏移间接寻址或绝对寻址方式时就会多占一
　　　　　个字。

例 4.39

MVPD　0FE00H，DAT5

	Before Instruction		After Instruction
DP	006	DP	006
Program Memory			
FE00H	8A55	FE00H	8A55
Data Memory			
0305H	FFFF	0305H	8A55

例 4.40

MVPD 2000H，*AR7-0

	Before Instruction		After Instruction
AR0	0002	AR0	0002
AR7	0FFE	AR7	0FFC

Program Memory

2000H	1234	2000H	1234

Data Memory

0FFEH	ABCD	0FFEH	1234

(9) PORTR

语　　法：助记符方式　　　　　　　　表达式方式

　　　　　PORTR　PA，Smem　　　　　Smem=port(PA)

执行过程：(PA)→Smem

　　该指令不会影响任何状态位。

功能描述：从一个外部 I/O 口 PA(地址为 16 bit 立即数)把一个 16 bit 数读入到指定的数据存储器单元 Smem 中。$\overline{\text{IS}}$ 信号变为低电平表明在访问 I/O 口；$\overline{\text{IOSTRB}}$ 和 READY 的时序和读外部数据存储器的时序相同。该指令代码占两个字，但当 Smem 使用长偏移间接寻址或绝对地址寻址时，就会多占一个字。

例 4.41

PORTR　05，INDAT；INDAT　.equ　60H

	Before Instruction		After Instruction
DP	000	DP	000

I/O Memory

0005H	7FFA	0005H	7FFA

Data Memory

0060H	0000	0060H	7FFA

(10) PORTW

语　　法：助记符方式　　　　　　　　表达式方式

　　　　　PORTW　Smem，PA　　　　　port(PA)=Smem

执行过程：(Smem)→PA

　　该指令不影响任何状态位。

功能描述：把指定的数据存储器单元 Smem 中的 16 bit 数写到外部 I/O 口 PA 中去。$\overline{\text{IS}}$ 信号变为低电平表明在访问 I/O 口；$\overline{\text{IOSTRB}}$ 和 READY 的时序和读外部数据存储器的时序相同。该指令代码占两个字，但当 Smem 使用长偏移间接寻址或绝对地址寻址时就会多占一个字。

例 4.42

PORTW　OUTDAT,5H；OUTDAT　.equ　07H

	Before Instruction			After Instruction
DP	001		DP	001

I/O Memory

0005H	0000		0005H	7FFA

Data Memory

0087H	7FFA		0087H	7FFA

(11) READA

语　　法：助记符方式　　　　　表达式方式

　　　　　READA　Smem　　　Smem=prog (A)

执行过程：A→PAR

　　　　　if　((RC)≠0)

　　　　　Then

　　　　　　　(由 PAR 寻址的 Pmem)→Smem

　　　　　　　(PAR)+1→PAR

　　　　　　　(RC)−1→RC

　　　　　Else

　　　　　　　(由 PAR 寻址的 Pmem)→Smem

该指令不影响任何状态位。

功能描述：把累加器 A 确定的程序存储器单元中的一个字传送到一个数据存储器单元 Smem 中去。一旦建立了循环流水，指令就变成了单周期指令。对于不同的芯片，累加器 A 确定程序存储器单元的方式如下：

541～546	548
A(15～0)	A(22～0)

　　可以循环执行该指令，把一块连续字(由累加器 A 确定起始地址)转移到一个连续的使用间接寻址方式的数据存储器空间中去。源和目的块不必全部都在片内或片外。

例 4.43

READA　DAT6

	Before Instruction			After Instruction
A	00　0000　0023		A	00　0000　0023
DP	004		DP	004

Program Memory

0023H	0306		0023H	0306

Data Memory

0206H	0075		0206H	0306

(12) WRITA

语　　法：助记符方式　　　　　　　　　　　　表达方式

WRITA Smem　　　　　　　　　　　prog(A)=Smem

执行过程：A →PAR

if(RC)≠0

Then

(Smem)由→PAR 寻址的 Pmem

(PRA)+1→PRA

(RC)-1→RC

Else

(Smem)→ 由 PRA 寻址的 Pmem

该指令不影响任何状态位。

功能描述：把一个字从一个由 Smem 确定的数据存储器单元传送到一个程序存储器单元。
程序存储器的地址由累加器 A 确定，具体情况与芯片有关：

541~546	548
A(15~0)	A(22~0)

我们可以通过循环指令,把数据存储器中的连续字(使用间接寻址)转移到由 PRA
寻址的连续的程序存储器空间去。PAR 的初始值是累加器 A 的低 16 位值。源
和目的块都不必完全在片内或片外。当循环时，一旦建立了循环流水，该指令
就变成了单周期指令。

例 4.44

WRITA　DAT5

	Before Instruction			After Instruction
A	00　0000　0257		A	00　0000　0257
DP	032		DP	032

Program Memory

0257H	0306

0257H	4339

Data Memory

1905H	4339

1905H	4339

2. 算术运算指令

C54x DSP 的算术运算指令包括加法指令、乘法指令、乘法—累加指令、乘法—减法指令、双字运算指令及特殊应用指令。

1) 加法指令

加法指令共 4 条，如下所示。

(1) ADD

语　　法：助记符方式　　　　　　　　　　　表达式方式

① ADD　Smem，src　　　　　　　　① src=src+Smem

　　　　　　　　　　　　　　　　　　　src+=Smem

② ADD　Smem，TS，src　　　　　② src=src+Smem<<TS

　　　　　　　　　　　　　　　　　　　src+=Smem<<TS

③ ADD　Smem，16，src[，dst]　　③ dst=src+Smem<<16

　　　　　　　　　　　　　　　　　　　dst+=Smem<<16

④ ADD Smem[，SHIFT]，src[，dst]　④ dst=src+Smem[<<SHIFT]

　　　　　　　　　　　　　　　　　　　dst+=Smem[<<SHIFT]

⑤ ADD　Xmem，SHIFT，src　　　⑤ src=src+Xmem<<SHIFT

　　　　　　　　　　　　　　　　　　　src+=Xmem<<SHIFT

⑥ ADD Xmem，Y mem，dst　　　　⑥ dst=Xmem<<16+ Ymem<<16

⑦ ADD　#1k[，SHIFT]，src[，dst]　⑦ dst=src+ #1k [<<SHIFT]

　　　　　　　　　　　　　　　　　　　dst+= #1k [<<SHIFT]

⑧ ADD　#1k，16，src[，dst]　　　⑧ dst=src+ #1k<<16

　　　　　　　　　　　　　　　　　　　dst+= #1k <<16

⑨ ADD　src[，SHIFT] [，dst]　　　⑨ dst= dst+src[<<SHIFT]

　　　　　　　　　　　　　　　　　　　dst+=src+[<<SHIFT]

⑩ ADD　src，ASM [，dst]　　　　⑩ dst=dst+src<<ASM

　　　　　　　　　　　　　　　　　　　dst+= src<<ASM

执行过程：

① (Smem)+(src)→src

② (Smem)<<(TS)+(src)→src

③ (Smem)<< 16 +(src)→dst

④ (Smem)[<< SHIFT] +(src)→dst

⑤ (Xmem)<< SHIFT +(src)→src

⑥ ((Xmem)+(Ymem))<< 16→dst

⑦ 1k<< 16 +(src)→dst

⑧ 1k<< SHIFT +(src)→dst

⑨ (src or [dst])+(src)<< SHIFT→dst

⑩ (src or [dst])+(src)<< ASM→dst

该指令受 SXM 和 OVM 影响，且影响 C 和 OVdst(如果 dst=src，就是 OVsrc)。

功能描述：把一个 16 bit 的数加到选定的累加器中，或加到一个采用双数据存储器操作数寻址的 16 bit 操作数 Xmem 中。这个 16 bit 的数可为以下情况中的一个：

● 单数据存储器操作数(Smem)；

● 双数据存储器操作数(Ymem)；

● 一个 16 bit 立即操作数(#1k)；

● src 中的移位数。

如果定义了 dst，结果就存在 dst 中；否则，结果存在 src 中。大部分第二操作数要移位。左移位时低位添 0；右移时高位情况为：

如果 SXM = 1，进行符号扩展；

如果 SXM = 0，则添 0。

例 4.45

ADD   *AR3+,14,A

	Before Instruction		After Instruction
A	00 0000 11FF	A	00 0500 11FF
C	1	C	0
AR3	0100	AR3	0101
SXM	1	SXM	1

Data Memory

	Before Instruction		After Instruction
0100H	1400	0100H	1400

例 4.46

ADD A，−8, B

	Before Instruction		After Instruction
A	00 0000 1100	A	00 0000 1100
B	00 0000 1700	B	00 0000 1711
C	1	C	0

例 4.47

ADD #456B, 8, A, B

	Before Instruction			After Instruction	
A	00　0000　1100		A	00　0000　1100	
B	00　0000　1700		B	00　0011　E900	
C	1		C	0	

(2) ADDC

语　　法：助记符方式　　　　　　　　　　　　　表达式方式

　　　　　ADDC　Smem，src　　　　　　　　src=src+Smem+CARRY

　　　　　　　　　　　　　　　　　　　　　　src +=Smem+CARRY

执行过程：

　　　　(Smem)+(src)+(C)→src

　　该指令受 OVM 和 C 影响，并能影响 C 和 OVsrc。

功能描述：把 16 bit 单数据存储器操作数 Smem 和进位位(C)的值加到 src 中，其结果存放在
　　　　　src 中。无论 SXM 位的值是什么，都不进行符号扩展。

例 4.48

ADDC　*+AR2(5), A

	Before Instruction			After Instruction	
A	00　0000　0011		A	00　0000　0016	
C	1		C	0	
AR2	0100		AR2	0105	

Data　Memory

0105H	0004		0105H	0004

(3) ADDM

语　　法：助记符方式　　　　　　　　　　　　表达式方式

　　　　　ADDM　#1k ，Smem　　　　　　　Smem=Smem+#1k

　　　　　　　　　　　　　　　　　　　　　Smem+=#1k

执行过程：

　　　　#1k+(Smem)→Smem

　　该指令受 OVM 和 SXM 影响，并能影响 C 和 OVA。

功能描述：16 bit 单数据存储器操作数 Smem 与 16 bit 立即数 1k 相加，结果存放在 Smem
　　　　　中。该指令不能循环执行。

例 4.49

ADDM　0123BH，*AR4+

	Before Instruction		After Instruction
AR4	0100	AR4	0101

Data   Memory

	Before		After
0100H	0004	0100H	123F

例 4.50

ADDM , 0FFF8H，*AR4+

	Before Instruction		After Instruction
OVM	1	OVM	1
SXM	1	SXM	1
AR4	0100	AR4	0101

Data   Memory

	Before		After
0100H	7008	0100H	7000

(4) ADDS

语　　法：助记符方式　　　　　　　　　　　　　表达式方式

　　　　　ADDS　Smem，src　　　　　　　　src=src+uns(Smem)

　　　　　　　　　　　　　　　　　　　　　src +=uns(Smem)

执行过程：uns(Smem)+(src)→src

　　该指令受 OVM 影响，并能影响 C 和 OVsrc。

功能描述：把不带符号的 16 bit 单数据存储器操作数 Smem 加到 src 中，结果存放在 src 中。

　　　　　无论 SXM 为何值都不进行符号扩展。

例 4.51

ADDS　*AR2-，B

	Before Instruction		After Instruction
B	00 0000 0001	B	00 0000 F007
C	X	C	0
AR2	0100	AR2	00FF

Data   Memory

	Before		After
0100H	F006	0100H	F006

2) 减法指令

　　减法指令共 4 条，如下所示。

(1) SUB

语　　法：助记符方式　　　　　　　　　　　　　　表达式方式

　　　　① SUB　　Smem,src　　　　　　　　　① src=src–Smem
　　　　　　　　　　　　　　　　　　　　　　　　　　src– =Smem

　　　　② SUB　　Smem,TS,src　　　　　　　② src=src–Smem<<TS
　　　　　　　　　　　　　　　　　　　　　　　　　　src– =Smem<<TS

　　　　③ SUB　　Smem,16,src[,dst]　　　　　③ dst=src–Smem<<16
　　　　　　　　　　　　　　　　　　　　　　　　　　dst– =Smem<<16

　　　　④ SUB　　Smem[,SHIFT],src[,dst]　　④ dst=src–Smem[<<SHIFT]
　　　　　　　　　　　　　　　　　　　　　　　　　　dst– =Smem[<<SHIFT]

　　　　⑤ SUB　　Xeme, SHIFT,src　　　　　⑤ src=src–Xmem<<SHFT
　　　　　　　　　　　　　　　　　　　　　　　　　　src– =Xmem<<SHFT

　　　　⑥ SUB　　Xeme,Ymem,dst　　　　　　⑥ dst=Xmem<<16–Ymem
　　　　　　　　　　　　　　　　　　　　　　　　　　<<16

　　　　⑦ SUB　　#lk, [,SHIFT],src[,dst]　　⑦ dst=src–#lk[<<SHFT]
　　　　　　　　　　　　　　　　　　　　　　　　　　dst– =#lk[<<SHFT]

　　　　⑧ SUB　　#lk,16, src[,dst]　　　　　⑧ dst=src–#lk<<16
　　　　　　　　　　　　　　　　　　　　　　　　　　dst– =#lk<<16

　　　　⑨ SUB　　src [,SHIFT], [,dst]　　　　⑨ dst=dst–src<<SHIFT
　　　　　　　　　　　　　　　　　　　　　　　　　　dst– =src<<SHIFT

　　　　⑩ SUB　　src ,ASM, [,dst]　　　　　⑩ dst=dst–src<<ASM
　　　　　　　　　　　　　　　　　　　　　　　　　　dst– =src<<ASM

执行过程：① (src)–(Smem)→src
　　　　　② (src)–(Smem)<<TS→src
　　　　　③ (src)–(Smem)<<16→dst
　　　　　④ (src)–(Smem)<<SHIFT→dst
　　　　　⑤ (src)–(Xmem)<<SHIFT→ rc
　　　　　⑥ (Xmem)<<16–(Ymem)<<16→dst
　　　　　⑦ (src)–lk<<SHFT→dst
　　　　　⑧ (src)–lk<<16→dst
　　　　　⑨ (src)–(src)<<SHFT→dst
　　　　　⑩ (src)–(src)<<ASM→dst

　　　　该指令受 SXM 和 OVM 的影响，并能影响 C 和 OVdst(如果 dst=src，就为 OVsrc)。在语法③中，如果减法的结果产生一个借位，则进位位 C 为 0；否则 C 不受影响。

功能描述：从选定的累加器或采用双数据存储器寻址方式的 16 bit 操作数 Xmem 中减去一个 16 bit 值。16 bit 减数可能是下列情况中的一种：
● 单数据存储器操作数(Smem)；
● 双数据存储器操作数(#lk)；
● 16 bit 立即数(#lk)；

● 源累加器 src 的移位值。

如果指定了目的累加器 dst，结果就存放在 dst 中；否则，结果存放在 src 中。大部分指令的第二操作数都进行了移位。对于左移，低位添 0；高位当 SXM=1 时进行符号扩展，当 SXM=0 时添 0。对于右移，高位当 SXM=0 时进行符号扩展，当 SXM=0 时添 0。

例 4.52

SUB　*AR1+，14，A

	Before Instruction		After Instruction
A	00　0000　1200	A	FF　FAC0　1200
C	X	C	0
SXM	1	SXM	1
AR1	0100	AR1	0101

Data Memory

0100H	1500	0100H	1500

例 4.53

SUB　A，-8，B

	Before Instruction		After Instruction
A	00　0000　1200	A	00　0000　1200
B	00　0000　1800	B	00　0000　17EE
C	X	C	0
SXM	1	SXM	1

例 4.54

SUB　#12345，8，A，B

	Before Instruction		After Instruction
A	00　0000　1200	A	00　0000　1200
B	00　0000　1800	B	FF　FFCE　D900
C	X	C	0
SXM	1	SXM	1

(2) SUBB

语　　法：助记符方式　　　　　　　　　表达式方式

　　　　　SUBB Smem，src　　　　　　src=src-Smem-BORROW

　　　　　　　　　　　　　　　　　　src-=Smem-BORROW

执行过程：(src)−(Smem)−(C 的逻辑反)→src

　　该指令受 OVM 和 C 的影响，并能影响 C 和 OVsrc。

功能描述：从源累加器中减去单数据存储器操作数的值和进位位 C 的逻辑反，且不进行符
　　　　　号扩展。

例 4.55

SUBB　DAT5，A

	Before Instruction		After Instruction
A	00　0000　0005	A	FF　FFFF　FFFF
C	0	C	0
DP	008	DP	008

Data Memory

0405H	0005	0405H	0005

例 4.56

SUBB　*AR1+，B

	Before Instruction		After Instruction
B	FF　8000　0006	B	FF　8000　0000
C	1	C	1
OVM	1	OVM	1
AR1	0405	AR1	0406

Data Memory

0405H	0006	0405H	0006

　　(3) SUBC

语　　法：助记符方式　　　　　　　　　　　　表达式方式

　　　　　SUBC Smem,src　　　　　　　　　　subc(Smem,src)

执行过程：(src)−((Smem)<<15)→ALU 的输出

　　　　　if　ALU≥的输出 0

　　　　　Then

　　　　　　　((ALU 的输出)<<1)+1→src

　　　　　Else

　　　　　　　(src)<<1→src

　　该指令受 SXM 的影响，并能影响 C 和 OVsrc。

功能描述：16 bit 单数据存储器操作数 Smem 左移 15 bit，然后再从源累加器 src 中减去移位后的值。如果结果大于 0，结果就左移一位，加上 1，再存放到 src 中；否则，只把 src 的值左移一位，再存放到 src 中。

除数和被除数在这条指令中都假设为正，SXM 将影响该操作：

如果 SXM=1，则除数的最高位必须为 0；

如果 SXM=0，则任何一个 16 bit 除数值都可以。

Src 中的被除数必须初始化为正(bit31 为 0)，且在移位后也必须保持为正。该指令影响 OVA 或 OVB，但不受 OVM 影响。所以，当发生溢出时，scr 不进行饱和运算。

例 4.57

SUBC　DAT2，A

	Before Instruction		After Instruction
A	00 0000 0004	A	00 0000 0008
C	X	C	0
DP	006	DP	006

Data Memory

0302H	0001	0302H	0001

例 4.58

RPT　#25

SUBC　*AR1，B

	Before Instruction		After Instruction
B	00 0000 0041	B	00 0002 0009
C	X	C	1
AR1	1000	AR1	1000

Data Memory

1000H	0007	1000H	0007

(4) SUBS

语　　法：助记符方式　　　　　　　　表达式方式

SUBS　Smem，src　　　　　src=src−uns(Smem)

　　　　　　　　　　　　　　　src− =uns(Smem)

执行过程：src−不带符号的 Smem→src

该指令受 OVM 的影响，并能影响 C 和 Ovsrc。

功能描述：从源累加器 src 中减去 16 bit 单数据存储器操作数 Smem 的值。无论 SXM 的值为多少，Smem 都被看成是一个 16 bit 无符号数。

例 4.59

SUBS *AR2–, B

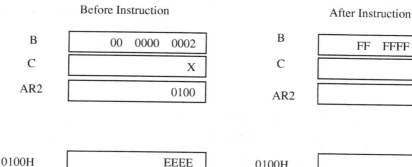

	Before Instruction		After Instruction
B	00 0000 0002	B	FF FFFF 1114
C	X	C	0
AR2	0100	AR2	00FF

Data Memory

0100H	EEEE	0100H	EEEE

3) 乘法指令

乘法指令共 4 条，如下所示。

(1) MPY[R]

语　　法：助记符方式

① MPY[R]　Smem，dst
② MPY　Xmem，Ymem，dst
③ MPY　Smem，#1k，dst
④ MPY　#1k，dst

表达式方式

① dst= rnd(T*Smem)
② dst=Xmem*Ymem[，T=Xmem]
③ dst=Smem*#1k[，T=Smem]
④ dst=T *#1k

执行方式：① (T)×(Smem)→dst
② (Xmem)×(Ymem)→dst
　　(Xmem)→T
③ (Smem)×1k→dst
　　(Smem)→T
④ (T)×1k→dst

该指令受 FRCT 和 OVM 的影响，并能影响 OVdst。

功能描述：T 寄存器的值或一个数据存储器值与另一个数据存储器的值或一个立即数相乘，结果存放在目的累加器 dst 中。在读操作数阶段把 Smem 或 Xmem 的值装入 T 寄存器中。如果你使用了 R 后缀，指令就会对结果进行凑整运算。其步骤是：结果加上 2^{15} 再对 15～0 位清 0。

例 4.60

MPY　DAT13，A

	Before Instruction		After Instruction
A	00 0000 0033	A	00 0000 0048
T	0006	T	0006
FRCT	1	FRCT	1
DP	008	DP	008

Data Memory

040DH	0006	040DH	0006

例 4.61

MPY *AR2-，*AR4+0%，B

	Before Instruction		After Instruction
B	FF FFFF FFE0	B	00 0000 0020
FRCT	0	FRCT	0
AR0	0001	AR0	0001
AR2	01FF	AR2	01FE
AR4	0300	AR4	0301

Data Memory

01FFH	0010	01FFH	0010
0300H	0002	0300H	0002

例 4.62

MPY #0FFFEH，A

	Before Instruction		After Instruction
A	00 0000 1234	A	FF FFFF C000
T	2000	T	2000
FRCT	0	FRCT	0

(2) MPYA

语　法：助记符方式　　　　　　　　　　　　表达式方式

① MPYA Smem　　　　　　　　　　① B= Smem*hi(A)[，T=Smem]

② MPYA dst　　　　　　　　　　　② dst=T* hi(A)

执行过程：① (Smem)×(A(32 - 16))→B

　　　　　(Smem)→T

② (T)×(A(32 - 16))→dst

该指令受 FRCT 和 OVM 的影响，并影响 OVsrc(在语法①中为 OVB)。

功能描述：累加器 A 的高端(32～16 位)与一个单数据存储器操作数 Smem 或 T 寄存器的值
　　　　　相乘，结果存放在累加器 dst 或累加器 B 中。在读操作数期间把单数据存储器操
　　　　　作数 Smem 装入 T 寄存器中(语法①)。该指令代码占一个字，但当 Smem 采用长
　　　　　偏移间接寻址或绝对寻址方式时就会多占一个字。

例 4.63

MPYA　*AR2

	Before Instruction			
A	FF	5678	1111	
B	00	0000	0320	
T			1234	
FRCT			0	
AR2			0200	

Data　Memory

0200H			5555

	After Instruction			
A	FF	5678	1111	
B	FF	C77D	8DD	
T			5555	
FRCT			0	
AR2			0200	

0200H			5555

例 4.64

MPYA　B

	Before Instruction			
A	FF	8765	1111	
B	00	0000	0320	
T			4567	
FRCT			0	

	After Instruction			
A	FF	8765	1111	
B	FF	DF4D	B2A3	
T			4567	
FRCT			0	

(3) MPYU

语　　法：助记符方式　　　　　　　　　　　　　　表达式方式

　　　　　　MPYU　Smem，dst　　　　　　　　　dst=T*uns(Smem)

执行过程：无符号的(T)×无符号的(Smem)→dst

　　　　该指令受 FRCT 和 OVM 的影响，同时会影响到 OVdst。

功能描述：不带符号的 T 寄存器值与不带符号的单数据存储器操作数 Smem 相乘，结果存
　　　　　放在目的累加器 dst 中。乘法器对于该指令来说相当于两个操作数的最高位都为
　　　　　0 的一个带符号的 17×17 bit 的乘法器。该指令在计算诸如两个 32 bit 数相乘得
　　　　　到一个 64 bit 乘积的多精度乘法时相当有用。该指令代码占一个字，但当 Smem
　　　　　采用长偏移间接寻址或绝对寻址方式时就会多占一个字。

例 4.65

MPYU　*AR0-，A

	Before Instruction			
A	FF	8000	0000	
T			4000	
FRCT			0	
AR0			1000	

	After Instruction			
A	00	3F80	0000	
T			4000	
FRCT			0	
AR0			0FFF	

Data Memory

1000H		FE00		1000H		FE00

(4) SQUR

语　　法：助记符方式　　　　　　　　　　　表达式方式

　　　　　① SQUR　　Smem，dst　　　　① dst=Smem * Smem[,T=Smem]

　　　　　　　　　　　　　　　　　　　　　　dst=square (Smem)[,T=Smem]

　　　　　② SQUR　　A, dst　　　　　　② dst = hi (A) * hi (A)

　　　　　　　　　　　　　　　　　　　　　　dst = square (hi (A))

执行过程：① (Smem)→T

　　　　　　　(Smem)×(Smem)→dst

　　　　　② (A(32-16))×(A(32-16))→dst

　　该指令受 OVM 和 FRCT 的影响，并能影响 OVsrc。

功能描述：一个单数据存储器操作数 Smem 或累加器 A 的高端(32～16 位)平方后，结果存
　　　　　放在目的累加器 dst 中。如果用的是累加器 A，T 就不受影响；如果操作数为
　　　　　Smem，就要把 Smem 存入 T 寄存器中。

例 4.66

SQUR　DAT30，B

	Before Instruction			After Instruction
B	00　0000　0111		B	00　0000　00C4
T	0003		T	000E
FRCT	0		FRCT	0
DP	006		DP	006

Data Memory

031EH	000E		031EH	000E

例 4.67

SQUR　A，B

	Before Instruction			After Instruction
A	00　000F　0000		A	00　000F　0000
B	00　0101　0101		B	00　0000　01C2
FRCT	1		FRCT	1

4) 乘法—累加和乘法—减法指令

乘法—累加和乘法—减法指令，共 9 条，如下所示。

(1) MAC[R]

语　　法：助记符方式　　　　　　　　　　　　表达式方式

　　　　　① MAC[R]　Smem，src　　　　　　　① src = rnd (src + T*Smem)

　　　　　② MAC[R]　Xmem，Ymem，src[，dst]　② dsr = rnd (src + Xmem*Ymem)
　　　　　　　　　　　　　　　　　　　　　　　　　　[，T = Xmem]

　　　　　③ MAC[R]　#1k，src[，dst]　　　　　③ dst = src + T* #1k
　　　　　　　　　　　　　　　　　　　　　　　　　　dst+= T* #1k

　　　　　④ MAC[R]　Smem，　#1k，src[，dst]　④ dst= src + Smem* #1k[，T=Smem]
　　　　　　　　　　　　　　　　　　　　　　　　　　dst+=Smem* #1k[，T=Smem]

执行过程：① (Smem)×(T)+(src)→src

　　　　　② (Xmem)×(Ymem)+(src)→dst

　　　　　　(Xmem)→T

　　　　　③ (T)× 1k +(src)→dst

　　　　　④ (Smem)× 1k +(src)→dst

　　　　　　(Smem)→T

　　　　该指令受 FRCT 和 OVM 的影响，并影响 OVdst(当没有确定 dst 为 OVsrc 时)。

功能描述：该指令完成乘和累加运算，并可进行凑整，结果按规定存放在 dst 或 src 中。对
　　　　　于语法②和语法④，紧接着操作码的数据存储器值在读操作数阶段存放到 T 寄
　　　　　存器中。果你使用 R 后缀，则指令对乘/累加操作的结果凑整。

例 4.68

MAC　*AR5+，A

	Before Instruction			After Instruction
A	00　0000　1000		A	00　0044　5400
T	0400		T	0400
FRCT	0		FRCT	0
AR5	0100		AR5	0101

Data Memory

0100H	1111		0100H	1111

例 4.69

MAC　#345H，A，B

	Before Instruction			After Instruction
A	00　0000　1000		A	00　0000　1000
B	00　0000　0000		B	00　001A　3800
T	0400		T	0400
FRCT	1		FRCT	1

例 4.70

MAC #345H，A，B

	Before Instruction		After Instruction
A	00　0000　1000	A	00　0000　1000
B	00　0000　0000	B	00　001A　3800
T	0400	T	0400
FRCT	1	FRCT	1

例 4.71

MAC *AR5+，*AR6+，A，B

	Before Instruction		After Instruction
A	00　0000　1000	A	00　0000　1000
B	00　0000　0004	B	00　0C4C　10C0
T	0008	T	5678
FRCT	1	FRCT	1
AR5	0100	AR5	0101
AR6	0200	AR6	0201

Data　Memory

0100H	5678	0100H	5678
0200H	1234	0200H	1234

(2) MACA[R]

语　　法：助记符方式　　　　　　　　　　　　　　表达式方式

　　① MACA[R]　Smem[,B]　　　　　　　① B = rnd(B + Smem*hi(A))

　　　　　　　　　　　　　　　　　　　　　　　　　　　[, T = Xmem]

　　② MACA[R]　T，src[, dst]　　　　　　② dst = rnd(src + T*hi(A))

执行过程：① (Smem)×(A(32-16))+(B)→B

　　　　　　(Smem)→T

　　　　② (T)×(A(32-16)) +(src)→src

　　该指令受 FRCT 和 OVM 影响，在语法①中影响 OVdst(如果没有定义 dst，就为 OVsrc)
和 OVB。

功能描述：累加器 A 的高端(32～16 位)与一个单数据存储器操作数 Smem 或 T 寄存器中的
　　　　　内容相乘，乘积加到累加器 B 中(语法①)或源累加器 src 中。语法①结果存放在
　　　　　累加器 B 中，语法②结果存放在 dst 或 src(如果没有定义 dst 就为 src)中。累加
　　　　　器 A 的 32～16 位值用来作为乘法器的一个 17 bit 操作数。如果你使用了 R 后缀，
　　　　　指令要对结果进行凑整。该指令代码占一个字，但当 Smem 采用长偏移间接寻

址方式时就会多占一个字。

例 4.72

LMS *AR3+，*AR4+

	Before Instruction		After Instruction
A	00 7777 8888	A	00 77BC 0888
B	00 0000 0100	B	00 0000 29A4
FRCT	0	FRCT	0
AR3	0100	AR3	0101
AR4	0200	AR4	0201

Data Memory

0100H	0044	0100H	0044
0200H	0099	0200H	0099

例 4.73

MACA T，B，B

	Before Instruction		After Instruction
A	00 1234 0000	A	00 1234 0000
B	00 0002 0000	B	00 009D 4BA0
T	0444	T	0444
FRCT	1	FRCT	1

例 4.74

MACAR *AR5+，B

	Before Instruction		After Instruction
A	00 1234 0000	A	00 1234 0000
B	00 0000 0000	B	00 0626 0000
T	0400	T	5678
FRCT	0	FRCT	0
AR5	0100	AR5	0101

Data Memory

0100H	5678	0100H	5678

(3) MACD

语　　法：助记符方式　　　　　　　　　　　表达式方式

　　　　 MACD　Smem，pmad，src　　　　 macd(Smem，pmad，src)

执行过程：pmad→PAR

　　　　 if(RC)≠0

　　　　 Then

　　　　　　(Smem)×(用 PAR 寻址的 Pmem)+(src)→src

　　　　　　(Smem)→T

　　　　　　(Smem)→Smem + 1

　　　　　　(PAR)+1 →PAR

　　　　 Else

　　　　　　(Smem)×(用 PAR 寻址的 Pmem)+(src)→src

　　　　　　(Smem)→T

　　　　　　(Smem)→Smem + 1

　　该指令受 FRCT 和 OVM 的影响，并影响到 OVsrc。

功能描述：一个单数据存储器值 Smem 与一个程序存储器值 pmad 相乘，乘积和源累加器 src 的值相加，结果存放在 src 中。另外，还把数据存储器值 Smem 装入到 T 寄存器和紧接着 Smem 地址的数据单元中去。当循环执行该指令时，在程序地址寄存器 PAR 中存储器地址执行加 1 操作。循环流水一旦启动，指令就变成单周期指令，在存储器延迟指令中也存在该功能。该指令代码占两个字，但当 Smem 采用长偏移间接寻址或绝对寻址方式时就会多占一个字。

例 4.75

MACD　*AR3-，COEFFS，A

	Before Instruction		After Instruction
A	00 0077 0000	A	00 007D 0B44
T	0008	T	0055
FRCT	0	FRCT	0
AR3	0100	AR3	00FF

Program Memory

COEFFS	1234	COEFFS	1234

Data　Memory

0100H	0055	0100H	0055
0101H	0066	0101H	0055

(4) MACP

语　　法：助记符方式　　　　　　　　　　　表达式方式

MACP　Smem，pmad，src　　　　　　macp(Smem，pmad，src)

执行过程：(pmad)→PAR

　　　　　if(RC)≠0

　　　　　Then

　　　　　　(Smem)×(用 PAR 寻址的 Pmem)+(src)→src

　　　　　　(Smem)→T

　　　　　　(PAR)+1→PAR

　　　　　Else

　　　　　　(Smem)×(用 PAR 寻址的 Pmem)+(src)→src

　　　　　　(Smem)→T

　　该指令受 FRCT 和 OVM 的影响，并影响 OVsrc。

功能描述：一个单数据存储器值 Smem 与一个程序存储器值 pmad 相乘，乘积和源累加器 src
　　　　　相加，结果存放在 src 中。同时把数据存储器值 Smem 复制到 T 寄存器中。当循
　　　　　环执行该指令时，在程序地址寄存器 PAR 中存储器地址执行加 1 操作。一旦循环
　　　　　流水启动，指令就变成单周期指令。该指令代码占两个字，但当 Smem 采用长偏
　　　　　移间接寻址或绝对寻址方式时就会多占一个字。

例 4.76

MACP　*AR3-，COEFFS，A

	Before Instruction		After Instruction
A	00　0077　0000	A	00　007D　0B44
T	0008	T	0055
FRCT	0	FRCT	0
AR3	0100	AR3	00FF

Program Memory

COEFFS	1234	COEFFS	1234

Data　Memory

0100H	0055	0100H	0055
0101H	0066	0101H	0066

　(5) MACSU

语　　法：助记符方式　　　　　　　　　　表达式方式

　　　　　MACSU　Xmem，Ymem，src　　src = src+uns(Xmem)*Ymem [，T=Xmem]

　　　　　　　　　　　　　　　　　　　src += uns(Xmem)*Ymem [，T=Xmem]

执行过程：无符号(Xmem)×带符号(Ymem)+(src)→src

　　　　(Xmem)→T

　　该指令受 FRCT 和 OVM 的影响，并会影响到 OVsrc。

功能描述：一个不带符号的数据存储器值 Xmem 与一个带符号的数据存储器值 Ymem 相乘，乘积与源累加器 src 的值相加，结果存放在 src 中。同时，在读操作数阶段把这个 16 bit 不带符号的数 Xmem 存入 T 寄存器中。由 Xmem 寻址的数据从 D 总线上获得，由 Ymem 寻址的数据从 C 总线上获得。

例 4.77

MACSU　*AR4+，*AR5+，A

	Before Instruction		After Instruction
A	00　0000　1000	A	00　07F6　E5E7
T	0008	T	7777
FRCT	0	FRCT	0
AR4	0100	AR4	0101
AR5	0200	AR5	0201

Data　Memory

0100H	7777	0100H	7777
0200H	1111	0200H	1111

(6) MAS[R]

语　　法：助记符方式　　　　　　　　　　　　表达式方式

　　　① MAS[R]　Smem，src　　　　　　　　① src= rnd(src−T*Smem)

　　　② MAS[R]Xmem，Ymem，src[，dst]　② src= rnd(src−Xmem*Ymem) [，T=Xmem]

执行过程：① (src)−(Smem)×(T)→src

　　　　　② (src)−(Xmem)×(Ymem)→src

　　　　　　(Xmem)→T

该指令受 FRCT 和 OVM 影响，并影响 OVdst(如果 dst=src，就为 OVsrc)。

功能描述：一个存储器操作数与 T 寄存器的内容相乘，或者是两个存储器操作数相乘，再从源累加器 src 或目的累加器 dst 中减去该乘积,结果存放在 src 或 dst 中。Xmem 在读操作数阶段装入到 T 寄存器中。如果你用了 R 后缀，指令就会对结果进行凑整运算。

例 4.78

MAS　*AR5+，A

	Before Instruction		After Instruction
A	00　0000　1000	A	FF　FFBB　CC00
T	0400	T	0400
FRCT	0	FRCT	0
AR5	0100	AR5	0101

Data Memory

0100H	1111

0100H	1111

例 4.79

MAS　*AR5+，A

	Before Instruction
A	00　0000　1000
T	0400
FRCT	0
AR5	0100

	After Instruction
A	FF　FFB7　4000
T	0400
FRCT	0
AR5	0101

Data　Memory

0100H	1234

0100H	1234

例 4.80

MASR　*AR5+，*AR6+，A，B

	Before Instruction
A	00　0000　1000
B	00　0000　0004
T	0008
FRCT	1
AR5	0100
AR6	0200

	After Instruction
A	00　0000　1000
B	FF　F9DA 0000
T	5678
FRCT	1
AR5	0101
AR6	0201

Data　Memory

0100H	5678
0200H	1234

0100H	5678
0200H	1234

(7) MASA[R]

语　　法：助记符方式　　　　　　　　　　表达式方式

　　　　① MASA[R]　Smem，[B]　　　　① B = B−Smem*hi(A) [，T=Smem]

　　　　　　　　　　　　　　　　　　　　　　B− =Smem*hi(A)[，T=Smem]

　　　　② MASA[R]　T，src[，dst]　　② dst = rnd(src−T*hi(A))

执行方式：① (B)−(Smem)×(A(32−16))→B

　　　　　　 Smem)→T

　　　　② (src)　−(T)×(A(32 − 16))→dst

　　该指令受 FRCT 和 OVM 影响，在语法①中影响 OVdst(如果没有定义 dst，就为 OVsrc)

和 OVB。

功能描述：累加器 A 的高端(32～16 位)与一个单数据存储器操作数 Smem 或 T 寄存器中的内容相乘，再从累加器 B(语法①)或源累加器 src 中减去该乘积，结果存放在累加器 B(语法①)或 dst 或 src(没有定义 dst 的时候)中。在读操作数阶段把 Smem 装入 T 寄存器。如果在语法②中使用了 R 后缀，指令对结果就会进行凑整运算。该指令代码占一个字，但当 Smem 采用长偏移间接寻址或绝对寻址方式时就会多占一个字。

例 4.81

MASA   *AR5+

	Before Instruction		After Instruction
A	00 1234 0000	A	00 1234 0000
B	00 0002 0000	B	FF F9F0 B0BC
T	0400	T	5555
FRCT	0	FRCT	0
AR5	0100	AR5	0101

Data   Memory

0100H	5555	0100H	5555

例 4.82

MASA   T，B

	Before Instruction		After Instruction
A	00 1234 0000	A	00 1234 0000
B	00 0002 0000	B	FF FF66 B460
T	0444	T	0444
FRCT	1	FRCT	1

(8) SQURA

语　法：助记符方式　　　　　　　　　表达式方式

　　SQURA Smem，src

① src = src + square (Smem)[,T=Smem]

　src + =square (Smem)[,T=Smem]

② src = src + Smem * Smem[,T=Smem]

　src += Smem * Smem[,T=Smem]

执行过程：(Smem)→T

　　　　(Smem)×(Smem)+(src)→src

该指令受 OVM 和 FRCT 的影响，并能影响 OVsrc。

功能描述：把数据存储器的值 Smem 存放到 T 寄存器中；对 Smem 求平方，再加到源累加器 src 中，结果存放在 src 中。

例 4.83

SQURA　DAT30，B

	Before Instruction		After Instruction
B	00　0320　0000	B	00　0320　00C4
T	0003	T	000F
FRCT	0	FRCT	0
DP	006	DP	006

Data Memory

031EH	000E	031EH	000E

例 4.84

SQURA　*AR3+，A

	Before Instruction		After Instruction
A	00　0000　01F4	A	00　0000　02D5
T	0003	T	000F
FRCT	0	FRCT	0
AR3	031E	AR3	031F

Data Memory

031EH	000F	031EH	000F

(9) SQURS

语　　法：助记符方式　　　　　　　　　表达式方式

　　　　　SQURS　Smem，src

src = src-square (Smem)[, T=Smem]

src-= square (Smem)[, T=Smem]

src = src-Smem * Smem[, T=Smem]

src-= Smem * Smem[, T=Smem]

执行过程：(Smem)→T

　　　　　src-(Smem)×(Smem)→src

功能描述：把数据存储器的值 Smem 存放到 T 寄存器中；对 Smem 求平方，再从源累加器 src 中减去这个平方值，结果存放在 src 中。

例 4.85

SQURS　DAT9，A

	Before Instruction		After Instruction
A	00 014B 5DB0	A	00 0028 1A8F
T	8765	T	1111
FRCT	0	FRCT	0
DP	006	DP	006

Data Memory

0309H	1111	0309H	1111

5) 双字算术运算指令

双字算术运算指令共 6 条,如下所示。

(1) DADD

语　　法:助记符方式　　　　　　　　　　　　表达式方式

　　　　　DADD　Lmem,src[,dsr]　　　　　dst=src+dbl(Lmem)

　　　　　　　　　　　　　　　　　　　　　dst +=dbl(Lmem)

　　　　　　　　　　　　　　　　　　　　　dst=src+dual(Lmem)

　　　　　　　　　　　　　　　　　　　　　dst+=dual(Lmem)

执行过程:if C16 = 0

　　　　　Then

　　　　　　　(Lmem)+(src)→dst

　　　　　Else

　　　　　　　(Lmem(31-16))+(src(31-16))→dst(39-16)

　　　　　　　(Lmem(15-0))+(src(15-0))→dst(15-0)

　　　当 C16=0 时,该指令受 SXM 和 OVM 的影响。并能影响 C 和 OVdst(如果确定了 dst,就为 OVsrc)。

功能描述:把源累加器的内容加到 32 bit 长数据存储器操作数(Lmem)中。如果定义了目的累加器,就把结果存在其中;否则存在源累加器中。C16 的值决定了指令的方式:

　　　　C16=0　指令以双精度方式执行。40 bit 源累加器的值加到 Lmem 中。饱和度和溢出位都是根据运算结果来设置的。

　　　　C16=1　指令以双 16 bit 方式执行。src 的高端(31~16 位)与 Lmem 的高 16 bit 相加;src 的低端(15~0 位)与 Lmem 的低 16 bit 相加。饱和度和溢出位在这种方式下不受影响。在这种方式下,无论 OVM 位的状态是什么,结果都不进行饱和运算。

例 4.86

DADD *AR3+,A,B

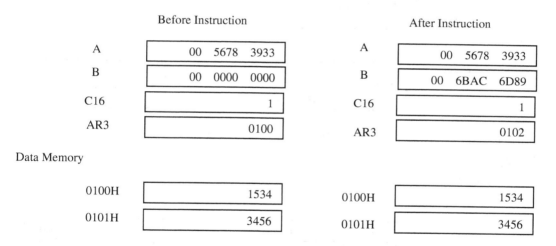

注意：该指令是一个长操作数指令，所以执行后 AR3 的值加 2。

例 4.87

DADD *AR3-，A，B

注意：该指令是一个长操作数指令，所以 AR3 在执行后加 2。

(2) DADST

语　　法：助记符方式　　　　　　　　　　　表达式方式

DADST　Lmem，dst　　　　　　　　　dst = dadst(Lmem，T)

执行过程：　if　C16=1

Then

(Lmem(31-16))+(T)→dst(39-16)

(Lmem(15-0))+(T)→dst(15-0)

Else

(Lmem)+((T)+(T)<<16)→dst

当 C16=0 时，该指令受 SXM 和 OVM 的影响，并能影响 C 和 OVdst。

功能描述：该指令是把 T 寄存器的值加到 32 bit 长数据存储器操作器 Lmem 中。C16 的值决定指令的方式：

C16=0　指令以双精度方式执行。T 寄存器的值和其左移 16 bit 得到的值相结合所组成的 32 bit 数加到 Lmem 中，结果存放在目的累加器中。

C16=1　指令以双 16 bit 方式执行。Lmem 的高 16 bit 与 T 寄存器的值相加，存放在目的累加器的前 24 bit；同时，从 Lmem 的低 16 bit 减去 T 寄存器的值，结果存放在目的累加器的低 16 bit。在这种方式下，不管 OVM 位的状态如何，结果都不进行饱和运算。

注意：该指令只有当 C16 置为 1 时(即双 16 bit 方式)才有意义。

例 4.88

DADST　*AR3-，A

	Before Instruction		After Instruction	
A	00　0000　0000	A	00　3456　1234
T	2222	T	2222
C16	1	C16	1
AR3	0100	AR3	00FE

Data Memory

0100H	1234	0100H	1234
0101H	3456	0101H	3456

注意：该指令是一个长操作数指令，所以 AR3 在执行后减 2。

例 4.89

DADST　*AR3+，A

	Before Instruction		After Instruction	
A	00　0000　0000	A	00　3879　579B
T	2345	T	2345
C16	0	C16	0
AR3	0100	AR3	0102

Data Memory

0100H	1534	0100H	1534
0101H	3456	0101H	3456

注意：该指令是一个长操作数指令，所以 AR3 在执行后加 2。

(3) DRSUB

语　　法：助记符方式　　　　　　　　　　表达式方式

　　　　　DRSUB　Lmem，src　　　　　　　src=dbl(Lmem)-src

$$src=dual(Lmem)-src$$

执行过程：if　C16 = 0

　　　　　Then

　　　　　　　(Lmem) − (src) → src

　　　　　Else

　　　　　　　(Lmem(31−16)) − (src(31−16)) → src(39−16)

　　　　　　　(Lmem(15−0)) − (src(15−0)) → src(15−0)

　　在 C16=0 时，该指令受 SXM 和 OVM 的影响，并能影响 C 和 OVsrc。

功能描述：从 32 bit 长数据存储器操作数 Lmem 中减去 src 的内容，结果存在 src 中。C16 的值决定了指令执行的方式：

　　C16=0　指令以双精度方式执行。Lmem 的值减去 src 的内容(32 bit)，结果存放在 src 中。

　　C16=1　指令以双 16 bit 方式执行。Lmem 的高 16 bit 减去 src 的高端(36～16 位)，结果存放在 src 的前 24 bit(39～16 位)；同时，Lmem 的低 16 bit 减去 src 的低端(15～0 位)。在这种方式下，不管 OVM 的状态如何都不进行饱和运算。

例 4.90

DRSUB　*AR3+, A

	Before Instruction		After Instruction
A	00　5555　6666	A	FF BCDE　CDF0
C	X	C	0
C16	0	C16	0
AR3	0100	AR3	0102

Data Memory

0100H	1234	0100H	1234
0101H	3456	0101H	3456

例 4.91

DRSUB *AR3−, A

	Before Instruction		After Instruction
A	00　5678　3933	A	FF　BEBC　FB23
C	1	C	0
C16	1	C16	1
AR3	0100	AR3	00FE

Data Memory

0100H	1534		0100H	1534	
0101H	3456		0101H	3456	

(4) DSADT

语　　法：助记符方式   表达式方式

              DSADT　Lmem，dst   dst=dsadt(Lmem，T)

执行过程：if　C16=1

             Then

                 (Lmem(31–16))– (T)→dst(39–16)

                 (Lmem(15–0))+(T)→dst(15–0)

             Else

                 (Lmem)+(T)+(T)<<16))→dst

当 C16=0 时该指令受 SXM 和 OVM 的影响，并能影响 C 和 OVdst。

功能描述：从 32 bit 长数据存储器操作器 Lmem 中减/加 T 寄存器的值，结果存放在 dst 中。

         C16 的值决定指令的方式：

C16=0   指令以双精度方式执行。T 寄存器的值与其左移 16 bit 后的值连在一起组成的 32 bit 的值与 Lmem 相减，结果存放在 dst 中。

C16=1   指令以双 16 bit 方式执行。Lmem 的高 16 位数减去 T 寄存器的值，结果存放在 dst 的高端(39～16 位)；同时，把 T 寄存器的值加到 Lmem 的低 16 bit 中，结果存放在 dst 的低端(15～0 位)。在这种方式下，不管 OVM 位的状态如何，结果都不进行饱和运算。该指令只有当 C16 置为 1 时才有意义。

例 4.92

DSADT   *AR3+，A

	Before Instruction			After Instruction
A	00　0000　0000		A	FF　F1EF　1111
T	2345		T	2345
C	0		C	0
C16	0		C16	0
AR3	0100		AR3	0102

Data Memory

0100H	1534		0010H	1534
0101H	00AA		0101H	3456

例 4.93

DSADT   *AR3–，A

	Before Instruction		After Instruction
A	00　0000　0000	A	FF　F1EF　579B
T	2345	T	2345
C	0	C	1
C16	1	C16	1
AR3	0100	AR3	00FE

Data Memory

0100H	1534	0010H	1534
0101H	3456	0101H	3456

(5) DSUB

语　　法：助记符方式　　　　　　　　　　　表达式方式

　　　　　　DSUB　Lmem，src　　　　　　src =src-dbl(Lmem)

　　　　　　　　　　　　　　　　　　　　　src-=dbl(Lmem)

　　　　　　　　　　　　　　　　　　　　　src=src-dual(Lmem)

　　　　　　　　　　　　　　　　　　　　　src-=dual(Lmem)

执行过程：if　C16=1

　　　　　　　Then

　　　　　　　　(src)-(Lmem)→src

　　　　　　　Else

　　　　　　　　(src(31-16))-(Lmem(31-16))→src(39-16)

　　　　　　　　(src(15-0))-(Lmem(15-0))→src(15-0)

　　当 C16=0 时该指令受 SXM 和 OVM 的影响。并能影响 C 和 OVdst。

功能描述：从源累加器中减去 32 bit 长数据存储器操作数 Lmem 的值，结果存在源累加器
　　　　　src 中。C16 的值决定了指令的方式：

　　　　　C16=0　指令以双精度方式执行。从源累加器中减去 Lmem 的值。

　　　　　C16=1　指令以双 16 bit 方式执行。从源累加器 src 的高端(31～16 位)减去 Lmem
　　　　　　　　　的高 16 bit，结果存放在 src 的高 24 bit(39～16 位)；同时，从 src 的低
　　　　　　　　　端(15～0 位)减去 Lmem 的低 16 bit 值,结果存放在源累加器 src 的低端
　　　　　　　　　(15～0 位)。

例 4.94

DSUB　*AR3+，A

	Before Instruction		After Instruction
A	00　5678　8888	A	00　4144　5432
C16	0	C16	0
AR3	0100	AR3	0102

Data Memory

0100H	1234
0101H	3456

0100H	1234
0101H	3456

例 4.95

DSUB *AR3-，A

Before Instruction		After Instruction	
A	00 5678 3933	A	00 4144 04DD
C	1	C	1
C16	1	C16	1
AR3	0100	AR3	00FE

Data Memory

0100H	1534
0101H	3456

0100H	1534
0101H	3456

(6) DSUBT

语　　法：助记符方式　　　　　　　　　　　　表达式方式

　　　　　　DSUBT Lmem，dst　　　　　　　dst=dbl(Lmem)−T

　　　　　　　　　　　　　　　　　　　　　　dst=dual(Lmem)−T

执行过程：if　C16=1

　　　　　Then

　　　　　　　　(Lmem(31−16))−(T)→dst(39−16)

　　　　　　　　(Lmem(15−0))−(T)→dst(15−0)

　　　　　Else

　　　　　　　　(Lmem)−((T)+(T<<16))→dst

　　当 C16=0 时该指令受 SXM 和 OVM 的影响。并能影响 C 和 OVdst。

功能描述：该指令的功能是从 32 bit 长数据存储器操作器 Lmem 中减去 T 寄存器的值，结果存放在目的累加器 dst 中。C16 的值决定指令的方式：

　　　　C16=0　指令以双精度方式执行。T 寄存器的值与其左移 16 bit 后的值连在一起组成的 32 bit 的值与 Lmem 相减，结果存放在 dst 中。

　　　　C16=1　指令以双 16 bit 的方式执行。从 Lmem 的高 16 bit 值中减去 T 寄存器的内容，结果存放在目的累加器的高端(39～16 位)；同时，从 Lmem 的低 16 bit 值中减去 T 寄存器的值，结果存放在目的累加器 dst 的低端(15～0 位)。在这种方式下，不管 OVM 位的值为多少，结果都不进行饱和运算。

　　　　该指令只有当 C16 置为 1 时(双 16 bit 方式)才有意义。

例 4.96

DSUBT　*AR3+, A

	Before Instruction		After Instruction
A	00　0000　0000	A	FF　F1FF　1111
T	2345	T	2345
C16	1	C16	1
AR3	0100	AR3	0102

Data Memory

	Before		After
0100H	1534	0100H	1534
0101H	3456	0101H	3456

例 4.97

DSUBT　*AR3-, A

	Before Instruction		After Instruction
A	00　0000　0000	A	FF　F1FF　1111
T	2345	T	2345
C16	1	C16	1
AR3	0100	AR3	00FE

Data Memory

	Before		After
0100H	1534	0100H	1534
0101H	3456	0101H	3456

6) 特殊应用运算指令

特殊应用运算指令，共 15 条，如下所示。

(1) ABDST

语　　法：助记符方式　　　　　　　　　　　　表达式方式

　　　　　ABDST Xmem,Ymem　　　　　　　　abdst(Xmem,Ymem)

执行过程：(B)+｜(A(32-16))｜→B

　　　　　((Xmem) - (Ymem))<<16 →A

该指令受 OVM、PRCT 和 SXM 影响；执行结果影响 C、OVA 和 OVB。

功能描述：计算两向量 Xmem 和 Ymem 之差的绝对值。累加器 A 的高段(32～16 bit)的绝对值加到累加器 B 中。Xmem 减去 Ymem 的差左移 16 位，然后存放在累加器 A 中。如果分数方式位元为 1 即 FRCT=1，则该绝对值需乘 2。

例 4.98

ABDST   *AR3+, *AR4+

	Before Instruction		After Instruction
A	FF ABCC FFFF	A	FF ABCD 0000
B	00 0000 0000	B	00 0000 5434
AR3	0100	AR3	0100
AR4	0020	AR4	0020
FRCT	0	FRCT	0

Data Memory

0100H	0055	0010H	0055
0200H	00AA	0200H	00AA

(2) ABS

语　　法：助记符方式　　　　　　　　　　　表达式方式

　　　　　ABS   src[, dst]　　　　　　　　　dst=│src│

执行过程：│(src)│→dst(or src if dst not specified)

OVM 影响这条指令的情况如下：

如果 OVM=1，80 0000 0000H 的绝对值为 00 7FFF FFFFH；

如果 OVM=0，80 0000 0000H 的绝对值为 80 0000 0000H。

该指令影响 C 和 OVdst(如果 dst=src 就是 OVsrc)。

功能描述：计算 src 的绝对值，然后装入 dst。如果没有定义 dst，绝对值就装入 src 中。

例 4.99

ABS A, B

	Before Instruction		After Instruction
A	FF FFFF FFCB	A	FF FFFF FFCB
B	FF FFFF FC18	B	00 0000 0035

例 4.100

ABS　　　　　　　　　　　　　　　　　　　　　　　　　　　　　　　　　　　　　A

	Before Instruction		After Instruction
A	03 1234 5678	A	00 7FFF FFFF
OVM	1	OVM	1

(3) CMPL

语　　法：助记符方式　　　　　　　　　　　　　　表达式方式

　　　　　　CMPL　src [，dst]　　　　　　　　　　dst= ～ src

执行过程：(‾src‾)→dst

　　　该指令不影响任何状态位。

功能描述：计算 src 的反码(逻辑反)，结果存放在 dst 中；若没有指定，dst 就存放在 src 中。

例 4.101

CMPL　A，B

	Before Instruction					After Instruction		
A	FC	DFFA	ACBB		A	FC	DFFA	ACBB
B	00	0000	7899		B	03	2005	5344

　　　(4) DELAY

语　　法：助记符方式　　　　　　　　　　　　表达式方式

　　　　　DELAY　Smem　　　　　　　　　　　delaya(Smem)

执行过程：(Smem)→Smem +1

　　　该指令不影响任何状态。

功能描述：该指令把单数据存储器单元 Smem 的内容复制到紧接着的较高地址单元中去。
　　　　　数据复制完后，原单元的内容保持不变。该功能在数字信号处理中实现一个 Z
　　　　　延迟是相当有用的。这种延迟操作在 LTD 和 MACD 指令中可以见到。

例 4.102

DELAY　*AR3

	Before Instruction			After Instruction
AR3	0100		AR3	0100

Data Memory

	Before Instruction			After Instruction
0100H	6AAA		0100H	6AAA
0101H	0000		0101H	6AAA

　　　(5) EXP

语　　法：助记符方式　　　　　　　　　　　　表达式方式

　　　　　EXP　src　　　　　　　　　　　　　T = exp(src)

执行过程：if(src)= 0

　　　Then　0→T

　　　Else　src 的引导位数-8→T

　　　该指令不影响任何状态位。

功能描述：计算指数值并把结果存放在 T 寄存器中，该值是一个范围在 8～31 之间的带符
　　　　　号的二进制补码值。指数值是通过累加源累加器 src 的引导位数减 8 得到的。引
　　　　　导位数等于消除 40 bit 源累加器 src 中除符号位以外的有效位所需左移的位数。

指令结束后，src 没有被修改。

如果引导位数减去 8 的值为负，则是因为累加器的保护位中有有效位。详情请看归一化指令。

例 4.103

EXP A

	Before Instruction			After Instruction	
A	FF FFFF EEEE		A	FF FFFF EEEE	
T	0000		T	0012	

(6) FIRS

语　　法：助记符方式　　　　　　　　　　表达式方式

　　　　　FIRS Xmem,Ymeme,pmad　　　firs (Xmem, Ymem, pmad)

执行过程：pmad→PAR

　　　　　如果(RC)≠0

　　　　　(B) +(A(32-16))×(由 PAR 寻址的 Pmem)→B

　　　　　((Xmem) + (Ymem))<<16→A

　　　　　(PAR) + 1→PAR

　　　　　(RC) -1→RC

该指令受 SXM、FRCT 和 OVM 的影响，并能影响 C、OVA 和 OVB。

功能描述：该指令实现一个对称的有限冲激响应滤波器。累加器 A 的高端(32～16 位)和由 pmad(存放在程序地址寄存器 PAR 中)寻址的一个 Pmem 值相乘，结果加到累加器 B 中。同时，存储器操作数 Xmem 和 Ymem 相加，结果左移 16 bit，然后装入到累加器 A 中。在下一个循环中，pmad 加 1。一旦循环流水开始，该指令就成为单周期指令。

例 4.104

FIRS *AR3+, *AR4+, COEFFS

	Before Instruction		After Instruction	
A	00 0077 0000	A	00 00FF 0000	
B	00 0000 0000	B	00 0008 762C	
FRCT	0	FRCT	0	
AR3	0100	AR3	0101	
AR4	0200	AR4	0201	

Data Memory

0100H	0055	0100H	0055	
0200H	00AA	0200H	00AA	

Program Memory

COEFFS	1234	COEFFS	1234

(7) LMS

语　　法：助记符方式　　　　　　　　　表达式方式

　　　　　LMS　Xmem，Ymem　　　　　lms(Xmem，Ymem)

执行过程：(A)+(Xmem)<< 16 + 2^{15}→A

　　　　　(B)+(Xmem)×(Ymem)→B

　　该指令受 SXM、FRCT 和 OVM 的影响，并影响 C、OVA 和 OVB。

功能描述：该指令是求最小均方值算法。双数据存储器操作数 Xmem 左移 16 bit 后加到累加器 A 中，再加上 2^{15}，结果存放在累加器 A 中。同时并行执行 Xmem 与 Ymem 相乘，其结果加到累加器 B 中。Xmem 不会冲掉 T 寄存器的值，因而 T 寄存器总包含着用于修改系数的错误值。

例 4.105

LMS　*AR3+，*AR4+

	Before Instruction		After Instruction
A	00　7777　8888	A	00　77BC　0888
B	00　0000　0100	B	00　0000　29A4
FRCT	0	FRCT	0
AR3	0100	AR3	0101
AR4	0200	AR4	0201

Data Memory

0100H	0044	0100H	0044
0200H	0099	0200H	0099

(8) MAX

语　　法：助记符方式　　　　　　　　　表达式方式

　　　　　MAX　dst　　　　　　　　　　dst= max(A，B)

执行过程：if(A>B)

　　　　　Then(A)→dst

　　　　　　　0→C

　　　　　Else (B)→dst

　　　　　　　1→C

　　该指令会影响 C。

功能描述：比较两累加器的内容，并把较大的一个值存放在目的累加器 dst 中。如果最大值是在累加器 A 中，则进位位 C 被清 0，否则置为 1。

例 4.106

MAX　A

	Before Instruction		After Instruction
A	FFEE	A	FFEE
B	FFCC	B	FFCC
C	1	C	0

例 4.107

MAX　A

	Before Instruction		After Instruction
A	00　0000　0055	A	00　0000　1234
B	00　0000　1234	B	00　0000　1234
C	0	C	1

　　(9) MIN

语　　法：助记符方式　　　　　　　　　　表达式方式

　　　　　　MIN　dst　　　　　　　　　　dst= min(A，B)

执行过程：if(A<B)

　　　　　　Then(A)→dst

　　　　　　　　0→C

　　　　　　Else (B)→dst

　　　　　　　　1→C

　　该指令会影响 C。

功能描述：比较两累加器值的大小，把较小值存放在目的累加器 dst 中。如果最小值是在累
　　　　　加器 A 中，则进位位 C 被清 0；否则置为 1。

例 4.108

MIN　A

	Before Instruction		After Instruction
A	FFCB	A	FFCB
B	FFF6	B	FFF6
C	1	C	0

例 4.109

MIN　A

	Before Instruction					After Instruction	
A	00	0000	1234		A	00	0000	1234
B	00	0000	1234		B	00	0000	1234
C			0		C			1

(10) NEG

语　　法：助记符方式　　　　　　表达式方式

　　　　　NEG src[，dst]　　　　dst = -src

执行过程：(src)×(-1)→dst

　　　该指令受 OVM 的影响，并会影响 C 和 OVdst(当 dst=src 时，为 OVsrc)。

功能描述：计算源累加器(可能是 A 或 B)值的二进制补码，并把结果存放在 dst 或 src 中。

　　　　　只要累加器的值不为 0，指令就对进位位 C 清 0；反之，如果累加器值为 0，进位位置为 1。

　　　　　如果累加器的值等于 80 0000 0000H，该运算将引起溢出，因为 80 0000 0000H 的补码超过了累加器允许的最大值。如果 OVM=1，目的累加器 dst 赋值为 00 7FFF FFFFH；如果 OVM=0，dst 赋值为 80 0000 0000H。dst 的 OV 位在这两种情况下都置位，以表明溢出。

例 4.110

NEG A，B

	Before Instruction					After Instruction		
A	FF	FFFF	F228		A	FF	FFFF	F228
B	00	00000	1234		B	00	FFFF	0DD8
OVA			0		OVA			0

例 4.111

NEG B，A

	Before Instruction					After Instruction		
A	00	0000	1234		A	FF	8000	0000
B	00	8000	0000		B	00	8000	0000
OVB			0		OVB			0

例 4.112

NEG A

	Before Instruction		After Instruction
A	80 0000 0000	A	80 0000 0000
OVA	0	OVA	1
OVM	0	OVM	0

例 4.113

NEG A

	Before Instruction		After Instruction
A	80 0000 0000	A	00 7FFF FFFF
OVA	0	OVA	1
OVM	1	OVM	1

(11) NORM

语　　法：助记符方式　　　　　　　　　　表达式方式

NORM　src[,dst]　　　　　　　dst=src<<TS

dst=norm(src,TS)

执行过程：(src)<<TS→dst

该指令受 SXM 和 OVM 的影响，并会影响 OVdst(当 dst=src 时，为 OVsrc)。

功能描述：对源累加器 src 中的带符号数进行归一化，结果存放在 dst 或 src(如果没有指明就是 dst)中。定点数的归一化是通过寻找符号扩展数的数量级，把这个数分成数值部分和指数部分。该指令允许累加器的单周期归一化，指令 EXP 就是一例。移位数由 T 寄存器的 5～0 位确定，并编码成二进制补码的形式。有效的移位数是 16～31。执行过程中，在读操作数阶段，移位器获得移位数(在 T 寄存器中)；在执行阶段进行归一化操作。

例 4.114

NORM B，A

	Before Instruction		After Instruction
A	FF FFFF F001	A	00 4214 1414
B	21 0A0A 0A0A	B	21 0A0A 0A0A
T	0FF9	T	0FF8

(12) POLY

语　　法：助记符方式　　　　　　　　表达式方式

POLY Smem　　　　　　　　　poly(Smem)

执行过程：Round(A(32~16)×(T)+(B))→A

　　　　　(Smem)<<16→B

该指令受 FRCT、OVM 和 SXM 的影响，同时也能影响 OVA。

功能描述：单数据存储器操作数 Smem 的内容左移 16 bit，结果存放在累加器 B 中。同时并
行执行累加器 A 的高端(32~16 位)与 T 寄存器的值相乘，乘积加到累加器 B 中。
再对此运算的结果凑整，最后把结果存放在累加器 A 中。该指令在多项式计算
中为实现每一单项只执行一个周期是很有用的。该指令代码占一个字，但当
Smem 采用长偏移间接寻址或绝对寻址方式时就会多占一个字。

例 4.115

POLY　*AR3+%

	Before Instruction				After Instruction		
A	00	1111	0000	A	00	05B1	0000
B	00	0001	0000	B	00	2000	0000
T			5555	T			5555
AR3			0200	AR3			0201

Data Memory

0200H	0200	0200H	0200

(13) RND

语　　法：助记符方式　　　　　　表达式方式

　　　　　RND　src[,dst]　　　　dst=rnd (src)

执行过程：(src) +8000H→dst

　　　　　该指令受 OVM 的影响。

功能描述：把 2^{15} 加到源累加器 src 中以对其进行凑整。凑整后的值存放在 dst 或 src(在没有
指定 dst 的情况下为 src)中。注意：该指令不能循环执行。

例 4.116

RND　A

(14) SAT

语　　法：助记符方式　　　　　　表达式方式

　　　　　SAT src　　　　　　　　saturate (src)

执行过程：Saturate (src)→src

　　　　　该指令会影响 OVsrc。

功能描述：无论 OVM 的值是什么，都把源累加器 src 的值饱和成 32 bit。

例 4.117

SAT B

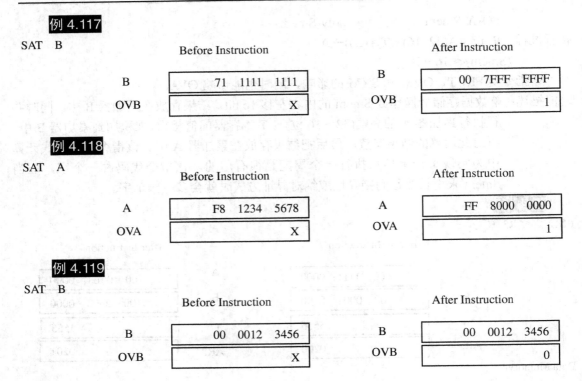

	Before Instruction	After Instruction
B	71 1111 1111	B 00 7FFF FFFF
OVB	X	OVB 1

例 4.118

SAT A

	Before Instruction	After Instruction
A	F8 1234 5678	A FF 8000 0000
OVA	X	OVA 1

例 4.119

SAT B

	Before Instruction	After Instruction
B	00 0012 3456	B 00 0012 3456
OVB	X	OVB 0

(15) SQDST

语　　法：助记符方式　　　　　表达式方式

　　　　SQDST Xmem, Ymem　　sqdst (Xmem, Ymem)

执行过程：$(A(32-16)) \times (A(32-16)) + (B) \rightarrow B$

　　　　$((Xmem)-(Ymem)) << 16 \rightarrow A$

　　该指令受 OVM、FRCT 和 SXM 的影响，并能影响 C、INTM、OVA 和 OVB。

功能描述：计算两个向量距离的平方。累加器 A 的高端(32~16 位)平方后加到累加器 B 中。

　　　　Xmem 与 Ymem 相减，其差左移 16 bit 存放到累加器 A 中。

例 4.120

SQDST *AR3+，AR4+

	Before Instruction	After Instruction
A	FF ABCD 0000	A FF FFAB 0000
B	00 0000 0000	B 00 1BB1 8229
FRCT	0	FRCT 0
AR3	0100	AR3 0101
AR4	0200	AR4 0201

Data　Memory

0100H	0055	0100H 0055
0200H	00AA	0200H 00AA

3. 逻辑运算指令

C54x DSP 的逻辑运算指令包括与、或、异或、移位及测试指令，分别叙述如下。

1) "与"(AND)指令

"与"(AND)指令，共 2 条，如下所示。

(1) AND

语　法：助记符方式　　　　　　　　　　　　　　　表达式方式

　　　① AND　Smem，src　　　　　　① src=src & Smem
　　　　　　　　　　　　　　　　　　　　　src &= Smem

　　　② AND　#1k[，SHIFT]，src[，dst]　② dst=src & #1k [<<SHIFT]
　　　　　　　　　　　　　　　　　　　　　dst &= #1k [<<SHIFT]

　　　③ AND　#1k，16，src [，dst]　　③ dst=src & #1k <<16
　　　　　　　　　　　　　　　　　　　　　dst &= #1k<<16

　　　④ AND　src[，SHIFT] [，dst]　　④ dst=dst & src [<<SHIFT]
　　　　　　　　　　　　　　　　　　　　　dst &= src [<<SHIFT]

执行过程：① (Smem)AND(src)→src

　　　　　② 1k <<SHIFT AND(src)→dst

　　　　　③ 1k <<16 AND(src)→dst

　　　　　④ (dst)AND(src)<<SHIFT→dst

功能描述：该指令的功能是使以下几种数据和 src 相与：

　　● 一个 16 bit 单数据存储器操作数 Smem；

　　● 一个 16 bit 立即数 1 k；

　　● 源或目的累加器。

　　如果确定了移位，操作数在移位后才进行与操作。对于左移，低位添 0，高位不进行符号扩展；对于右移，高位不进行符号扩展。

例 4.121

AND　A, 3, B

	Before Instruction		After Instruction
A	00　0000　1200	A	00　0000　1200
B	00　0000　1800	B	00　0000　1000

(2) ANDM

语　法：助记符方式　　　　　　　　　　　　　　表达式方式

　　　ANDM　#1k，Smem　　　　　　Smem=Smem & #1k

　　　　　　　　　　　　　　　　　　　Smem &= #1k

执行过程：1k AND(Smem)→Smem

　　该指令不影响任何状态位。

功能描述：16 bit 单数据存储器操作数 Smem 和一个 16 bit 长立即数 1k 相与，结果存放在原 Smem 所在单元中。该指令不能循环执行。

例 4.122

ANDM #00FFh，*AR4+

	Before Instruction		After Instruction
AR4	0100	AR4	0101

Data Memory

	Before Instruction		After Instruction
0100H	0555	0100H	0055

2) "或"(OR)指令

"或"(OR)指令，共 2 条，如下所示。

(1) OR

语　　法：助记符方式　　　　　　　　　　表达式方式

　　　　　① OR Smem,src　　　　　　　　① src=src ｜ Smem

　　　　　　　　　　　　　　　　　　　　　　src ｜ =Smem

　　　　　② OR # 1k[,SHFT],src[,dst]　　② dst=src ｜ # 1k[<<SHFT]

　　　　　　　　　　　　　　　　　　　　　　dst ｜ = # 1k[<<SHFT]

　　　　　③ OR # 1k,16,src[,dst]　　　　③ dst=src ｜ # 1k<<16

　　　　　　　　　　　　　　　　　　　　　　dst ｜ = # 1k<<16

　　　　　④ OR src[,SHIFT],[,dst]　　　　④ dst=dst ｜ src[<<SHIFT]

　　　　　　　　　　　　　　　　　　　　　　dst ｜ =src[<<SHIFT]

执行过程：① (Smem)OR(src(15-0))→src

　　　　　　　src(39-16)不变。

　　　　　② 1k<<SHFT OR(src)→dst

　　　　　③ 1k<<16OR(src)→dst

　　　　　④ src 或[dst]OR(src)<<SHIFT→dst

该指令不影响任何状态位。

功能描述：源累加器 src 和一个单数据存储器操作数 Smem、一个左移后的 16 bit 立即数、
　　　　　dst 或它本身相或。结果可按指定的方式移位，并存放在 dst 中，如果没有指定
　　　　　dst，就存放在 src 中。对于正向移位(左移)，低位添 0，高位不进行符号扩展；
　　　　　对于反向移位(右移)，高位不进行符号扩展。

例 4.123

OR A，+3，B

	Before Instruction				After Instruction		
A	00	0000	1200	A	00	0000	1200
B	00	0000	1800	B	00	0000	9800

(2) ORM

语　　法：助记符方式　　　　　　　　　表达式方式

ORM # 1k，Smem

Smem=Smem｜# 1k

Smem｜= # 1k

执行过程：1k OR(Smem)→Smem

该指令不会影响任何状态位。

功能描述：一个单数据存储器操作数 Smem 与一个 16 bit 立即数相或，结果存放在 Smem 中。
该指令实现的是存储器到存储器的操作。注意，该指令不能循环执行。该指令
代码占两个字，但当 Smem 采用长偏移间接寻址或绝对寻址方式时就会多占一
个字。

例 4.124

ORM 0404H，*AR4+

Before Instruction		After Instruction	
AR4	0100	AR4	0101

Data Memory

0100H	4444	0100H	4444

3) "异或"(XOR)指令

"异或"(XOR)指令，共 2 条，如下所示。

(1) XOR

语　　法：助记符方式

① XOR Smem,src

② XOR #lk[,SHFT],src[,dst]

③ XOR #lk,16, src[,dst]

④ XOR src[,SHIFT][,dst]

表达式方式

① src=src^Smem

src^=Smem

② dst=src^#lk[,SHFT]

dst^=#lk[,SHFT]

③ dst=src^#lk<<16

dst^=#lk<<16

④ dst=dst^src[<<SHFT]

dst^=src[<<SHFT]

执行过程：① (Smem)XOR(src)→src

② lk<<SHFT XOR(src)→dst

③ lk<<16 XOR (src)→dst

④ (src)<<SHIFT XOR(dst)→dst

该指令不影响任何状态位。

功能描述：16 bit 单数据存储器操作数 Smem(按指令指定移位)与所选定的累加器相异或，
结果存放在 dst 或 src 中。对于左移，低位添 0，高位不进行符号扩展；对于右
移，不进行符号扩展。

例 4.125

XOR *AR3,A

	Before Instruction			After Instruction	
A	00	00FF 1200	A	00	00FF 0400
AR3		0100	AR3		0101

Data Memory

0100H	1600	0100H	1600

例 4.126

XOR　A，+3，B

	Before Instruction			After Instruction	
A	00	0000 1200	A	00	0000 1200
B	00	0000 1800	B	00	0000 8800

(2) XORM

语　　法：助记符方式　　　　　　　　　表达式方式

　　　　　　XORM　#lk，Smem　　　　　　Smem=Smem^#lk

　　　　　　　　　　　　　　　　　　　　Smem^=#lk

执行过程：lk　XOR　(Smem)　→Smem

　　　　该指令不影响任何状态位。

功能描述：一个数据存储器单元 Smem 的内容和一个 16 bit 常数 lk 相异或，结果写到 Smem
　　　　　中。注意，该指令不能循环执行。

例 4.127

XORM　#0404H，*AR4-

	Before Instruction		After Instruction
AR4	0100	AR4	00FF

Data Memory

0100H	3434	0100H	3030

4) 移位指令

移位指令，共 6 条，如下所示。

(1) ROL

语　　法：助记符方式　　　　　表达式方式

　　　　　　ROL　src　　　　　　　src=src\\CARRY

执行过程：(C)→src(0)

(src(30-0))→src(31-1)

(src(31))→C

0→src(39-32)

该指令受 C 的影响，并能影响 C。

功能描述：源累加器 src 循环左移一位。进位位 C 的值移入 src 的最低位，src 的最高位移入 C 中；保护位清 0。

例 4.128

ROL　A

	Before Instruction			After Instruction
A	5F　B000　2345		A	00　6000　468A
C	0		C	1

(2) ROLTC

语　　法：助记符方式　　　　　表达式方式

　　　　　ROLTC　src　　　　roltc (src)

执行过程：(TC)→src (0)

　　　　　(src(30-0))→(31-1)

　　　　　(src(31))→C

　　　　　0→src(39-32)

该指令受 TC 影响，并能影响 C。

功能描述：源累加器 src 循环左移一位。TC 的值移入 src 的最低位，src 的最高位移到进位位 C 中；保护位清 0。

例 4.129

ROLTC　A

	Before Instruction			After Instruction
A	81　C000　6666		A	00　8000　CCCD
C	X		C	1
TC	1		TC	1

(3) ROR

语　　法：助记符方式　　　　　表达式方式

　　　　　ROR　src　　　　　src=src//CARRY

执行过程：(C)→src (31)

　　　　　(src(31-1))→src(30-0)

　　　　　(src(0))→C

　　　　　0→src(39-32)

该指令受 C 的影响，并能影响 C。

功能描述：源累加器 src 循环右移一位。进位位 C 的值移入 src 的最高位，src 的最低位移到 C 中；保护位清 0。

例 4.130

ROR　A

	Before Instruction		After Instruction	
A	7F B000 2345		A	00 5800 11A2
C	0		C	1

(4) SFTA

语　　法：助记符方式　　　　　　　　表达式方式

$\qquad$ SFTA　src, SHIFT[,dst]　　　dst=src<<C SHIFT

执行过程：if　SHIFT< 0

Then

(src((-SHIFT)-1))→C

(src (39-0)) <<SHIFT→dst

if　SXM =1

Then

(src(39))→dst(39- (39+(SHIFT+1))) (或如果没有指定 src (39- (SHIFT+1)))，

Else

0→dst(39- (39+(SHIFT+1))) (如果没有指定 dst，就为 src(39- (39+(SHIFT+1)))

Else

(src(39-SHIFT))→C

(src)<<SHIFT→dst

0→dst ((SHIFT-1)-0) (如果没有指定 dst，就为 src((SHIFT-1) -0))

该指令受 SXM 和 OVM 的影响，并能影响 C 和 OVdst(如果 dst=src,就为 OVdst)。

功能描述：该指令对源累加器 src 进行算术移位，结果存放在 dst(如果没有指定 dst 就为 src) 中。指令的执行由 SHIFT 的值决定。

① 如果 SHIFT 的值小于 0，那么：

● src((-SHIFT) -1)复制到进位位 C 中；

● 如果 SXM 为 1，指令执行算术右移，源累加器 src 的最高位移入到 dst(39- (39+(SHIFT+1)))中；

● 如果 SXM 为 0，把 0 写进 dst(39- (39+(SHIFT+1)))中。

② 如果 SHIFT 的值大于 0，那么：

● src(39-SHIFT)复制到进位位 C 中；

● 令产生一个算术左移；

● 把 0 写进 dst((SHIFT-1)-0)。

例 4.131

SFTA　A，-5，B

	Before Instruction
A	FF　8765　0055
B	00　2345　5432
C	X
SXM	1

	After Instruction
A	FF　8765　0055
B	FF　FC3B　2802
C	1
SXM	1

例 4.132

SFTA　B，+5

	Before Instruction
B	80　AA00　1234
C	0
OVM	0
SXM	0

	After Instruction
B	15　4002　4680
C	1
OVM	0
SXM	0

(5) SFTC

语　　法：助记符方式　　　　　表达式方式

　　　　　SFTC　src　　　　　　shiftc (src)

执行过程：if　(src) =0

　　　　　Then

　　　　　　　1→TC

　　　　　Else

　　　　　　if　(src (31) XOP (src (30)) =0

　　　　　Then (有两个有效符号位)

　　　　　　　0→TC

　　　　　　　(src)<<1→src

　　　　　Else (只有一个符号)

　　　　　　　1→TC

　　该指令会影响 TC。

功能描述：如果源累加器 src 有两个有效符号位，就把 32 bit 的 src 左移 1 位，保护位保持不变，且使测试控制位 TC 清 0。如果只有一个符号位，对 TC 置 1。

例 4.133

SFTC　A

	Before Instruction
A	FF　FFFF　F001
TC	X

	After Instruction
A	FF　FFFF　B002
TC	0

(6) SFTL

语　　法：助记符方式　　　　　　　　　表达式方式

　　　　　SFTL　src, SHIFT[,dst]　　　　dst = src<<< SHIFT

执行过程：if　SHIFT < 0

　　　　　Then

　　　　　　　src ((-SHIFT)-1)→C

　　　　　　　src (31-0)<< SHIFT→dst

　　　　　　　0　→dst (39-(31 + (SHIFT +1)))

　　　　　if　SHIFT = 0

　　　　　Then

　　　　　　　0→C

　　　　　Else

　　　　　　src (31- (SHIFT-1))→C

　　　　　src ((31-SHIFT)-0)<<SHIFT→dst

　　　　　0 → dst((SHIFT-1)-0)(如果没有指定 dst，就为 src((SHIFT-1)-0))

　　　　　0 → dst(39-32)(如果没有指定 dst，就为 src(39-32))

　　　该指令会影响进位位 C。

功能描述：对源累加器 src 进行逻辑移位，结果存放在 dst(如果没有指定 dst 就存放在 src)
　　　　　中。指令的执行由 SHIFT 的值决定。

　　　　　① 如果 SHIFT 的值小于 0，那么：

　　　　　● src((-SHIFT) -1)复制到进位位 C 中去；

　　　　　● 令执行一个逻辑右移；

　　　　　● 把 0 写进 dst((SHIFT-1)-0)中。

　　　　　② 如果 SHIFT 的值大于 0，那么：

　　　　　● 31- (SHIFT-1)复制到进位位 C 中；

　　　　　● 令执行一个逻辑左移；

　　　　　● 把 0 写入 dst((SHIFT-1)-0)中。

例 4.134

SFTL　A，-5，B

	Before Instruction		After Instruction
A	FF　8755　5555	A	FF　8755　5555
B	FF　8000　0000	B	00　043A　AAAA
C	0	C	1

例 4.135

SFTL　B，+5

	Before Instruction		After Instruction
B	80　AA00　1234	B	00　4002　4680
C	0	C	1

5) 测试指令

测试指令共 5 条，如下所示。

(1) BIT

语　　法：助记符方式　　　　　　　　　　　　　表达式方式

　　　　　BIT Xmem，BITC　　　　　　　　　　TC = bit(Xmem，bit-code)

执行过程：(Xmem(15-BITC))→TC

功能描述：把双数据存储器操作数 Xmem 的指定位复制到状态寄存器 ST0 的 TC 位。表 4.3
　　　　　列出了对应于数据存储器中每一位的位代码，即位代码对应了 BITC，位地址对
　　　　　应了 15 - BITC。

表 4.3　数据存储器中的位代码

位地址	位代码	位地址	位代码
0	1111	8	0111
1	1110	9	0110
2	1101	10	0101
3	1100	11	0100
4	1011	12	0011
5	1010	13	0010
6	1001	14	0001
7	1000	15	0000

例 4.136

BIT　*AR5+，(15-12)，test bit 12

	Before Instruction		After Instruction
AR5	0100	AR5	0101
TC	0	TC	1

Data　Memory

0100H	7688	0100H	7688

(2) BITF

语　　法：助记符方式　　　　　　　　　　　　　表达式方式

　　　　　BITF Smem，#1k　　　　　　　　　　　TC = bitf(Smem，#1k)

执行过程：If((Smem)AND 1k)= 0

　　　　　Then　0→TC

　　　　　Else　1→TC

该指令影响 TC。

功能描述：测试单数据存储器值 Smem 中指定的某些位。如果指定的位为 0，状态寄存器 ST0 的 TC 位清 0；否则 TC 置 1。1k 常数在测试位时起屏蔽作用。

例 4.137

BITF DAT5，#00FFH

	Before Instruction		After Instruction
TC	X	TC	0
DP	004	DP	004

Data Memory

0205H	5400	0205H	5400

(3) BITT

语　　法：助记符方式　　　　　　　　　　　表达式方式

　　　　　　BITT　Smem　　　　　　　　　　TC = bitt(Smem)

执行过程：(Smem(15-T(3-0)))→TC

　　　　　该指令影响 TC。

功能描述：把单数据存储器值 Smem 的指定位复制到状态寄存器 ST0 的 TC 位。T 寄存器的低 4 位(3～0 位)的值确定了被复制的位代码，15-T(3-0)对应着位地址。

例 4.138

BITT　　*AR7+C

	Before Instruction		After Instruction
T	C	T	C
TC	0	TC	1
AR0	0008	AR0	0008
AR7	0100	AR7	0108

Data Memory

0100H	0008	0100H	0008

(4) CMPM

语　　法：助记符方式　　　　　　　　　　　表达式方式

　　　　　CMPM　Smem，#lk　　　　　　　TC=(Smem=#lk)

执行过程：

　　　　　If(Smem)=lk

　　　　　Then　1→TC

　　　　　Else　　0→TC

　　　该指令影响 TC。

功能描述：比较 16 bit 单数据存储器操作数 Smem 和 16 bit 的常数 lk 是否相等。如果相等，TC 置 1，否则清 0。

例 4.139

CMPM　*AR4+,#0404H

	Before Instruction		After Instruction
TC	1	TC	0
AR4	0100	AR4	0101

Data Memory

0100H	4444	0100H	4444

(5) CMPR

语　　法：助记符方式　　　　　　　　　　　表达式方式

CMPR　CC，Arx

$TC=(AR0==ARx)$

$TC=(AR0 > ARx)$

$TC=(AR0 < ARx)$

$TC=(AR0! =ARx)$

执行过程：If(cond)

Then　1→TC

Else　　0→TC

功能描述：比较指定的辅助寄存器(ARx)和 AR0 的值，然后根据结果决定 TC 的值。比较由条件代码 CC 的值决定，见表 4.4。如果条件满足，TC 置 1；否则清 0。所有的条件都以无符号运算计算。

表 4.4　条件代码 CC 值的说明

条　件	条件代码(CC)	说　明
EQ	00	测试 Arx 是否等于 AR0
LT	01	测试 Arx 是否小于 AR0
GT	10	测试 Arx 是否大于 AR0
NEQ	11	测试 Arx 是否不等于 AR0

例 4.140

CMPR　2，AR4

	Before Instruction		After Instruction
TC	1	TC	0
AR0	8FFF	AR0	8FFF
AR4	6FFF	AR4	6FFF

4. 程序控制

C54x DSP 的程序控制指令包括分支转移指令、子程序调用指令、中断指令、返回指令、重复指令、堆栈处理指令及混合程序控制指令。

1) 分支转移指令

分支转移指令共 6 条，如下所示。

(1) B[D]

语　　法：助记符方式   表达式方式

　　　　　B[D]　pmad   goto　pmad

　　　　　　　　　　　　　　　　　　　　　　　　　　　　dgoto　pmad

执行过程：pmad→PC

该指令不影响任何状态位。

功能描述：指令指针指向指定的程序存储器地址(pmad)，该地址可以是一个符号或数字。如果是延迟转移(指令后缀 D 确定)，紧接着转移指令的两条单字指令或双字指令从程序存储器中取出先执行。该指令不能循环执行。

例 4.141

BD　　1000H

ANDM　4444H, *AR1+

	Before Instruction			After Instruction
PC	1F45		PC	1000

操作码与 4444H 相与后，程序继续从 1000H 单元开始执行。

(2) BACC[D]

语　　法：助记符方式   表达式方式

　　　　　BACC[D]　src   goto　src

　　　　　　　　　　　　　　　　　　　　　　　　　　　　dgoto　src

执行过程：(src(15-0))→PC

功能描述：程序指针 PC 指向 src 的低位(15～0 位)所确定的 16 bit 地址。如果是延迟转移(由指令后缀 D 确定)，紧跟着转移指令的两条单字或一条双字指令从程序存储器中取出先执行。该指令不能循环执行。

例 4.142

BACC　A

	Before Instruction			After Instruction
A	00　0000　3000		A	00　0000　3000
PC	1F45		PC	3000

(3) BANZ[D]

语　　法：助记符方式   表达式方式

BANZ[D]　pmad，Sind

if(Sind!=0) goto　pmad
if(Sind!=0) dgoto　pmad

执行过程：If((ARx)≠ 0)

Then　　pmad→PC

Else　　(PC)+ 2→PC

该指令不影响任何状态位。

功能描述：如果当前辅助寄存器 ARx 不为 0，则程序指针转移到指定的程序存储器地址 (pmad)；否则 PC 指针加2。如果是延迟转移(由指令后缀 D 决定)，紧接着这条转移指令的两条单字指令或一条双字指令从程序存储器中取出执行。该指令不能循环执行。

例 4.143

BANZ　1FFFH，*AR3-

Before Instruction		After Instruction	
PC	1000	PC	1FFF
AR3	0004	AR3	0003

(4) BC[D]

语　　法：助记符方式

　　　　　BC[D]pmad，cond[，cond[，cond]]

表达式方式

if(cond[，cond[，cond]])
[d]goto pmad

表 4.5 示出了指令的条件代码所对应的条件。

表 4.5　BC[D]指令的条件代码所对应的条件表

条　件	说　明	条　件	说　明
BIO	$\overline{BIO}$ 为低	NBIO	$\overline{BIO}$ 为高
C	C=1	NC	C = 0
TC	TC = 1	NTC	TC = 0
AEQ	(A)= 0	BEQ	(B)= 0
ANEQ	(A)≠ 0	BNEQ	(B)≠ 0
AGT	(A)>0	BGT	(B)> 0
AGEQ	(A)≥0	BGEQ	(B)≥ 0
ALT	(A)< 0	BLE	(B)< 0
ALEQ	(A)≤ 0	BLEQ	(B)≤ 0
AOV	A 溢出	BOV	B 溢出
ANOV	A 没有溢出	BNOV	B 没有溢出
UNC	无条件的		

执行过程：If(cond(s))

        Then   pmad→PC

        Else   (PC)+2→PC

    如果选择 OV 或 NOV，该指令就会影响 OVA 或 OVB。

功能描述：如果满足特定的条件，指令就转移到程序存储器地址(pmad)上。采用延迟方式，紧接着该指令的两条单字指令或一条双字指令从程序存储器取出先执行；但如果条件满足，那么这两个字将从流水中冲掉，程序从 pmad 开始执行；如果条件不满足，PC 加 2 且紧接着该指令的两个字继续执行。

    指令在把控制权交给程序的另一部分之前可对多个条件进行测试。指令可测试相互独立的条件或者是相关联的条件；但多个条件只能出自同一组的不同类，如表 4.6 所示。

表 4.6　同一组不同类的指令

组　1		组　2		
A　类	B　类	A　类	B　类	C　类
EQ	OV	TC	C	BIO
NEQ	NOV	NTC	NC	NBIO
LT				
LEQ				
GT				
GEQ				

    例如，能同时测试 TC、C 和 BIO，但不能同时测试 NTC、C 和 NC。因为 C 和 NC 位于同一类。另外该指令不能循环执行。

例 4.144

BC 1FFFH，AGT

	Before Instruction		After Instruction
A	00　0000　0053	A	00　0000　0053
PC	1000	PC	1FFF

例 4.145

BC 2000H，AGT

	Before Instruction		After Instruction
A	FF　FFFF　FFFF	A	FF　FFFF　FFFF
PC	1000	PC	1002

例 4.146

BCD 1000H，BOV

ANDM 4444H，*AR1+

Before Instruction		After Instruction	
PC	3000	PC	1000
BOV	1	BOV	0

注意：存储器单元的数据和 4444H 相与后，如果满足 OVB 就发生转移；否则继续按顺序执行。

例 4.147

BC 1000H，TC，NC，BIO

Before Instruction		After Instruction	
PC	3000	PC	3002
C	1	C	1

(5) FB[D]

语　　法：助记符方式　　　　表达方式
　　　　　 FB[D]extpmad　　　 far goto extpmad
　　　　　　　　　　　　　　　 far dgoto extpmad

执行过程：(pmad (15-0))→PC
　　　　　 (pmad (22-16))→XPC
　　　　该指令不影响任何状态位。

功能描述：程序指针 PC 指向由 pmad 的 22～16 位决定的页中 pmad 的 15～0 位所确定的程
　　　　　序存储器地址。pmad 可以是一个符号或一个具体的数字。如果是延迟转移，紧
　　　　　接着该指令的两条单字指令或一条双字指令从程序存储器中取出先执行。注意，
　　　　　该指令不能循环执行。

例 4.148

FB　012000H

Before Instruction		After Instruction	
PC	1000	PC	2000
XPC	00	XPC	01

　　2000H 装入 PC，01 装入 XPC，程序继续从单元开始执行。

(6) FBACC[D]

语　　法：助记符方式　　　　表达式方式
　　　　　 FBACC[D] src　　　 far goto src
　　　　　　　　　　　　　　　 far dgoto src

执行过程：(src(15-0))→PC
　　　　　 (src(22-16))→XPC
　　　　该指令不影响任何状态位。

功能描述：该指令是把源累加器 src 的 22～16 位值装入 XPC，并让 PC 指向 src 的低端(15～
         0 位)所确定的 16 bit 地址。如果是延迟转移，紧接着该指令的两条单字指令或一
         条双字指令从程序存储器中取出先执行。该指令不能循环执行。

例 4.149

FBACCD   B

ANDM   4444H   *AR1+

	Before Instruction		After Instruction
B	00 007F 2000	B	00 007F 2000
XPC	01	XPC	7F

注意： 操作数和 4444H 相与后，7FH 装入 XPC；程序继续从第 7H 页的 2000H 单元开始
执行。

     2) 子程序调用指令

     子程序调用指令共 5 条，如下所示。

     (1) CALA[D]

语   法：助记符方式   表达式方式

           CALA[D]   src   call   src

                                      dcall   src

执行过程：非延迟调用

         (SP) −1→SP

         (PC)+1→TOS

         (src(15−0))→PC

         延迟调用

         (SP) −1→SP

         (PC)+3→TOS

         (src(15−0))→PC

     该指令不影响任何状态位。

功能描述：程序指针转移到 src 的低位所确定的 16 bit 地址单元，返回地址压入栈顶。如果
         是延迟调用，紧接着该指令的两条单字指令或一条双字指令从程序存储器中取
         出先执行。该指令不能循环。

例 4.150

CALA   A

	Before Instruction		After Instruction
A	00 0000 3000	A	00 0000 3000
PC	0025	PC	3000
SP	1111	SP	1110

Data Memory

| 1110H | 4567 |
| 1110H | 0026 |

(2) CALL[D]

语　　法：助记符方式　　　　　　　　　　　　表达式方式

　　　　　CALL[D]　pmad　　　　　　　　　　call　pmad
　　　　　　　　　　　　　　　　　　　　　　dcall　pmad

执行过程：非延迟调用

$(SP) -1 \rightarrow SP$

$(PC)+2 \rightarrow TOS$

$pmad \rightarrow PC$

延迟调用

$(SP) -1 \rightarrow SP$

$(PC)+4 \rightarrow TOS$

$pmad \rightarrow PC$

该指令不影响任何状态位。

功能描述：程序指针指向确定的程序存储器地址(pmad)，返回地址在 pmad 装入 PC 之前压入栈顶保存。如果是延迟调用，紧接着该指令的两条单字指令或一条双字指令从程序存储器中取出先执行。该指令不能循环。

例 4.151

CALL　1111H

	Before Instruction			After Instruction
PC	0025		PC	1111
SP	1111		SP	1110

Data Memory

| 1110H | 4567 | | 1110H | 0027 |

(3) CC[D]

语　　法：助记符方式　　　　　　　　　　　　表达式方式

　　　　　CC[D] pmad，cond[，cond[，cond]]　　if(cond[，cond[，cond]]) call　pmad
　　　　　　　　　　　　　　　　　　　　　　if(cond[，cond[，cond]]) dcall　pmad

执行过程：非延迟调用

If(cond(s))

Then $(SP) -1 \rightarrow SP$

$(PC)+2 \rightarrow TOS$

$pmad \rightarrow PC$

Else $(PC)+2 \rightarrow PC$

　　　　延迟调用

　　　If(cond(s))

　　　Then (SP) −1→SP

　　　　　　(PC)+4→TOS

　　　　　　 pmad→PC

　　　Else　(PC)+2→PC

该指令影响 OVA 或 OVB(如果选定了 OV 或 NOV)。

功能描述：当满足确定的条件时，程序指针 PC 指向程序存储器地址(pmad)；如果不满足条件，PC 指针加 2。如果是延迟调用，则该指令后的两个字先取出执行，且不会影响被测试的条件。

例 4.152

CCD 1111H，BOV

ANDM 4444H，*AR1+

	Before Instruction		After Instruction
PC	0025	PC	1111
OVB	1	OVB	0
SP	1111	SP	1110

Data　Memory

1110H	4567	1110H	0029

　　(4) FCALA[D]

语　　法：助记符方式　　　　表达式方式

　　　　　FCALA[D]　src　　 far call src

　　　　　　　　　　　　　　 far dcall src

执行过程：非延迟调用

　　　　　(SP) −1→SP

　　　　　(PC)+ 1→TOS

　　　　　(SP) −1→SP

　　　　　(XPC)→TOS

　　　　　(src (15−0))→PC

　　　　　(src (22−16))→XPC

　　　　　延迟调用

　　　　　(SP) −1→SP

　　　　　(PC)+3→TOS

　　　　　(SP) −1→SP

　　　　　(XPC)→TOS

　　　　　(src (15−0))→PC

(src (22-16))→XPC

该指令不影响任何状态位。

功能描述：把源累加器 src 的 22～16 位的值装入 XPC，程序指针 PC 指向 src 的低端 15～0 位所确定的 16 bit 地址。如果是延迟调用，紧接着该调用指令的两条单字指令或一条双字指令从程序存储器中取出先执行。注意，该指令不能循环执行。

例 4.153

FCALAD　B

ANDM　#4444H, *AR1+

	Before Instruction				After Instruction		
B	00	0020	2000	B	00	0020	2000
PC			0025	PC			2000
XPC			7F	XPC			20
SP			1111	SP			110F

Data Memory

1110H	4567	1110H	0028
110FH	4567	110FH	007F

注意：存储器单元的数据和 4444H 相与后，程序继续从 20H 页的 2000H 单元开始执行。

(5) FCALL[D]

语　　法：助记符方式　　　　　　　表达式方式

　　　　　FCALL[D] extpmad　　　far call extpmad

　　　　　　　　　　　　　　　　 far dcall extpmad

执行过程：非延迟调用

　　　　　(SP)-1→SP

　　　　　(PC)+2→TOS

　　　　　(SP)-1→SP

　　　　　(XPC)→TOS

　　　　　(pmad (15-0))→PC

　　　　　(pmad (22-16))→XPC

　　　　　延迟调用

　　　　　(SP)-1→SP

　　　　　(PC)+4→TOS

　　　　　(SP)-1→SP

　　　　　(XPC)→TOS

　　　　　(pmad (15-0))→PC

　　　　　(pmad (22-16))→XPC

该指令不影响任何状态位。

功能描述：程序指针 PC 指向 pmad 的 22～16 位确定的页中 pmad 的 15～0 位所确定的程序

存储器地址。返回地址在 pmad 的低端装入 PC 前被压入堆栈。如果是延迟调用，紧接着调用指令的两条单字指令或一条双字指令从程序存储器中取出先执行。注意，该指令不能循环执行。

例 4.154

FCALL   013333H

	Before Instruction			After Instruction
PC	0025		PC	3333
XPC	00		XPC	01
SP	1111		SP	110F

Data Memory

1110H	4567		1110H	0027
110FH	4567		110FH	0000

3) 中断指令

中断指令共 2 条，如下所示。

(1) INTR

语   法：助记符方式   表达式方式

           INTR   k   int(k)

执行过程：(SP)−1→SP

                (PC)+1→TOS

                K 确定的中断向量→PC

                1→INTM

该指令影响 INTM 和 IFR。

功能描述：让程序指针指向由 K 所确定的中断向量。该指令允许使用用户自己的应用软件执行任何中断服务子程序。在指令开始执行时，PC 加 1 并把它压入栈顶，然后把 K 指定的中断向量装入 PC，执行该中断服务子程序。对中断标志寄存器(IFR)中某位清 0，对应中断就被禁止(当 INTM=1 时)。中断屏蔽寄存器(IMR)不会影响 INTR 指令，且不管 INTM 的值是什么都能执行 INTR 指令。注意，该指令不能循环执行。

例 4.155

INTR   3

	Before Instruction			After Instruction
PC	0025		PC	FFBC
INTM	0		INTM	1
IPTR	01FF		IPTR	01FF
SP	1000		SP	0FFF

Data Memory

0FFFH	9653

0FFFH	0026

(2) TRAP

语　　法：助记符方式　　　　　　　　　　　　表达方式

　　　　　　TRAP　k　　　　　　　　　　　　　trap(k)

执行过程：(SP)−1→SP

　　　　　　(PC)+1→TOS

　　　　　　由 k 指定的中断向量→PC

　　　　　该指令不影响任何状态位。

功能描述：让程序指针 PC 指向由 K 指定的中断向量。该指令允许使用用户的软件来执行
　　　　　任何中断服务子程序。指令执行时，先把 PC+1 压入由 SP 寻址的数据存储器单
　　　　　元。这使得返回指令在执行完中断服务子程序后，能从 SP 所指的单元中找到要
　　　　　执行的下一条指令的地址。该指令是非屏蔽的，不会受 INTM 的影响，它也不
　　　　　会影响 INTM。注意，该指令不能循环执行。

例 4.156

TRAP　10H

Before Instruction

PC	1233
SP	03FF

After Instruction

PC	FFC0
DP	03FE

Data　Memory

03FEH	9653

03FEH	1234

4) 返回指令

返回指令共 6 条，如下所示。

(1) FRET[D]

语　　法：助记符方式　　　　　　　　　　表达式方式

　　　　　　FRET[D]　　　　　　　　　　　　far return

　　　　　　　　　　　　　　　　　　　　　　far dreturn

执行过程：(TOS)→XPC

　　　　　　(SP) + 1→SP

　　　　　　(TOS)→PC

　　　　　　(SP) + 1→SP

　　　　　该指令不影响任何状态位。

功能描述：把栈顶单元的低 7 bit 值装入 XPC；把下一个单元的 16 bit 值装入 PC 中。堆栈
　　　　　指针在每一操作完成后自动加 1。如果是延迟返回，紧接着该指令的两条单字指
　　　　　令或一条双字指令取出先执行。注意，该指令不能循环执行。

例 4.157

FRET

	Before Instruction		After Instruction
PC	2112	PC	1000
XPC	01	XPC	05
SP	0300	SP	0302

Data Memory

0300H	0005	0300H	0005
0301H	1000	0301H	1000

(2) FRETE[D]

语　　法：助记符方式　　　　　　　　　　表达式方式

　　　　　FRETE[D]　　　　　　　　　　far renturn_enable

　　　　　　　　　　　　　　　　　　　far drenturn_enable

执行过程：(TOS)→XPC

　　　　　(SP) + 1→SP

　　　　　(TOS)→PC

　　　　　(SP) + 1→SP

　　　　　0 →INTM

　　　　该指令影响 INTM。

功能描述：把栈顶单元的低 7 bit 值装入 XPC；把紧接着的单元的 16 bit 值装入 PC，并从新
　　　　　的 PC 值指向的单元继续执行。该指令自动清除状态寄存器 ST1 中的中断屏蔽位
　　　　　(INTM)(清除该位就允许中断)。如果是延迟返回，紧接着该指令的两条单字指令取出先执行。注意，该指令不能循环执行。

例 4.158

FRETE

	Before Instruction		After Instruction
PC	2112	PC	0110
XPC	05	XPC	6E
ST1	XCXX	ST1	X4XX
SP	0300	SP	0302

Data Memory

0300H	006E	0300H	006E
0301H	0110	0301H	0110

(3) RC[D]

语　　法：助记符方式　　　　　　　　　表达式方式

RC[D]　cond[,cond[,cond]]　　　if(cond[,cond[,cond]])return

If(cond[,cond[,cond]])dretum

执行过程：if　(cond (s))

Then

(TOS)→PC

(SP)+1→SP

Else

(PC)+1→PC

该指令不影响任何状态位。

功能描述：当满足 cond 所给出的条件时，存放在栈顶的数据存储器值弹入到 PC 中，堆栈
指针 SP 加 1。如果不满足条件，则仅仅执行 PC 加 1 操作。如果是延迟返回，
紧接着该指令的两条单字指令或一条双字指令取出先执行。先执行这两个指令
字不会影响正在被测试的条件。在把程序指针转移指向另一个单元前也可对多
个条件进行测试。所测试的多个条件必须分别处在同一组的不同类中。如在选
择两个条件时，可以同时测试 EQ 和 OV，但不能同时测试 GT 和 NEQ。

例 4.159

RC　AGEQ，ANOV；如果累加器 A 的值为正，且 OVA 等于 0 就返回

	Before Instruction			After Instruction
PC	0807		PC	2002
OVA	0		OVA	0
SP	0308		SP	0309

Data Memory

0308H	2002		0308H	2002

(4) RET[D]

语　　法：助记符方式　　　　表达式方式

RET[D]　　　　　return

dreturn

执行过程：(TOS)→PC

(SP)+1→SP

该指令不影响任何状态位。

功能描述：把栈顶 TOS 单元中的 16 bit 数据弹入到程序指针 PC 中，堆栈指针 SP 加 1。如
果是延迟返回，紧接着该指令的两条单字指令或一条双字指令取出先执行。注
意，该指令不能循环执行。

例 4.160

RET

	Before Instruction		After Instruction
PC	2112	PC	1111
SP	0300	SP	0301

Data Memory

0300H	1111	0300H	1111

(5) RETE[D]

语　　法：助记符方式　　　　　　表达式方式

　　　　　　RETE[D]　　　　　　return_enable

　　　　　　　　　　　　　　　　dreturn_enable

执行过程：(TOS)→PC

　　　　　　(SP)+1→SP

　　　　　　0→INTM

　　　该指令会影响 INTM。

功能描述：把栈顶单元 TOS 中的 16 bit 数据弹入到程序指针 PC 中，且从这个地址继续执行，堆栈指针 SP 加 1。该指令自动对 ST1 中的中断屏蔽位清 0，即允许中断。如果是延迟返回，紧接着该指令的两条单字指令或一条双字指令取出先执行。注意，该指令不能循环执行。

例 4.161

RETE

	Before Instruction		After Instruction
PC	01C3	PC	1111
SP	2001	SP	2002
ST1	XCXX	ST1	X4XX

Data Memory

2001H	1111	2001H	1111

(6) RETF[D]

语　　法：助记符方式　　　　　　表达式方式

　　　　　　RETF[D]　　　　　　return_fast

　　　　　　　　　　　　　　　　dreturn_fast

执行过程：(RTN)→PC

　　　　　　(SP)+1→SP

　　　　　　0→INTM

　　　该指令会影响 INTM。

功能描述：把快速返回寄存器 RTN 中的 16 bit 值装入到程序指针 PC 中。RTN 中保存了中断服务子程序返回的地址，RTN 是在返回时而不是从堆栈中读 PC 时装入到 PC 中去的。然后，SP 执行加 1 操作。该指令自动对 ST1 中的中断屏蔽位 INTM 清 0(清 0 意味着允许中断)。如果是延迟返回，紧接着该指令的两条单字指令或一条双字指令取出先执行。注意，只有在该中断服务子程序执行期间没有调用其他中断子程序时才能使用该指令。

例 4.162

RETF

	Before Instruction		After Instruction
PC	01C3	PC	0110
SP	2001	SP	2002
ST1	XCXX	ST1	X4XX

Data Memory

2001H	0110	2001H	0110

5) 重复指令

重复指令共 3 条，如下所示。

(1) RPT

语　　法：助记符方式　　　　　表达式方式

　　　　① RPT　Smem　　　① repeat (Smem)

　　　　② RPT　# k　　　　② repeat (# k)

　　　　③ RPT　# k　　　　③ RPT　# 1k

执行过程：① (Smem)→RC

　　　　② k→RC

　　　　③ 1k→RC

该指令不影响任何状态位。

功能描述：当指令执行时，首先把循环的次数装入循环计数器(RC)。循环的次数(n)由一个 16 bit 单数据存储器操作数 Smem 或一个 8 bit 或 16 bit 常数 k 或 1k 给定。这样，紧接着的下一条指令会循环执行 n+1 次。RC 在执行减 1 操作时不能被访问。注意，该指令不能循环执行，即不能套用循环。

例 4.163

RPT　DAT127；　　　DAT127 等于 0FFFH

	Before Instruction		After Instruction
RC	0	RC	000C
DP	031	DP	031

Data Memory

0FFFH	000C	0FFFH	000C

例 4.164

RPT   #1111h   ;下一条指令循环执行 4370 次。

	Before Instruction			After Instruction
RC	0		RC	1111

(2) RPTB[D]

语　　法：助记符方式　　　　　　　表达式方式

　　　　　　RPTB[D]   pmad　　　　blockrepeat (pmad)
　　　　　　　　　　　　　　　　　dblockrepeat (pmad)

执行过程：1→BRAF

　　　　　if   (delayed)

　　　　　Then

　　　　　　　(PC) + 4→RSA

　　　　　Else

　　　　　　　(PC) + 2→RSA

　　　　　pmad→REA

该指令会影响 BRAF。

功能描述：循环执行一指令块，循环的次数由存储器映射的块循环计数器(BRC)确定。BRC
　　　　　必须在指令执行之前被装入值。程序执行时，块循环起始地址寄存器(RSA)中装
　　　　　入 PC+2(如果是采用了延迟就是 PC+4)；块循环尾地址寄存器(REA)中装入程序
　　　　　存储器地址(pmad)。该指令执行时是可以被中断的。单指令循环也属于这块循环。
　　　　　为了套用该指令，你必须保证以下几点：
　　　　　BRC、RSA 和 REB 寄存器必须作适当的保存；
　　　　　块循环有效标志，BRAF 要适当的设置。
　　　　　在带延迟的块循环中，紧接着该指令的两条单字指令和一条双字指令被取出先
　　　　　执行。

注意：块循环可以通过对 BRAF 位清 0 来禁止。该指令不能循环执行，即不能套用循环。

例 4.165

ST   #99，BRC

RPTB   end_block-1

　　　　;end_block=Bottom of Block

	Before Instruction			After Instruction
PC	1000		PC	1001
BRC	1234		BRC	0063
RSA	5678		RSA	1002
REA	9ABC		REA	9ABC

例 4.166

ST　#99，BRC

RPTBD　end_block−1

MCDM　POINTER，AR1　　；初始化指针，end_block 为块底部

	Before Instruction		After Instruction
BRC	1234	BRC	0063
RSA	5678	RSA	1004
REA	9ABC	REA	9ABC

(3) RPTZ

语　　法：助记符方式　　　　　　表达式方式

　　　　RPTZ　dst, # 1k　　　repeat (# 1k),dst=0

执行过程：0→dst

　　　　1k→RC

该指令不会影响任何状态位。

功能描述：对目的累加器 dst 清 0，循环执行下一条指令 n+1 次。其中的 n 是循环计数器(RC)
　　　　中的值。RC 的值是一个 16 dit 常数 1k。该指令代码占两个字。

例 4.167

RPTZ　A，1023　　　　　；下一条指令重复执行 1024 次。

STL　A，*AR2+

	Before Instruction		After Instruction
A	0F FE00 8000	A	00 0000 0000
RC	0000	RC	03FF

6) 堆栈指令

堆栈处理指令共 5 条，如下所示。

(1) FRAME

语　　法：助记符方式　　　　　　　　表达式方式

　　　　FRAME　k　　　　　　　　SP = SP + k

　　　　　　　　　　　　　　　　SP += k

执行过程：(SP) + k→SP

该指令不影响任何状态位。

功能描述：把一短立即数偏移 k 加到 SP 中。在编译方式 (CPL=1) 下的地址产生或紧接着
　　　　该指令的下一条指令做堆栈处理都不会产生等待。

例 4.168

FRAME　10H

Before Instruction

After Instruction

SP	1000	

SP	1010	

(2) POPD

语　　法：助记符方式　　　　　　表达式方式

POPD Smem　　　　　　Smem=pop( )

执行过程：(TOS)→Smem

(SP)+1→SP

该指令不影响任何状态位。

功能描述：把由 SP 寻址的数据存储器单元的内容转移到由 Smem 确定的数据存储器单元中。

然后 SP 执行加 1 操作。

例 4.169

POPD　DAT10

Before Instruction

After Instruction

DP	008
SP	0300

DP	008
SP	0301

Data　Memory

0300H	0088
040AH	0055

0300H	0088
	0088

(3) POPM

语　　法：助记符方式　　　　　　　表达式方式

POPM　MMR　　　　　　MMR=pop( )

mmr(MMR)=pop( )

执行过程：(TOS)→MMR

(SP)+1→SP

该指令不会影响任何状态位。

功能描述：把由 SP 寻址的数据存储器单元的内容转移到指定的存储器映射寄存器 MMR 中。

然后 SP 执行加 1 操作。

例 4.170

POPM　AR5

Before Instruction

After Instruction

AR5	0055
SP	03F0

AR5	0066
SP	03F1

Data Memory

03F0H	0066	03F0H	0066

(4) PSHD

语　　法：助记符方式　　　　　　　表达式方式

　　　　　　PSHD　Smem　　　　　　push(Smem)

执行过程：(SP)-1→SP

　　　　　(Smem)→TOS

　　该指令不影响任何状态位。

功能描述：SP 执行减 1 操作后，把存储器单元 Smem 的内容压入堆栈指针 SP 指向的数据
　　　　　存储器单元中去。在译码阶段输出 SP，并在访问阶段对它进行存储。该指令代
　　　　　码占一个字，但当 Smem 采用长偏移间接寻址或绝对寻址方式时就会多占一
　　　　　个字。

例 4.171

PSHD　*AR3+

	Before Instruction		After Instruction
AR3	0200	AR3	0201
SP	8000	SP	7FFF

Data　Memory

0200H	07FF	0200H	07FF
7FFFH	0092	7FFFH	07FF

(5) PSHM

语　　法：助记符方式　　　　　　　表达式方式

　　　　　　PSHM　MMR　　　　　　push (MMR)

　　　　　　　　　　　　　　　　　push (mmr (MMR))

执行过程：(SP)-1→SP

　　　　　(MMR)→TOS

　　该指令不影响任何状态位。

功能描述：堆栈指针 SP 执行减 1 操作后，把存储器映射寄存器 MMR 中的内容压入到 SP
　　　　　所指的数据存储器单元中去。

例 4.172

PSHM　BRC

	Before Instruction		After Instruction
BRC	1111	BRC	1111
SP	2000	SP	1FFF

Data Memory

1FFFH	07FF	1FFFH	1111

7) 混合程序控制指令

混合程序控制指令的双减号共 7 条，如下所示。

(1) IDLE

语　　法：助记符方式　　　　　　　　　　　表达式方式

　　　　　IDLE　k　　　　　　　　　　　　　idle(k)

执行过程：(PC)+ 1→PC

　　　　该指令受 INTM 的影响。

功能描述：强迫程序执行等待操作直到产生非屏蔽中断或复位操作。PC 执行加 1 操作，芯片保持空闲状态(下拉方式)直到被中断。即使是 INTM=1，只要有一个非屏蔽中断出现，系统就退出空闲状态。如果 INTM=1，程序继续执行紧接着 idle 的指令。如果 INTM=0，则程序转移到相应的中断服务子程序。中断是通过中断屏蔽寄存器(IMR)使能，而不管 INTM 的值。k 的值决定了能让系统从空闲状态中解放出来的中断类型：

k=1　诸如定时器和串口等外围设备在 idle 状态时仍有效。外围中断同复位操作以及外部中断一样能使处理器从空闲方式中解放出来。

k=2　诸如定时器和串口等外围设备在空闲状态时无效。复位和外部中断能使处理器从空闲方式中解放出来。因为在正常的设备操作条件下，中断在空闲方式中没被锁定，所以它必须持续保持低脉冲多个周期才被响应。

k=3　诸如定时器和串口等外围设备处于无效状态，锁相环 PLL 被停止。复位和外部中断能把处理器从 idle 方式中解放出来。因为在正常的设备操作条件下，中断在空闲方式中没被锁定，所以它必须持续保持低脉冲多个周期才被响应。

注意：该指令不能循环执行。

例 4.173

IDLE　1

处理器保持空闲状态直到产生一个复位或非屏蔽中断。

例 4.174

IDLE　2

处理器保持空闲状态直到产生一个复位或外部非屏蔽中断。

例 4.175

IDLE　3

处理器保持空闲状态直到产生一个复位或外部非屏蔽中断。

(2) MAR

语　　法：助记符方式　　　　　　　　　　　　　　表达式方式

MAR　Smem　　　　　　　　　　　　　　　　mar(Smem)

执行过程：在间接寻址方式中，辅助寄存器的值按如下规则修改。

　　　　　如果是兼容方式(CMPT=1)，那么，ARx=AR0，如果修改 AR(ARP)，则 ARP 保持不变。否则，修改 ARx；x →ARP。则在非兼容方式下(CMPT=0)，修改 ARx，ARP 不变。

　　　　该指令受 CMPT 影响。当 CMPT=1 时，该指令影响 ARP。

功能描述：修改由 Smem 所确定的辅助寄存器的内容。在兼容方式下(CMPT=1)，指令会修改 ARx 的内容以及辅助寄存器指针(ARP)的值。在非兼容方式下(CMPT=0)，指令只修改辅助寄存器的值，而不改变 ARP。该指令代码占一个字，但当 Smem 采用长偏移间接寻址或绝对寻址方式时就会多占一个字。

例 4.176

MAR　*AR3+

	Before Instruction		After Instruction
CMPT	0	CMPT	0
ARP	0	ARP	0
AR3	0100	AR3	0101

(3) NOP

语　　法：助记符方式　　　　　表达式方式
　　　　　NOP　　　　　　　　　nop

执行过程：不执行任何操作。

　　　　该指令不影响任何状态位。

功能描述：该指令除了 PC 执行加 1 操作以外不执行任何操作。这在建立流水和执行延迟方面比较有用。

例 4.177

NOP

　　不执行任何操作。

(4) RESET

语　　法：助记符方式　　　　　表达式方式
　　　　　RESET　　　　　　　　reset

执行过程：PMST、ST0 和 ST1 的各域将被赋值，具体情况如下。

(IPTR)<<7→PC	0→OVA	0→OV
1→C	1→TC	0→ARP
0→DP	1→SXM	0→ASM
0→BRAF	0→HM	1→XF
0→C16	0→FRCT	0→CMPT

0→CPL	1→INTM	0→IFR
0→OVM		

该指令会影响的状态位就是上面列出的这些。

功能描述：该指令实现了一个非屏蔽的软件复位，其在任何时候都能使用，以使 C54x DSP 处于可知状态。当执行这个复位指令时，就会给上面所列的状态位赋值。MP/MC 引脚在软件复位期间不被取样。IPTR 和外围寄存器的初始化与使用 RS 的初始化有所不同。该指令不受 INTM 的影响，但它对 INTM 置位以禁止中断。注意：该指令不能循环执行。

例 4.178

RESET

<table>
<tr><td colspan="2" align="center">Before Instruction</td><td colspan="2" align="center">After Instruction</td></tr>
<tr><td>PC</td><td align="right">0025</td><td>PC</td><td align="right">0080</td></tr>
<tr><td>INTM</td><td align="right">0</td><td>INTM</td><td align="right">1</td></tr>
<tr><td>IPTR</td><td align="right">1</td><td>IPTR</td><td align="right">1</td></tr>
</table>

(5) RSBX

语 法：	助记符方式	表达式方式
	RSBX N, SBIT	SBIT=0
		ST (N, SBIT)=0

执行过程：0→STN(SBIT)

该指令不影响任何状态位。

功能描述：对状态寄存器 ST0 和 ST1 的特定位清 0。N 指明了被修改的状态寄存器，SBIT 确定了被修改的位。可直接用状态寄存器中的一个域名作为操作数，而不用 N 和 SBIT。注意，该指令不能循环执行。

例 4.179

RSBX   SXM   ; SXM 的意思是：n=1，SBIT=8

<table>
<tr><td colspan="2" align="center">Before Instruction</td><td colspan="2" align="center">After Instruction</td></tr>
<tr><td>ST1</td><td align="right">35CC</td><td>ST1</td><td align="right">34CC</td></tr>
</table>

例 4.180

RSBX   1，8

<table>
<tr><td colspan="2" align="center">Before Instruction</td><td colspan="2" align="center">After Instruction</td></tr>
<tr><td>ST1</td><td align="right">35CD</td><td>ST1</td><td align="right">34CD</td></tr>
</table>

(6) SSBX

语   法：助记符方式   表达式方式

SSBX　N，SBIT　　　　　　　SBIT = 1

　　　　　　　　　　　　　　　ST(N，SBIT)= 1

执行过程：1→STN(SBIT)

　　该指令不影响任何状态位。

功能描述：状态寄存器 ST0 或 ST1 的指定位置为 1。N 指定了所修改的状态寄存器，SBIT

　　　　　指定了被修改的位，状态寄存器中的域名能够用来代替 N 和 SBIT 作为操作数。

例 4.181

SSBX　SXM　　　　　　；SXM 意味着 N=1，SBIT=8

Before Instruction　　　　　　　　　After Instruction

ST1　| 3456 |　　　　　　ST1　| 3556 |

　　(7) XC

语　　法：助记符方式　　　　　　　表达式方式

　　　　　XC n，cond[，cond[，cond]]　　if (cond[,cond[,cond]]) execute(n)

执行过程：if　(cond)

　　　　　Then

　　　　　　　执行接着的 n 条指令。

　　　　　Else

　　　　　　　接下来的指令执行 nop 操作。

　　该指令不影响任何状态位。

功能描述：该指令的执行是由 n 的值和所选择的条件决定的。

　　　　　如果 n=1 且满足条件，就执行紧接着该指令的一条单字指令；

　　　　　如果 n=2 且满足条件，就执行紧接着该指令的一条双字或两条单字指令；

　　　　　如果不满足条件，就执行 nop 操作，执行的次数由 n 值决定。

　　　　　该指令和紧接着的两个指令字执行时是不能中断的。注意，被测试的条件在指

　　　　　令执行之前的两个周期被采样，因此，如果该指令前的两条单字指令或一条双

　　　　　字指令修改了条件是不会影响该指令的执行的。

例 4.182

XC　1，ALEQ

MAR　*AR1+

ADD A ,DAT100

Before Instruction　　　　　　　　　After Instruction

A　| FF　FFFF　FFFF |　　　A　| FF　FFFF　FFFF |

AR1　| 1000 |　　　　　　AR1　| 1001 |

　　如果累加器的值小于或等于 0，加法指令执行之前修改 AR1。

5. 并行操作

C54x DSP 有一些指令充分发挥了流水线及硬件乘法器等并行硬件操作优势，可以进行单指令实现的存储或装载数据、算术运算或数据传输、逻辑运算或数据传输的并行操作。这种指令的数据传输与各种运算同时进行，充分利用了 C54x DSP 的流水线特性，代码和时间效率高。但这类指令的前后指令应注意流水线冲突问题。这些指令分别叙述如下。

1) 并行装载和存储指令

并行装载和存储指令共 1 条，如下所示。

(1) ST ‖ LD

语　　法：助记符方式

   ① ST　src，Ymem

    ‖ LD　Xmem，dst

   ② ST　src，Ymem

    ‖ LD　Xmem，T

表达式方式

① Ymem = hi(src)[<< ASM]

 ‖ dst = Xmem<<16

② Ymem = hi(src)[<< ASM]

 ‖ T = Xmem

执行过程：① (src)<<(ASM-16)→Ymem

    (Xmem)<< 16 →dst

   ② (src)<<(ASM-16)→Ymem

    (Xmem)→T

功能描述：源累加器 src 移动由(ASM-16)所决定的位数，然后把移位后的值存放到数据存储器单元 Ymem 中；同时并行执行，把 16 bit 双数据存储器操作数 Xmem 装入目的累加器 dst 或 T 寄存器中。如果 src 等于 dst，存入到 Ymem 中的值是该操作执行之前的 src 的值。

例 4.183

```
ST  B，*AR2-
‖LD  *AR4+，A
```

	Before Instruction		After Instruction
A	00　0	A	FF　8000　1000
B	FF　8765　4321	B	FF　8765　4321
	1	SXM	1
ASM	1C	ASM	1C
	01FF	AR2	01FE
AR4	0200	AR4	0201

Data　Memory

01FFH	XXXX	01FFH	F876
0200H	8000	0200H	8000

2) 并行存储和加/减法指令

并行存储和加/减法指令有 2 条，如下所示。

(1) ST ‖ ADD

语　　法：助记符方式

　　　　　ST　src，Ymem

　　　　　　‖ADD　Xmem，dst

执行过程：(src)<<(ASM-16)→Ymem

　　　　　(dst_)+(Xmem)<< 16→dst

表达式方式

Ymem = hi(src)[<< ASM]

　‖ dst = dst_+Xmem<<16

该指令受 OVM、SXM 和 ASM 的影响，并能影响 C 和 OVdst。

功能描述：源累加器 src 移动由(ASM-16)所决定的位数，然后存放到数据存储器单元 Ymem 中；同时并行执行，dst_ 的内容与左移 16 bit 后的数据存储器操作数 Xmem 相加，结果存放在 dst 中。如果 src 等于 dst，那么存放到 Ymem 中的值是该操作执行之前的 src 的值。

例 4.184

```
ST   A,   *AR3+
‖ADD  *AR5+0%,  B
```

	Before Instruction		
A	FF	8421	1000
B	00	0000	1111
OVM			0
SXM			1
ASM			1
AR0			0002
AR3			0200
AR5			0300

	After Instruction		
A	FF	8421	1000
B	FF	8422	1000
OVM			0
SXM			1
ASM			1
AR0			0002
AR3			0201
AR5			0302

Data　Memory

0200H		0101
0300H		8001

0200H		0842
0300H		8001

(2) ST ‖ SUB

语　　法：助记符方式

　　　　　ST　src，Ymem

　　　　　　‖ SUB　Xmem，dst

执行过程：(src(31-16))<<(ASM-16)→Ymem

表达式方式

Ymem = hi(src)[<< ASM]

　‖ dst = Xmem << 16-dst_

(Xmem)<< 16- (dst_)→dst

该指令受 OVM、SXM 和 ASM 的影响，并能影响 C 和 OVdst。

功能描述：源累加器 src 移动由(ASM-16)所决定的位数，然后移位寄存器的值存放到数据存储器单元 Ymem 中；同时并行执行，从左移了 16 bit 的双数据存储器操作数 Xmem 中减去 dst_的值，并把结果存放在 dst 中，如果 src 等于 dst，存入 Ymem 中的值为该操作执行之前的 src 的值。

例 4.185

```
ST   A，*AR3-
‖SUB  *AR5+0%，B
```

	Before Instruction			After Instruction
A	FF 8765 0000	A	FF 8765 0000
B	00 1000 0001	B	FF F89B 0000
ASM	01	ASM	01
SXM	1	SXM	1
AR0	0002	AR0	0002
AR3	01FF	AR3	01FE
AR5	0300	AR5	0302

Data   Memory

01FFH	1111	01FFH	0ECA
0300H	8000	0300H	8000

3) 并行存储和乘法指令

并行存储和乘法指令共 5 条，如下所示。

(1) LD ‖ MAC[R]

语　　法：助记符方式　　　　　　　　表达式方式

      LD Xmem，dst　　　　　　　dst = Xmem

      ‖ MAC[R] Ymem [，dst_]　　‖ dst_= [rnd](dst_ +T*Ymem)

执行过程：(Xmem)<< 16→dst(31-16)

      if(Rounding)

            Round(((Ymem)×(T))+(dst_))→dst_

      Else

            ((Ymem)×(T))+(dst_)→dst_

该指令受 SXM、FRCT 和 OVM 的影响，并能影响 OVdst。

功能描述：16 bit 双数据存储器操作数 Xmem 左移 16 bit 后装入目的累加器 dst 的高端(32～16 位)。同时并行执行双数据存储器操作数 Ymem 与 T 寄存器的值相乘，再把乘积加到 dst_ 中的操作。如果你使用了 R 后缀，可以对乘积和累加操作的结果凑整，再存在 dst_ 中。凑整的方法是给该值加上 2^{15}，然后把结果的低端(15～0 位)清 0。

例 4.186

```
LD    *AR4+，A
||MACR  *AR5+，B
```

	Before Instruction				After Instruction		
A	00	0000	1000	A	00	1234	0000
B	00	0000	1111	B	00	010D	0000
T			0400	T			0400
FRCT			0	FRCT			0
AR4			0100	AR4			0101
AR5			0200	AR5			0201

Data Memory

0100H	1234	0100H	1234
0200H	4321	0200H	4321

(2) LD ‖ MAS[R]

语　　法：助记符方式　　　　　　　　表达式方式

　　　　　 LD　Xmem，dst　　　　　 dst = Xmem [<<16]

　　　　　 ‖ MAS[R]　Ymem [，dst_]　 ‖ dst_= [rnd](dst_-T*Ymem)

执行过程：(Xmem)<< 16　→dst(31-16)

　　　　　 if(Rounding)

　　　　　　　 Round((dst_)-((T)×(Ymem)))→dst_

　　　　　 Else

　　　　　　　 (dst_)- ((T)×(Ymem))→dst_

该指令受 SXM、FRCT 和 OVM 的影响，并能影响 Ｏ Ｖ dst_。

功能描述：16 bit 双数据存储器操作数 Xmem 左移 16 bit 后装入目的累加器 dst 的高端(31～16 位)。同时并行执行双数据存储器操作数 Ymem 与 T 寄存器的值相乘，再与 dst_相减，最后把结果存放在 dst_ 的操作。如果你使用了 R 后缀，指令会对乘和减法运算的结果进行凑整，即结果加上 2^{15}，然后对低端(15～0 位)清 0，再把新的结果存放在 dst_ 中。

例 4.187

```
LD    *AR4+，A
||MAS  *AR5+，B
```

	Before Instruction		After Instruction
A	00 0000 1000	A	00 1111 0000
B	00 0000 1111	B	FF FF33 4511
T	0400	T	0400
FRCT	0	FRCT	0
AR4	0100	AR4	0101
AR5	0200	AR5	0201

Data Memory

0100H	1111	0100H	1111
0200H	3333	0200H	3333

例 4.188

LD   *AR4+，A
‖MASR   *AR5+，B

	Before Instruction		After Instruction
A	00 0000 1000	A	00 1234 0000
B	00 0000 1111	B	FF FEF4 0000
T	0400	T	0400
FRCT	0	FRCT	0
AR4	0100	AR4	0101
AR5	0200	AR5	0201

Data Memory

0100H	1234	0100H	1234
0200H	4321	0200H	4321

(3) ST ‖ MAC[R]

语　法：助记符方式　　　　　　　　　表达式方式

ST   src，Ymem　　　　　　　Ymem = hi(src)[<<ASM]

‖ MAC[R]   Xmem，dst　　　‖ dst = dst + T * Xmem

　　　　　　　　　　　　　　　Ymem = hi(src)[<<ASM]

　　　　　　　　　　　　　　　‖ dst + = T * Xmem

　　　　　　　　　　　　　　　Ymem = hi(src)[<<ASM]

　　　　　　　　　　　　　　　‖ dst = rnd(dst + T * Xmem)

执行过程：(src<<(ASM-16))→Ymem

　　　　　if (Rounding)

　　　　　Then

　　　　　　　Round((Xmem)×(T)+(dst))→dst

　　　　　Else

　　　　　　　(Xmem)×(T)+(dst)→dst

　　　该指令受 OVM、SXM、ASM 和 FRCT 的影响，并能影响 C 和 OVdst。

功能描述：源累加器 src 移动由(ASM-16)所决定的位数，然后把移位后的值存放到数据存储器单元 Ymem 中；同时并行执行，T 寄存器的值与数据存储器操作数 Xmem 相乘，乘积与目的累加器 dst 相加(可以带凑整运算)，结果存放在 dst 中。如果 src 等于 dst，存入 Ymem 中的值是该操作执行之前的 src 的值。如果你使用了 R 后缀，就会对结果进行凑整：加上 2^{15} 再对低端(15～0 位)清 0。

例 4.189

```
ST    A，*AR4-
‖MAC  *AR5，B
```

	Before Instruction		After Instruction
A	00　0011　1111	A	00　0011　1111
B	00　0000　1111	B	00　010C　9511
T	0400	T	0400
ASM	5	ASM	5
FRCT	0	FRCT	0
AR4	0100	AR4	00FF
AR5	0200	AR5	0200

Data　Memory

100H	1234	100H	0222
200H	4321	200H	4321

　　　(4) ST ‖ MAS[A]

语　　法：助记符方式　　　　　　　　　　　表达式方式

　　　　　ST　src，Ymem　　　　　　　　Ymem = hi(src)[<<ASM]

　　　　　‖ MAS[R]　Xmem，dst　　　　　‖ dst = dst-T * Xmem

　　　　　　　　　　　　　　　　　　　　Ymem = hi(src)[<<ASM]

　　　　　　　　　　　　　　　　　　　　‖ dst- = T * Xmem

　　　　　　　　　　　　　　　　　　　　Ymem = hi(src)[<<ASM]

　　　　　　　　　　　　　　　　　　　　‖ dst = rnd(ds-T * Xmem)

执行过程：(src<<(ASM-16))→Ymem

if (Rounding)

Then

    Round((dst)− (Xmem)×(T))→dst

Else

    (dsr)−(Xmem)×(T)→dst

该指令受 OVM、SXM、ASM 和 FRCT 的影响，并能影响 C 和 OVdst。

功能描述：源累加器 src 移动由(ASM−16)所决定的位数，然后把移位后的值存放到数据存储器单元 Ymem 中；同时并行执行，T 寄存器的值与数据存储器操作数 Xmem 相乘，乘积与目的累加器 dst 相减(可以带凑整运算)，结果存放在 dst 中。如果 src 等于 dst，存入 Ymem 中的值是该操作执行之前的 src 的值。如果你使用了 R 后缀，就会对结果进行凑整：加上 2^{15} 再对低端(15~0 位)清 0。

例 4.190

ST A，*AR4+

‖MAC *AR5+，B

	Before Instruction		After Instruction
A	00 0011 1111	A	00 0011 1111
B	00 0000 1111	B	FF FEF4 0000
T	0400	T	0400
ASM	0011	ASM	0001
FRCT	0	FRCT	0
AR4	0100	AR4	0101
AR5	0200	AR5	0201

Data   Memory

0100H	1234	0100H	0022
0200H	4321	0200H	4321

(5) ST ‖ MPY

语   法：助记符方式   表达式方式

        ST src，Ymem   Ymem = hi(src)[<< ASM]

          ‖ MPY Xmem，dst   ‖ dst = T*Xmem

执行过程：((src)<<(ASM−16))→Ymem

         (T)×(Xmem)→dst

该指令受 OVM、SXM、ASM 和 FRCT 的影响，并能影响 C 和 Ovdst。

功能描述：源累加器 src 移动由(ASM−16)所决定的位数，然后移位寄存器的值存放到数据存储器单元 Ymem 中；同时并行执行，T 寄存器的值与 16 bit 双数据存储器操作数 Xmem 相乘，乘积存放在 dst 中，如果 src 等于 dst，存入 Ymem 中的值为该操作执行之前的 src 的值。

例 4.191

```
ST   A，*AR3+
||MAY  *AR5+，B
```

	Before Instruction
	FF 9765
B	XX XXX XXX
T	4000
ASM	00
FRCT	1
AR3	0200
AR5	0300

	After Instruction
A	FF 8765 4321
B	00 2000 0000
T	4000
ASM	00
FRCT	1
AR3	0201
AR5	0301

Data memory

	Before			After
0200H	1111		0200H	8765
0300H	4000		0300H	4000

4.2.3　寻址方式

C54x DSP 的寻址方式分为数据寻址和程序寻址两种。

1. 数据寻址

C54x DSP 提供了 7 种基本的数据寻址方式：

● 立即数寻址　操作数是一个立即数，包含在指令中；

● 绝对寻址　指令中有一个固定的地址，即使用 16 位的地址寻址单元；

● 累加器寻址　把累加器内的内容作为地址去访问程序存储器的一个单元；

● 直接寻址　指令中的 7 bit 是一个数据页内的偏移地址，而所在的数据页则由数据页指针 DP 或 SP 决定，该偏移值加上 DP 和 SP 的值决定了在数据存储器中的实际地址；

● 间接寻址　按照辅助寄存器中的地址访问存储器；

● 存储器映射寄存器寻址　通过寻址存储器映射寄存器实现寻址；

● 堆栈寻址　把数据压入和弹出系统堆栈。

以下对这几种寻址方式作进一步说明。

1) 立即数寻址

在立即数寻址中，指令里包括了立即操作数。在一条指令中可对两种立即数编码。一种是短立即数(3、5、8 或 9 bit)，另一种是 16 bit 的长立即数。立即数可包含在单字或双字指令中。在一条指令中，立即数的长度是由所使用的指令的类型决定的。表 4.7 列出了可包含立即数的各条指令，并指出了指令中立即数的比特数。

表 4.7　支持立即数寻址的指令

3 bit 和 5 bit 立即数	8 bit 立即数	9 bit 立即数	16 bit 立即数	
LD	FRAME LD RPT	LD	ADD ADDM AND ANDM BITF CMPM LD MAC OR	ORM RPT RPTZ ST STM SUB XOR XORM

在立即数寻址方式的指令中，应在数值或符号前面加一个"＃"号来表示一个立即数，否则就会被认为是一个地址。例如：把立即数 80H 装入累加器 A，其正确的指令为：

　　LD　＃80H,A

如果漏掉了"＃"号，指令 LD 80H,A 就变成了把地址 80H 单元中的数装到累加器 A 中去。

2) 绝对寻址

C54x DSP 提供了四种类型的绝对寻址。

(1) 数据存储器地址(dmad)寻址：

　　MVDK　Smem，dmad

　　MVDM　dmad，MMR

　　MVKD　dmad，Smem

　　MVMD　MMR，dmad

(2) 程序存储器地址(pmad)寻址：

　　FIRS　　Xmem，Ymem，pmad

　　MACD　Smem，pmad，src

　　MACP　Smem，pmad，src

　　MVDP　Smem，pmad

　　MVPD　pmad，Smem

(3) 端口地址(PA)寻址：

　　PORTR　PA，Smem

　　PORTW　Smem，PA

(4) *(lk)寻址，适用于所有支持单数据存储器操作数的指令。

由于绝对地址为 16 位，因此包含有绝对地址寻址的指令至少有两个字长。

3) 累加器寻址

累加器寻址是用累加器中的数作为一个地址来访问程序存储器。共有两条专门指令可以采用累加器寻址：

READA　　　Smem

WRITA　　　Smem

READA 是把累加器 A 所确定的程序存储器单元中的一个字，传送到单数据存储器 (Smem)操作数所确定的数据存储器单元中。WRITA 是把 Smem 操作数所确定的数据单元中的一个字，传送到累加器 A 所确定的程序存储器单元中去。

4) 直接寻址

在直接寻址中，指令代码包含了数据存储器地址的低七位。这 7 bit dmad 作为偏移地址与数据页指针(DP)或堆栈指针(SP)相结合共同形成的 16 bit 数据存储器的实际地址。虽然直接寻址不是偏移寻址的惟一方式，但这种方式的优点是每条指令代码只有一个字。直接寻址的语法是用一个符号或一个常数来确定偏移值。

DP 或 SP 都可以与 dmad 偏移相结合来产生实际地址。位于状态寄存器 ST1 中的编译方式位(CPL)决定选择采用哪种方式来产生实际地址。

CPL=0 时，dmad 域与 9 bit 的 DP 域相结合形成 16 bit 的数据存储器地址；

CPL=1 时，dmad 域加上(正偏移)SP 的值形成 16 bit 的数据存储器地址。

(1) 基于 DP 的直接寻址　在以 DP 为基地址的直接寻址中，指令寄存器中 7 bit 的 dmad 与 9 bit 的 DP 连接一起形成实际地址。图 4.1 给出了这两个值是怎样组成数据地址的。

15	14	13	12	11	10	9	8	7	6	5	4	3	2	1	0
来自 DP 的值								来自 IR 的值							

图 4.1　以 DP 为基地址的直接寻址

因为 DP 值的范围是 0～511(2^9-1)，所以以 DP 为基准的直接寻址把存储器分成 512 页。7 bit 的 dmad 范围为 0～127，所以每页有 128 个可访问的单元，即 DP 指向 512 页中的一页，而 dmad 指向该页中的特定单元。访问第 1 页的单元 0 和访问第 2 页的单元 0 的惟一区别是 DP 的值变了。DP 的值可由 LD 指令装入。RESET 指令将 DP 赋为 0。注意，数据页指针不能用上电进行初始化，因为在上电后它处于不定状态。所以，没有初始化数据页指针的程序就可能工作不正常。

直接寻址的指令书写格式为在变量前加一个@，或者用一个 dmad 来设定偏移地址。下面举例说明：

```
LD    #3, DP        ; 设置当前页面为 3
LD    @x, A         ; 将 x 值加载到累加器 A
LD    #4, DP        ; 设置当前页面为 4，y 所在的页面
ADD   @y, A         ; 将 y 值加到累加器 A
```

(2) 基于 SP 的直接寻址　在以 SP 为基地址的直接寻址中。指令寄存器中的 7 bit dmad 作为一个偏移与 SP 相加得到有效的 16 bit 数据存储器地址。图 4.2 给出了这两个值是怎样形成实际地址的。

SP 可指向存储器中的任意一个地址。dmad 可指向当前页中一个明确的单元，从而允许访问存储器的任意基地址中的连续 128 个字。

15	14	13	12	11	10	9	8	7	6	5	4	3	2	1	0
来自 SP 的值															

	15	14	13	12	11	10	9	8	7	6	5	4	3	2	1	0
+	0	0	0	0	0	0	0	0	0	来自 IR 的值(dmad)					

15	14	13	12	11	10	9	8	7	6	5	4	3	2	1	0
有效的存储器地址															

图 4.2　以 SP 为基地址的直接寻址

5) 间接寻址

在间接寻址方式中，64K 字的数据空间任意单元都可以通过一个辅助寄存器中的内容所代表的 16 位地址进行访问。C54x DSP 有 8 个 16 位辅助寄存器(AR0～AR7)。当指令以间接方式寻址时，辅助寄存器和地址可以分别进行增量、减量、偏移或变址的修改，还可以提供循环和位反转寻址(或称位反向寻址)。AR0 还能够用于指数寻址和位反转寻址中。两个辅助寄存器算术单元 ARAU0 和 ARAU1 对辅助寄存器的内容进行操作，完成无符号 16 位的算术运算。

间接寻址是一种很灵活的寻址方式，不但可以在单条指令中从数据存储器读或写一个 16 位的数据操作数(单操作数寻址)，还能在单条指令中访问两个数据存储器单元(双操作数寻址)，包括从两个不同的数据存储器单元读数据，读并写两个连续的存储器单元，或者读一个存储器单元同时写另一个存储器单元。

(1) 单操作数间接寻址　这种方式可以通过在指令中修改辅助寄存器来改变寻址单元，具体的修改方式有：地址加 1 或减 1，加 16 位偏移量，用 AR0 值作为偏移量等。这些地址修改可以在地址访问之前或者之后进行。加上不修改地址的情况，一共可以形成 16 种寻址方式。表 4.8 列出了单操作数间接寻址的句法以及每一种句法的功能。

表 4.8　单操作数间接寻址类型

句　法	功　能	说　明
*ARx	addr=ARx	以 ARx 内容为地址，ARx 内容不变①
*ARx-	addr=ARx ARx=ARx-1	以 ARx 内容为地址，访问后 ARx 减 1①
*ARx+	addr=ARx ARx=ARx+1	以 ARx 内容为地址，访问后 ARx 增 1①②③
*+ARx	addr=ARx+1 ARx=ARx+1	ARx 内容先增 1,再寻址
*ARx-0B	addr=ARx ARx=B(Arx-AR0)	寻址后，ARx 内容按位反序减去 AR0 的内容
*ARx-0	addr=Arx ARx=Arx-AR0	寻址后，ARx 内容减去 AR0 的内容

续表

句法	功能	说明
*ARx+0	addr=ARx ARx=ARx+AR0	寻址后，ARx 内容加上 AR0 的内容
*ARx+0B	addr=ARx ARx= B(ARx+AR0)	寻址后，ARx 内容按位反序加上 AR0 的内容
*ARx-%	addr=ARx ARx=circ(ARx-1)	寻址后，ARx 内容按循环寻址方式减 1[①]
*ARx-0%	addr=ARx ARx= circ(ARx-AR0)	寻址后，ARx 内容按循环寻址方式减 AR0 的内容
*ARx+%	addr=ARx ARx=circ(ARx+1)	寻址后，ARx 内容按循环寻址方式加 1
*ARx+0%	addr=ARx ARx=circ(ARx+AR0)	寻址后，ARx 内容按循环寻址方式加上 AR0 的内容
*ARx(1k)	addr=ARx+1k ARx=ARx	以 16 位符号数 1k 和 ARx 之和作地址去寻址，但 ARx 仍维持原值
*+ARx(1k)	addr=ARx+1k ARx=ARx+1k	将 16 位符号数 1k 加 ARx，再以 ARx 内容寻址[②]
*+ARx(1k)%	addr= circ(ARx+1k) ARx= circ(ARx+1k)	将 16 位符号数按循环寻址方式加到 ARx 中，再以 ARx 内容寻址[②]
*(1k)	addr=1k	16 位无符号偏移量 1k 作为数据存储器的绝对地址[③]

注：①——访问 16 位字时,递增/递减值为 1；访问 32 位字时，递增/递减值为 2。

②——不允许用在存储器映射寄存器寻址方式中。

③——只用于写操作。

下面介绍表 4.8 中所涉及到的循环寻址和位反转寻址两种特殊的寻址。

在卷积、自相关和 FIR 滤波器等许多算法中，都需要在存储器中设置循环缓冲区。循环缓冲区是一个滑动窗，保存着最新的数据。如果有新的数据到来，它将覆盖最早的数据。循环寻址是实现循环缓冲区的关键。循环寻址用%表示，其辅助寄存器使用规则与其他寻址方式相同。

循环缓冲区的参数主要包括：长度寄存器(BK)、有效基地址(EFB)、尾地址(EOB)。其中，BK 定义可循环缓冲区的大小 R。要求缓冲区地址始于最低 N 位为零的地址，且 R 值满足 $2^N>R$，R 值必须要放入 BK。

例如，一个长度为 R=31 的循环缓冲区必须开始于最低 5 位为零的地址(即 XXXX XXXX XXX0 0000B)，且必须将 R 值加载到 BK 寄存器中。

循环缓冲区的有效基地址(EFB)定义了缓冲区的起始地址，也就是辅助寄存器(ARx)低 N 位设为 0 后的值。循环缓冲区的尾地址(EOB)定义了缓冲区的底部地址，它通过用 BK 的低 N 位代替 ARx 的低 N 位得到。

循环缓冲区的指示 index 就是当前 ARx 的低 N 位, 步长 step 就是一次加到辅助寄存器或从辅助寄存器中减去的值。循环寻址的算法为:

If 0≤ index + step< BK

    index = index + step

Else if index + step≥ BK

    index = index + step-BK

Else if index + step < 0

    index = index + step + BK

使用循环寻址时, 必须遵循以下三个原则:

- 循环缓冲区的长度 R 小于 2^N, 且地址从一个低 N 位为 0 的地址开始;
- 步长小于或等于循环缓冲区的长度;
- 所使用的辅助寄存器必须指向缓冲区单元。

位反转寻址主要用于 FFT 算法中, 这种寻址方式可以大大提高程序的执行速度和存储器的利用效率。使用时, AR0 存放的整数值为 FFT 点数的一半, 另一个辅助 ARx 指向存放数据的单元。位反转寻址将 AR0 加到辅助寄存器中, 地址以位反转方式产生。也就是说, 两者相加时, 进位是从左向右反向传播的, 而不是通过加法中的从右向左传播的。

(2) 双操作数间接寻址 双数据存储器操作数寻址用于完成2次读操作或者1次读和1次存储并行的操作。采用这种方式的指令代码都为1个字长, 并且只能以间接寻址方式工作。因为只有2位可以用来选择辅助寄存器, 所以只有4个辅助寄存器可以使用(AR2～AR5)。

表4.9列出了双数据存储器操作数间接寻址的句法和功能。

表 4.9 双数据存储器操作数间接寻址的句法和功能

句　法	功　能	说　明
*ARx	addr=ARx	ARx 为数据存储器地址
*ARx-	addr=ARx ARx=ARx-1	访问完成后, ARx 中的地址减 1
*ARx+	addr=ARx ARx=ARx+1	访问完成后, ARx 中的地址加 1
*ARx+0%	addr=ARx ARx=circ(ARx+AR0)	访问完成后, ARx 加上 AR0 的值并进行循环寻址

6) 存储器映射寄存器寻址

这种寻址方式用来修改存储器映射寄存器的内容, 但是不会影响当前的DP或SP值。由于不需要对DP和SP进行操作, 因此这种寻址方式往寄存器写数据所占用的开销是最小的。存储器映射寄存器寻址既可以在直接寻址中使用, 也可以在间接寻址中使用。具体的地址产生方法为:

- 当采用直接寻址方式时, 数据存储器地址的低7位来自指令字。不管当前DP或SP值为多少, 数据地址的高9位都被置零。
- 当采用间接寻址方式时, 数据存储器地址的低7位来自当前辅助寄存器的低7位, 数据地址的高9位置零。当操作完后，辅助寄存器的高9位都被强制清零。

如果AR1指向一个存储器映射寄存器，AR1的值为FF25H，那么AR1最低7位为25H，所指示的数据存储器地址为0025H。由于定时器周期寄存器PRD的地址为0025H，因此，AR1就指向了定时器周期寄存器。执行完毕后，存放在AR1中的值改变为0025H。

这种寻址方式除了能够修改寄存器以外，数据第0页中的便笺式RAM的任意单元也可以采用存储器映射寄存器寻址来进行修改。

C54x DSP只有8条指令能使用存储器映射寄存器的寻址方式：

- LDM MMR，dst
- MVDM dmad，MMR
- MVMD MMR，dmad
- MVMM MMRx，MMRy
- POPM MMR
- PSHM MMR
- STLM src，MMR
- STM #1k，MMR

7) 堆栈寻址

在调用子程序或者中断时，系统堆栈能够自动保存程序计数器PC中的值，它也可以用来保存程序当前的环境或要传递的数据。C54x DSP的堆栈存放数据是从高端地址向低端地址进行的，它用1个16位的堆栈指针SP来管理堆栈。对堆栈寻址，SP总是指向堆栈中最后存入的数据单元。下面4条语句采用了堆栈寻址的方式来访问堆栈：

PSHD：将数据存储器的一个值压入堆栈；

PSHM：将存储器映射寄存器的一个值压入堆栈；

POPD：将数据存储器的一个值弹出堆栈；

POPM：将存储器映射寄存器的一个值弹出堆栈。

对C54x DSP来说，数据压入堆栈前要对SP进行减量运算，而在数据弹出堆栈操作之后，要对堆栈进行增量运算。

在中断和调用子程序的过程中，堆栈用来存放和恢复PC值。当一个中断产生或者调用一个子程序时，返回地址会自动压入堆栈顶部。调用中断和子程序的指令有：CALA[D]、CALL[D]、CC[D]、INTR和TRAP。中断返回或者调用子程序返回时，返回地址从堆栈中弹出，存放到PC中。返回指令有：RET[D]、RETE[D]、RETEF[D]和RC[D]。

FRAME指令也能影响堆栈，它将一个短立即数偏移量与SP指针相加，从而修改SP的值。

2. 程序寻址

在程序存储器中存放着程序代码、系数表和立即操作数等信息。访问这些信息时需要使用程序寻址方式。程序寻址主要包括程序存储器地址如何产生及程序地址如何装入程序计数器PC。

1) 程序存储器地址的产生

程序地址产生逻辑(PAGEN)产生程序地址并将其放入程序地址总线PAB。PAGEN包括5个寄存器：程序计数器PC、重复计数器RC、块重复计数器BRC、块重复起始寄存器RSA和块重复结束地址寄存器REA。此外，有些C54x DSP还有一个程序计数器扩展寄存器XPC，用来扩展程序存储器进行寻址。C54x DSP取指令时将PC值放入PAB，然后读取相应的程序存储单元中的指令。在读取这个程序存储器单元时，PC值递增，为下一次取指令做准备。当程序执行转移、调用、返回、中断或循环指令时，程序地址会出现不连续的情况，此时相应的目标地址装入PC。通过PAB寻址得到的指令代码接着被装入指令寄存器IR中。

为了提高某些指令的性能，程序地址产生逻辑PAGEN也被用来获取来自程序存储器中的操作数，例如读取系数表中某个数据或者将数据写入数据表中某个单元，或者将数据在程序空间之间传送。有些指令如FIRS、MACD和MACP等可以利用程序总线来取出另一个乘数。

2) 程序计数器

程序计数器PC是一个包含内部或外部程序存储器地址的16位寄存器，它控制着程序的运行过程。在通常情况下，程序指令按前后顺序逐条执行时，PC值依次递增。但是，当程序指令出现转移、子程序调用、子程序返回、条件操作、单指令重复、指令块重复、硬件复位或者中断操作时，PC值出现不连续的情况。

3) 扩展程序计数器

扩展程序计数器XPC是一个7位寄存器。在有些C54x DSP芯片中，用XPC对程序存储器扩展空间进行寻址。在程序计数器PC被装入时，XPC的值也随情况发生变化。

4.3   C54x DSP 的 C 语言编程及混合编程

4.3.1   存储器模式

C54x DSP 定点处理器有两种类型的存储器模式：程序存储器和数据存储器。前者主要用于装载可执行代码，后者主要用于装载外部变量、静态变量、系统堆栈以及一些中间运算结果。

C54x DSP 的程序代码或数据以段的形式装载于存储器中。C 语言程序经 C 编译器编译后，生成七个可重定位的段，其中四个被称为已初始化段，三个被称为未初始化段。

四个已初始化段分别是：

- :text 段   包括可执行代码、字符串和编译器产生的常量。
- .cinit 段   包括初始化变量和常量表。
- .const 段   包括字符串常量和以 const 关键字定义的常量。
- .switch 段   为.const 语句建立的表格。

三个未初始化段分别是：

- .bss 段   保留全局和静态变量空间。在程序开始运行时，C 的引导(boot)程序将数据从.cinit 段拷贝到.bss 段。
- .stack 段   为 C 的系统堆栈分配存储空间，用于变量的传递。
- .sysmem 段   为动态存储器函数 malloc、calloc、realloc 分配存储器空间。若 C 程序未用到此类函数，则 C 编译器不产生该段。

在编写链接命令文件(.cmd 文件)时，.text、.cinit、.switch 段通常可以链接到系统的 ROM

或者 RAM 中去，但是必须放在程序段(page0)；.const 段通常可以链接到系统的 ROM 或者 RAM 中去，但是必须放在数据段(page1)；而.bss、.stack 和.sysmem 段必须链接到系统的 RAM 中去，并且必须放在数据段(page1)。由实验程序所建的某工程的链接命令文件(.cmd 文件)，如例 4.192 所示。

例 4.192

```
    MEMORY                    /* TMS320C54x DSP 存储器分配 */
    {
      PAGE 0 :
        HPIRAM:       origin = 0x100,    length = 0x200
        PROG:         origin = 0x2000,   length = 0x1000
      PAGE 1 :
        DARAM1:       origin = 0x03000, length = 0x1000
      PAGE 2 :
        FLASHRAM:     origin = 0x8000,  length = 0x7fff
    }


    SECTIONS
    {
    /*  由 C 定义  */
    .vectors        : load = PROG        page 0      /*中断向量表*/
      .text         : load = PROG        page 0      /*可执行代码*/
      .cinit        : load = PROG        page 0      /*初始化变量和常数表*/
      .switch       : load = PROG        page 0      /*为.constant 语句建立的表格*/
      .stack        : load = DARAM1      page 1      /*C 系统堆栈*/
      .const        : load = DARAM1      page 1      /*字符串常量和以 const 关键字定义的常量*/
      .bss          : load = DARAM1      page 1      /*全局和静态变量空间*/
      .dbuffer1024  : {} >   DARAM1      page 1, align (1024)
      .coeffs1024   : {} >   DARAM1      page 1, align (1024)
      .hpibuffer    : load = HPIRAM      page 0
    /*由汇编定义*/
      .data         : >DARAM1            page 1    /*汇编定义的数据段*/
    }
```

4.3.2 系统堆栈

C 系统的堆栈可以完成的主要功能如下：

● 分配局部变量；

● 传递函数参数；

● 保存所调用函数的返回地址；

● 保存临时结果。

运行堆栈的增长方向是从高地址到低地址, 即入栈则地址减少, 出栈则地址增加。堆栈的管理者是堆栈指针 SP。堆栈的容量由链接器(Linker)设定。链接器创建一个全局符号_STACK_ SIZE, 并给它分配一个与堆栈容量一样的数值(默认值为 1 K 字)。改变连接器选项中的 stack 项后的数值, 堆栈的容量也随之更改。

如: 在链接命令文件(.cmd 文件)中加入选项

-stack 0x1000

则堆栈的容量被设为 1000H 个字。

另外有一点必须格外注意, C 编译器对堆栈溢出不发出任何告警提示, 而堆栈溢出将导致程序崩溃。因此, 我们设定堆栈容量时, 必须保证堆栈具有足够的空间, 最好留些余地。

4.3.3 存储器分配

1. 存储器分配

C 编译器提供的运行支持函数中包含有几个允许在运行时为变量分配存储器的函数, 如 malloc、calloc 和 recalloc。动态分配不是 C 语言本身的标准, 而是由运行支持函数所提供的。

为全局 pool 和 heap 分配的存储器空间定义在.sysmem 块中。.sysmem 段的大小可由链接器选项中的-heap 项来设定, 其方法是在-heap 项后加一个常数。与堆栈类似, 连接器也创建一个全局符号_SYSMEM_SIZE。.sysmem 段的大小由_SYSMEM_SIZE 的数值来确定, 默认值为 1 K 字。为了在.bss 段中保留空间, 对于大的数据, 可以用 heap 为其分配空间, 而不将它们说明为全局或静态的。

例如, 对于原定义的:

struct big table[1000]

可以改用指针并调用 malloc 函数来定义:

struct big *table

table＝(struct big*)malloc(1000*sizeof(struct big));

2. 静态和全局变量的存储器分配

在 C 程序中, 静态变量被分配一个惟一的连续空间, 该空间的地址由链接器决定。编译器安排这些变量的空间被分配在若干个字的长度中, 以保证每个变量按字边界对准。全局变量分配到数据空间, 在同一模块中定义的变量分配到同一个连续的存储空间。

3. 域／结构的对准

C 编译器在为结构分配存储空间时, 它分配足够的字以包含所有的结构成员。一组结构中, 每个结构开始于字边界。所有的非域类型对准于字的边界。对域应分配足够多的比特。相邻域应装入一个字的相邻比特, 不能跨越两个字, 否则整个域会被分配到下一个字中。

4.3.4 TMS320C54x DSP 的 C 语言规则

1. 寄存器规则

在 C 环境中, 定义了严格的寄存器规则。寄存器规则明确了编译器如何使用寄存器,以及在函数的调用过程中如何保护寄存器。调用函数时，某些寄存器不必由调用者来保护，而由被调用函数负责保护。如果调用者需要使用没有保护的寄存器，则调用者在调用函数前必须对这些寄存器予以保护。在编写汇编语言和 C 语言的接口程序时，这些规则非常重要。如果编写时不遵守寄存器的使用规则，则 C 环境将会被破坏。

寄存器规则概括如下：

(1) 辅助寄存器　AR1、AR6、AR7 由被调用函数保护，即可以在函数执行过程中修改，但在函数返回时必须恢复。在 C54x DSP 中，编译器将 AR1 和 AR6 用作寄存器变量。其中，AR1 被用作第一个寄存器变量，AR6 被用作第二个寄存器变量，其顺序不能改变。另外五个辅助寄存器 AR0、AR2、AR3、AR4、AR5 则可以自由使用，即在函数执行过程中可以对它们进行修改，不必恢复。

(2) 栈指针 SP　堆栈指针 SP 在函数调用时必须予以保护，但这种保护是自动的，即在返回时，压入堆栈的内容都将被弹出。

(3) ARP　在函数进入和返回时，必须为 0，即当前辅助寄存器必须为 AR0，而函数执行时则可以是其他值。

(4) OVM　在默认情况下，编译器总认为 OVM 是 0。因此，若在汇编程序中将 OVM 置为 1，则在返回 C 环境时，必须将其恢复为 0。

(5) 其他状态位和寄存器可以任意使用，不必恢复。

2．函数调用规则

对函数的调用，C 编译器也定义了一组严格的规则。除了特殊的运行支持函数，任何 C 函数的调用者或者被 C 程序调用的函数都必须遵循这些规则，否则就会破坏 C 环境，造成不可预测的结果。

(1) 参数传递　在函数调用前，将参数以逆序压入运行堆栈。所谓逆序，即最右边的参数最先压入栈，然后自右向左将参数依次压入栈，直至第二个参数入栈完毕。对第一个参数，则不需压入堆栈，而是放入累加器 A 中，由 A 进行传递。若参数是长整型和浮点数时，则低位字先压入栈，高位字后压入栈。若参数中有结构，则调用函数先给结构分配空间，而该空间的地址则通过累加器 A 传递给被调用函数。

一个典型的函数调用图如图 4.3 所示。在该例中，我们可以看出，参数传递到函数，同时该函数使用了局部变量并调用另一个函数。第一个参数不由堆栈传递，而是放入累加器 A 中传递。(如图 4.3(b)、图 4.3(c)所示)。

另外，从这个例子中，我们看到了函数调用时局部帧的产生过程：函数调用时，编译器在运行堆栈中建立一个帧用以存储信息。当前函数帧成为局部帧，C 环境利用局部帧来保护调用者的有关信息、传递参数和为局部变量分配存储空间。每调用一个函数，就建立一个新的局部帧。局部帧空间的一部分用于分配参数区(局部参数区)，被传递的参数放入局部参数区，即压入堆栈，再传递到其他被调用的函数中。

(2) 被调用函数的执行过程　被调用函数依次执行以下几项任务：

● 如果被调用函数修改了寄存器(如 AR1、AR6、AR7)，则必须将它们压栈保护。

● 当被调用函数需分配内存来建立局部变量及参数区时，SP 向低地址移动一个常数(即 SP 减去一个常数)，该常数的计算方法如下：

常数=局部变量长度+参数区中调用其他函数的参数长度

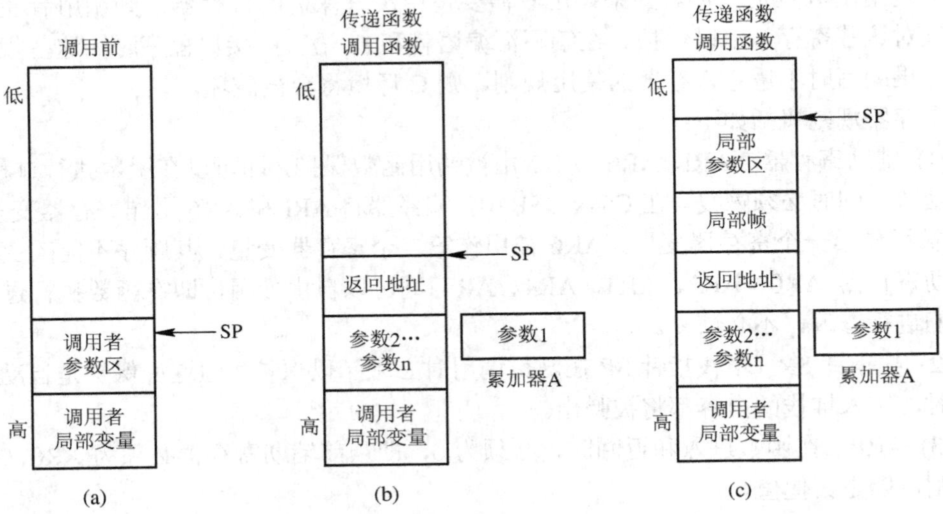

图 4.3   函数调用时堆栈的使用

● 被调用函数执行程序。

● 如果被调用函数修改了寄存器 AR1、AR6 和 AR7，则必须予以恢复。将函数的返回值放入累加器 A 中。整数和指针在累加器 A 的低 16 位中返回，浮点数和长整型数在累加器 A 的 32 位中返回。如果函数返回一个结构体，则被调用函数将结构体的内容拷贝到累加器 A 所指向的存储器空间。如果函数没有返回值，则将累加器 A 置 0，撤销为局部帧开辟的存储空间。ARP 在从函数返回时，必须为 0，即当前辅助寄存器为 AR0。参数不是由被调用函数弹出堆栈的，而是由调用函数弹出的。

● SP 向高地址移动一个常数(即 SP 加上一个常数)，该常数即为图 4.3(b)所确定的常数，这样就又恢复了帧和参数区。

● 被调用函数恢复所有保存的寄存器。

● 函数返回。

当 C 程序编译成汇编后，上述过程如例 4.193 所示。

例 4.193

```
be_called:            ; 函数入口
pshm AR6              ; 保存 AR6
pshn AR7              ; 保存 AR7
frame # -16           ; 分配帧和参数区
…                     ; 函数主体
frame #16             ; 恢复原来的帧和参数区
pshm AR7              ; 恢复 AR7
pshm AR6              ; 恢复 AR6
ret                   ; 函数返回
```

(3) 入参数区和局部变量区   当编译器采用 CPL=1 的编译模式时，采用直接寻址即可很容易寻址到参数区和局部变量区。例如：

　　　　　　　add *SP(6), A　　　；将 SP+6 所指单元的内容送累加器 A

　　以上直接寻址方式的最大偏移量为 127，所以当寻址超过 127 时，可以将 SP 值复制到辅助寄存器中(如 AR7)，以此代替 SP 进行长偏移寻址。例如：

　　　mvmm SP, AR7　　　　　　；将 SP 的值送 AR7

　　　…

　　　add　　*AR7(128),　A　　　；AR7 加 128 后所指向的单元内容送 A

　　(4) 分配帧及使用 32 位内存读/写指令。

　　● 一些 C54x DSP 指令提供了一次读/写 32 位的操作(如 DLD 和 DADD)，因此必须保证 32 位对象存放在偶地址开始的内存中。为了保证这一点，C 编译器需要初始化 SP，使其为偶数值。

　　● 由于 CALL 指令使 SP 减 1，因此 SP 在函数入口设置为奇数；而长调用 FCALL 指令使 SP 减 2，故 SP 在函数入口设定为偶数。

　　● 使用 CALL 指令时，应确保 PSMH 指令的数目加上 FRAME 指令分配字的数目为奇数，这样 SP 就指向一个偶地址；同样，使用长调用 FCALL 指令时，应保证 PSMH 指令的数目与 FRAME 指令分配字的数目和为偶数，以保证 SP 指向偶地址。

　　● 为了确保 32 位对象在偶地址，可通过设置 SP 的相对地址来实现。

　　● 由于中断调用时不能确保 SP 为奇数还是偶数，因此，中断分配 SP 指向偶数地址。

3．中断函数

　　C 函数可以直接处理中断。但是在用 C 语言编写中断程序时，应注意以下几点：

　　(1) 中断的使能和屏蔽由程序员自己来设置。这一点可以通过内嵌汇编语句来控制中断的使能和屏蔽，即通过内嵌汇编语句来设置中断屏蔽寄存器 IMR 及 INTM，也可通过调用汇编程序函数来实现。

　　(2) 中断程序不能有入口参数，即使声明，也会被忽略。

　　(3) 中断子程序即使被普通的 C 程序调用，也是无效的，因为所有的寄存器都已经被保护了。

　　(4) 将一个程序与某个中断进行关联时，必须在相应的中断矢量处放置一条跳转指令。采用.sect 汇编指令可以建立这样一个跳转指令表以实现该功能。

　　(5) 在汇编语言中，必须在中断程序名前加上一个下划线。

　　(6) 用 C 语言编写的中断程序必须用关键字 interrupt 说明。

　　(7) 中断程序用到的所有寄存器，包括状态寄存器都必须保护。

　　(8) 如果中断程序中调用了其他的程序，则所有的寄存器都必须保护。

4．表达式分析

　　当 C 程序中需要计算整型表达式时，必须注意到以下几点：

　　(1) 算术上溢和下溢。TMS320C54x DSP 采用 16 位操作数，产生 40 位结果，算术溢出是不能以一种可预测的方式进行处理的。

　　(2) 整除和取模。TMS320C54x DSP 没有直接提供整除指令，因此，所有的整除和取模运算都需要调用库函数来实现。这些函数将运算表达式的右操作数压入堆栈，将左操作数放入累加器的低 16 位。函数的计算结果在累加器中返回。

（3）32 位表达式分析。一些运算在函数调用时并不遵循标准的 C 调用规则，其目的在于提高程序运行速度和减少程序代码空间。这些运算包括通过变量的左移、右移、除法、取模和乘法。

（4）C 代码访问 16 位乘法结果的高 16 位，而无需调用 32 位乘法的库函数。访问有符号数乘法结果和无符号数乘法结果的高 16 位，分别如例 4.194 和例 4.195 所示。

例 4.194　有符号结果：

```
int        n1,n2,result;
result=((long)n1*(long)n2)>>16;
```

例 4.195　无符号结果：

```
unsigned        n1,n2,result;
result=((unsigned   long)n1*(unsigned   long)n2)>>16;
```

TMS320C54x DSP 的 C 编译器将浮点数表示为 IEEE 单精度格式。单精度数和双精度数都表示为 32 位，两者没有任何区别。

有些浮点库函数需要整型或长整型参数，或返回整型或长整型结果。对这些函数，用累加器的低 16 位传递或返回整型数即可。

5. TMS320C54x DSP C 语言程序举例

用 C 语言编写 C54x DSP 的 I／O 口的读程序，实现从 I／O 口地址 8000H 连续读入 1000个数据并存入数组中，如例 4.196 所示。

例 4.196　C 程序 readdata.c：

```
#include "portio.h"          /*包含头文件 portio.h*/
#define RD_PORT 0x8000        /*定义输入 I/O 口*/
static int indata[1000];      /*定义全局数组*/
main()
{
int I;
for(I=0；I<1000；I++)
portRead(RD_PORT);           /*从 I/O 口读数据*/
}
```

C 语言程序编写过程步骤：

（1）编辑器编辑 C 程序 readdata.c；

（2）编译程序将 C 程序编译汇编成目标文件 readdata.obj；

（3）编辑一个链接命令文件(.cmd 文件)；

（4）链接生成.out 文件，用硬件仿真器进行调试。

4.3.5　TMS320C54x DSP 混合编程

C 语言和汇编语言的混合编程有以下几种方法。

（1）独立编写汇编程序和 C 程序，分开编译或汇编，形成各自的目标代码模块，再用链接器将 C 模块和汇编模块链接起来。这种方法灵活性较大，但用户必须自己维护各汇编模块的入口和出口代码，自己计算传递的参数在堆栈中的偏移量，工作量较大，但能做到对程序的绝对控制。

(2) 在 C 程序中使用汇编程序中定义的变量和常量。

(3) 在 C 程序中直接内嵌汇编语句。用此种方法可以在 C 程序中实现 C 语言无法实现的一些硬件控制功能，如修改中断控制寄存器，中断标志寄存器等。

(4) 将 C 程序编译生成相应的汇编程序，手工修改和优化 C 编译器生成的汇编代码。采用此种方法时，可以控制 C 编译器，使之产生具有交叉列表的 C 程序和与之对应的汇编程序，而程序员可以对其中的汇编语句进行修改。优化之后，对汇编程序进行汇编，产生目标文件。根据编者经验，只要程序员对 C 和汇编均很熟悉，这种混合汇编方法的效率可以做得很高。但是，由交叉列表产生的 C 程序对应的汇编程序往往读起来颇费劲，因此对一般程序员不提倡使用这种方法。

下面就前三种方法逐一介绍。

1. 独立的 C 和汇编模块接口

独立的 C 和汇编模块接口是一种常用的 C 和汇编语言接口方法。采用此方法在编写 C 程序和汇编程序时，必须遵循有关的调用规则和寄存器规则。调用规则和寄存器规则已在前面作了详述。如果遵循了这些规则，那么 C 和汇编语言之间的接口是非常方便的。C 程序可以直接引用汇编程序中定义的变量和子程序，汇编程序也可以引用 C 程序中定义的变量和子程序。

程序举例如下所示。

例 4.197　C 程序：

```
extern int asmfunc( );        /*声明外部的汇编子程序*/
                              /*注意函数名前不要加下划线*/
int gvar;                     /*定义全局变量*/
main( )
{
int i=5;
i =asmfunc(i);                /*进行函数调用*/
}
```

汇编程序：

```
_asmfunc:              ; 函数名前一定要有下划线
    STL A，*(_gvar)    ; i 的值在累加器 A 中
    ADD*(_gvar)，A     ; 返回结果在累加器 A 中
    RET                ; 子程序返回
```

2. C 程序中访问汇编程序变量

从 C 程序中访问汇编程序中定义的变量或常数时，根据变量和常数定义的位置和方法的不同，可分为三种情况。

(1) 访问在 .bss 段中定义的变量，方法如下：

- 采用.bss 命令定义变量;
- 用.global 将变量说明为外部变量;
- 在汇编变量名前加下划线 "_";
- 在 C 程序中将变量说明为外部变量, 然后就可以像访问普通变量一样访问它。

例 4.198　汇编程序:

```
                            /*注意变量名前都有下划线*/

    .bss      _var, 1
    .global   _var;              声明为外部变量
```

C 程序:

```
    external   int   var;      /*外部变量*/
    var  =1;
```

(2) 访问未在.bss 段定义的变量, 如当 C 程序访问在汇编程序中定义的常数表时, 则方法更复杂一些。此时, 定义一个指向该变量的指针, 然后在 C 程序中间接访问它。在汇编程序中定义此常数表时, 最好定义一个单独的段。然后, 定义一个指向该表起始地址的全局标号, 可以在链接时将它分配至任意可用的存储器空间。如果要在 C 程序中访问它, 则必须在 C 程序中以 extern 方式予以声明, 并且变量名前不必加下划线 "_"。这样就可以像访问其他普通变量一样进行访问。C 程序中访问汇编常数表如例 4.199 所示。

例 4.199　汇编程序:

```
    . global  _sine              ;定义外部变量
    . sect    "sine_tab"         ;定义一个独立的块装常数表
  _sine :                        ;常数表首址
    . word 0
    . word 50
    . word 100
    . word 200
```

C 程序:

```
    extern int   sine[];          /*定义外部变量*/
    int  *sine_ptr=sine;          /*定义一个 C 指针*/
        f=sine_ptr[2];            /*访问 sine_ptr*/
```

(3) 对于那些在汇编中以.set 和.global 定义的全局常数, 也可以在 C 程序中访问, 不过要用到一些特殊的方法。一般来说, 在 C 程序中和汇编程序中定义的变量, 其符号表包含的是变量的地址。而对于汇编程序中定义的常数, 符号表包含的是常数值。编译器并不能区分哪些符号表包含的是变量的地址, 哪些是变量的值。因此, 如果要在 C 程序中访问汇编程序中的常数, 则不能直接用常数的符号名, 而应在常数符号名前加一个地址操作符&, 以示与变量的区别, 这样才能得到常数值。如例 4.200 所示。

例 4.200　汇编程序:

```
  _tab_size   .set   1000
                .global   _tab_size
```

C 程序:

```
extern   int   _tab_size;
#define   TAB_SIZE ((int)(&tab_size));
…

for(i=0; i< TAB_SIZE; ++i)
```

3. C 程序中直接嵌入汇编语句

在 C 程序中直接嵌入汇编语句是一种直接的 C 和汇编的接口方法。此种方法可以在 C 程序中实现 C 语言无法实现的一些硬件控制功能，如修改中断控制寄存器、中断标志寄存器等。

嵌入汇编语句的方法比较简单,只需在汇编语句的两边加上双引号和括号，并且在括号前加上 asm 标识符即可。即：

asm(" 　汇编语句　 ");

如：asm (" RSBX　INTM ");　　　　　/*开中断*/

　　asm (" SSBX　XF ");　　　　　/*XF 置高电平*/

　　asm (" NOP ");

注意：括号中引号内的汇编语句的语法和通常的汇编编程的语法一样。不要破坏 C 环境，因为 C 编译器并不检查和分析嵌入的汇编语句。插入跳转语句和标号会产生不可预测的结果。不要让汇编语句改变 C 程序中变量的值。不要在汇编语句中加入汇编器选项而改变汇编环境。

修改编译器的输出可以控制 C 编译器，从而产生具有交叉列表的汇编程序。而程序员可以对其中的汇编语句进行修改，之后再对汇编程序进行汇编，可产生最终的目标文件。注意，修改汇编语句时切勿破坏 C 环境。

4.3.6　混合编程实例

例 4.201　用混合编程的设计方法在 JLD 型 DSP 实验与开发系统上实现四个数码管同时循环显示 0~9 十个数，每次显示的数以 1 递增。

C 语言设计的主程序如下：

```
ioport unsigned port0;            //控制数码管选通的控制接口地址为 0
ioport unsigned port1;            //向数码管送显示内容的数据接口地址为 1
/*发光二极管的显示代码*/
char leddisp[] ={0xf6,0x77,0x14,0xb3,0xb6,0xd4,0xe6,0xe7,0x34,0xf7};
void main()
{
char ledcnt=0 ;
        c54_init();               /*调用 5402 芯片初始化函数*/
    for (;;){
        ledcnt = (ledcnt+1)%10 ;  /*模 10 循环递增*/
        port0 = 0xf ;             /*向地址为 0 的口送 1111b:四个数码管均选通*/
        port1 = leddisp[ledcnt];  /*向地址为 1 的口送欲显示之数*/
```

```
        delay3();                    /*调用延时函数，停顿片刻*/
    }
}
```

用汇编程序设计对 5402 芯片初始化的函数如下：

```
            .title "C54_INIT.ASM"
            .mmregs
            .def   _c54_init
            .text
_c54_init:
            STM   0,ST0                          ;ARP=0、DP=0
            STM   0100001101011111B,ST1          ;CPL=0 DP 直接寻址、中断屏蔽、溢出保
                                                 ;护、符号扩展、FRCT 有效、ARP 无效、
                                                 ;ASM=-1
            STM   0010000000100100B,PMST         ;中断定位 2000H
            STM   0x7FFF,SWWSR
            STM   1001011111111111B,CLKMD        ;PLL 10 倍频
            RET
            .end
```

用汇编程序设计的实现延时的函数如下：

```
            .title   "delay3.asm"
            .mmregs
            .def _delay3
            .text
_delay3:
            STM       #0X2FF,AR0
delay30:  STM       #0X2FF,AR2
delay31:  BANZ      delay31,*AR2-
            BANZ      delay30,*AR0-
            RET
            .end
```

链接命令文件如下：

```
-O DELAY1.OUT
MEMORY
{
  PAGE 0 :
    HPIRAM:        origin = 0x100, length = 0x200
    PROG:          origin = 0x2000, length = 0x1000
  PAGE 1 :
    DARAM1:        origin = 0x03000, length = 0x1000
```

```
    PAGE 2 :
        FLASHRAM:      origin = 0x8000, length = 0xffff
    }


    SECTIONS
    {
        .text       : load = PROG      page 0      /*可执行代码*/
        .cinit      : load = PROG      page 0      /*初始化变量与常数表*/
        .stack      : load = DARAM1    page 1      /*C 系统堆栈*/
        .const      : load = DARAM1    page 1      /*常数*/
        .bss        : load = DARAM1    page 1      /*全局与静态变量*/
    }
```

例 4.202 使用混合编程的设计方法在 JLD 型 DSP 实验与开发系统上实现以下功能：
按下 INT 键，一个数码管将原来显示的数增加 1，从 1～8 循环递增显示。

　　C 语言设计的主程序如下：

```
    ioport unsigned port0;              //控制数码管选通的控制接口地址为 0
    ioport unsigned port1;              //向数码管送显示内容的数据接口地址为 1
    char leddisp[] = {0x14,0xb3,0xb6,0xd4,0xe6,0xe7,0x34,0xf7};   //代表 1～8 的编码数
    int ledcnt=0 ;
    void main()
    {
     c54_init();                        /*调用 5402 芯片初始化函数*/
        for (;;){
        port0 = 1 ; ;                   /*向地址为 0 的口送 0001b 使第一个数码管选通*/

                port1 = leddisp[ledcnt]; ];   /*向地址为 1 的口送欲显示之数*/
        }
    }
```

用 C 语言设计的外中断 0 服务程序如下：

```
    interrupt void int0_int(void)
    {
                ledcnt = (ledcnt+1)%8 ;      //进入中断即让 ledcnt 从 1～8 循环递增
    }
```

用汇编设计的 5402 芯片初始化函数如下：

```
                .mmregs
                .def    _c54_init
                .text
    _c54_init:
                SSBX        INTM
```

```
        STM     0,ST0
        STM     0100001101011111B,ST1          ;CPL=0 DP
        STM     0010000000100100B,PMST         ;中断定位 2000H
        STM     0x7FFF,SWWSR
        STM     0011011111111111B,CLKMD        ;PLL 10 倍频
        STM     0X001,IMR                      ;INT0 中断打开
        RSBX    INTM                           ;开中断
        RET
        .end
```

中断向量表如下：

```
        .ref    _c_int00 ,_int0_int
        .sect   ".vectors"
reset:  BD _c_int00
        NOP
        NOP
nmi:    RETE
        NOP
        NOP
        NOP
; software interrupts
sint17 .space 4*16
sint18 .space 4*16
sint19 .space 4*16
sint20 .space 4*16
sint21 .space 4*16
sint22 .space 4*16
sint23 .space 4*16
sint24 .space 4*16
sint25 .space 4*16
sint26 .space 4*16
sint27 .space 4*16
sint28 .space 4*16
sint29 .space 4*16
sint30 .space 4*16
int0:   BD    _int0_int        ; 转向外中断 0 服务程序
        NOP
        NOP
int1:   RETE
        NOP
```

```
                NOP
                NOP
       int2:    RETE
                NOP
                NOP
                NOP
       tint:    RETE
                NOP
                NOP
                NOP
       rint0:   RETE
                NOP
                NOP
                NOP
       xint0:   RETE
                NOP
                NOP
                NOP
       rint2:   RETE
                NOP
                NOP
                NOP
       xint2:   RETE
                NOP
                NOP
                NOP
       int3:    RETE
                NOP
                NOP
                NOP
       hintp:   RETE
                NOP
                NOP
                NOP
       rint1:   RETE
                NOP
                NOP
                NOP
       xint1:   RETE
```

```
                    NOP
                    NOP
                    NOP
                    .space 4*16
                    .end
```

链接命令文件如下：

```
    -O INT0.OUT
    MEMORY
    {
        PAGE 0 :


            PROG:              origin = 0x2000, length = 0x1000
        PAGE 1 :
            DARAM1:            origin = 0x03000, length = 0x1000
        PAGE 2 :
            FLASHRAM:          origin = 0x8000, length = 0xffff

    }


    SECTIONS
    {
    /* C definition */
            .vectors    : load = PROG        page 0        /*中断向量表*/
            .text       : load = PROG        page 0        /*可执行代码*/
            .cinit      : load = PROG        page 0        /*初始化变量和常数表*/
            .stack      : load = DARAM1      page 1        /*C 系统堆栈*/
            .const      : load = DARAM1      page 1        /*常数段*/

    }
```

习题

1. 汇编语句格式包含哪几个部分？
2. C54x DSP 的指令集按功能可分为哪四种基本类型的操作？
3. C54x DSP 提供了哪些基本的数据寻址方式？
4. 以 DP 为基地址的直接寻址方式，其实际地址是如何生成的？
5. C 语言和汇编语言的混合编程方法主要有几种？各有什么特点？
6. 为什么通常需要采用 C 语言和汇编语言的混合编程方法？
7. 试解释下段指令：

```
            STM      #10, AR3
    LOOP:   ADD      *AR2+,A
```

```
        BANZ    LOOP,*AR3-
        STM     #10,AR3
```

8. 试解释下段指令:

```
        RPT     #4
        MVPD    table,*AR2+
HERE:  B        HERE
```

下 篇

应 用 篇

第 6 章　DSP 应用技术实训
第 7 章　工程应用实例

第 5 章　TMS320C54x^{TM} DSP 应用系统的软硬件设计

5.1　C54x DSP 应用系统的软硬件开发工具

　　TI 公司和第三方为 DSP 软硬件开发提供了许多工具，常见的 DSP 开发工具包括代码生成工具和代码调试工具两大类，但这些开发工具未实现完全的集成化，需要输入较复杂的命令，调试程序效率不高。1999 年 TI 公司推出了 Code Composer Studio 开发工具，简称 CCS，这是一种功能强大的全面集成的开发环境(IDE)，它支持 TI 的 TMS320C6000^{TM}、TMS320C5000^{TM}、TMS320C2000^{TM}DSP 平台和 TMS320C3X^{TM} DSP 系列。CCS 集代码生成工具和代码调试工具于一体，可完成应用开发过程每一步骤所需要的众多功能。并且 CCS 具有开放式的架构，使 TI 和第三方能通过无缝插入附加专用工具扩展 IDE 功能。目前 CCS 已经历 V1.0、V1.2、V2.0、V2.1 等版本。CCS 的主要特性有：
- 开发环境，可将所有工具紧密集成到单个简便易用的应用中；
- 实时分析工具，在不影响处理器性能的情况下可实现监控程序交互作用；
- 支持 TI 的高性能 C64x^{TM} DSP 与低功率 C55x^{TM} DSP；
- 在业界领先的 C 编译程序；
- 可扩展的实时核心(DSP/BIOS^{TM} 核心)；
- Profile-Based Compiler(C6000^{TM} DSP)，用于优化代码长度与性能；
- Visual Linker，用于在内存中以图形化的方式安排程序代码与数据；
- 数据显示，用于以多种图形格式显示信号；
- 开放式的插入式架构，使你能够集成专用的第三方工具；
- 利用仿真器对 TI DSP 进行基于 JTAG 扫描的实时仿真；
- 可轻松管理大型的多用户、多站点以及多处理器的项目；
- 快速模拟器可提供深度视图，能迅速而准确地解决问题；
- 分析套件利用新的工具提高性能并简化烦琐的判断工作；
- 增强的流水线分析工具可提供详细的流水线视图。

5.2　CCS 的安装和使用简介

5.2.1　CCS 的安装与设置

1. Code Composer Studion 的安装

　　CCS 是一个开放的环境，通过设置不同的驱动可完成对不同的环境支持，下面以 C54x DSP 开发系统为例说明 CCS 的安装。完整地安装 CCS 软件包括以下两个步骤：

（1）将 CCS 安装光盘放入到光盘驱动器中，运行 CCS 安装程序 setup.exe。安装完成后，在桌面上会有"CCS 2 C5000"和 "SETUP CCS 2 C5000"两个快捷方式图标，分别对应 CCS 应用程序和 CCS 配置程序。

（2）运行 CCS 配置程序，配置驱动程序。如果 CCS 是在硬件目标板上运行，则要先安装目标板驱动系统，然后运行"CCS 2 SETUP"配置驱动程序，最后执行 CCS 应用程序。除非用户改变 CCS 应用平台类型，否则只需运行一次 CCS 配置程序。

2. CCS 软件的设置

根据购买的开发器的类型选择安装不同的设备驱动程序。配置好相应的资源，并保存好设置即可。

3. 硬件仿真系统的安装

第一步：对于安装 CCS 软件，并正确设置 CCS 软件。

第二步：对于 PCI 接口 DSP 开发系统，关闭 PC 电源，将 PCI 卡插入 PCI 插槽中，注意固定好。

对于 ISA 接口 DSP 开发系统，关闭 PC 电源，将 ISA 卡插入 ISA 插槽中，注意固定好。

对于 EPP 接口 DSP 开发系统，关闭 PC 电源，将仿真盒通过并口电缆接在 PC 机的并口上。

对于 USB 接口 DSP 开发系统，将仿真盒通过电缆接在 PC 机的 USB 口上。

第三步：将 JTAG 仿真电缆正确连接在实验箱的 JTAG 仿真口上，启动 CCS 软件，如果一切正常，则 CCS 能正确启动，如果报错，请检查 CCS 安装和设置以及实验箱的电源、电缆接线是否正确。

5.2.2　CCS 文件名介绍

在使用 CCS 软件之前，应该先了解以下软件的文件名约定：

- project.pjt (CCS 1.2 版本该文件名为 project.mak)　工程文件
- program.c　　　　　　　　　　　C 语言源文件
- program.asm　　　　　　　　　　汇编语言源文件
- filename.h　　　　　　　　　　　C 语言头文件
- filename.lib　　　　　　　　　　库文件
- project.cmd　　　　　　　　　　链接命令文件
- program.obj　　　　　　　　　　编译后的目标文件
- program.out　　　　　　　在目标硬件(实验箱)上加载、调试、执行的文件

这一部分将要介绍如何在 CCS 下面新建一个程序，及如何编译、链接、下载、调试程序，我们将新建一个简单的程序，在窗口显示"Hello World!"。

5.2.3　新建一个工程

（1）如果你的 CCS 安装在 C:\ti 目录下，请在 C:\ti\myproject 目录下新建一个目录，名为 hello1；

（2）将 C:\ti\c5400\tutorial\hello1 下的所有文件拷贝到新目录中；

(3) 运行 CCS 程序；

(4) 选择 Project /New 菜单，输入新建工程名称为 myhello，点击完成。

5.2.4 往工程加入文件

(1) 选择 Project /Add Files to Project，选择 hello.c，加入文件；

(2) 按(1)方式分别往工程里加入 vector.asm、hello.cmd 以及 C:\ti\c5400\cgtools\lib 目录下的 rts.lib 文件；

(3) 这个时候就可以点击工作窗口工程视图中 myhello.pjt 旁的+号，展开工程查看或编辑工程中的文件了；

注意：C 语言文件的头文件会自动加入到工程里。

5.2.5 编译执行程序

(1) 选择 Project /Rebuild All 或工具条中相应的快捷按钮；

(2) 编译成功后，选择 File/Load Program，选择刚编译的可执行程序 myhello.out；

(3) 选择 Debug /Run 或工具条中相应的快捷按钮；

(4) 运行程序后，在标准输出窗口中会出现 "Hello World!"。

5.2.6 程序的跟踪、调试

(1) 选择 Debug/Restart 或重新装载 ".out" 文件；

(2) 可以选择 View/Mixed Source/ASM 对照观察 C 语言程序和汇编语言程序；

(3) 不全速运行，而是选择 Debug/StepInto 或按 F8，单步执行；

(4) 单步执行程序的同时，选择 View/CPU Registers 观察主要寄存器的变化；

(5) 对不熟悉的指令，可查找相应的说明。

5.2.7 可能出现问题的处理

在编译链接过程中的问题可以通过提示，寻找问题出现的原因并解决问题。如果是语法出错，需要查阅相关语法资料，如果是环境参数设置上有问题，一般应在 Project/Build Options 中进行相应的修改(新安装程序的默认设置，不熟悉的用户最好不要随意改动)。如果装载程序时出问题，可以尝试 Debug/Reset 或重新运行 CCS 软件或重新加电等办法。

5.3 CCS 集成开发环境的使用

在 CCS 中，Simulator(软件模拟器)与 Emulator(硬件仿真器)使用的是相同的集成开发环境，在对应用系统进行硬件调试前，设计者可使用 Simulator 在没有目标板的情况下模拟 DSP 程序的运行。

如果系统中同时安装了 Simulator 和 Emulator 的驱动程序，则运行 CCS 时将启动并行调试管理器(Parallel Debug Manager)的运行，对于 **TI** 的仿真器(如图 5.1 所示)，此时需从菜单中选择 Open→C54xx Simulator 以启动 Simulator 的运行，出现与图 5.2 类似的窗口；对于第三方的仿真器如 SEED 仿真器(如图 5.3 所示)，从菜单中选择 Open→C54x Simulator 以启动 Simulator 的运行，出现与图 5.4 类似的窗口。

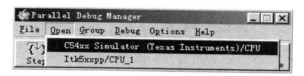

图 5.1　TI 仿真器并行调试管理器

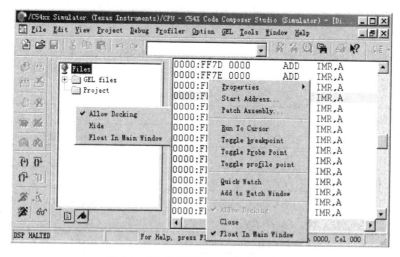

图 5.2　TI 仿真器 CCS 运行主窗口

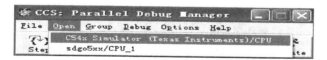

图 5.3　SEED 仿真器并行调试管理器

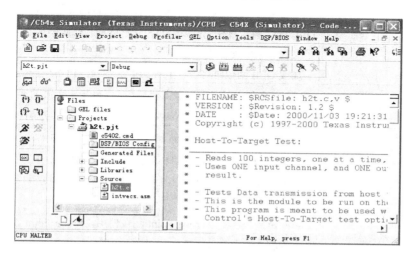

图 5.4　SEED 仿真器 CCS 运行主窗口

在 CCS 集成开发环境中，除 Edit 窗口外，其余所有窗口和所有的工具栏都是可定位(Allow Docking)的，也就是说可将这些窗口和工具栏拖至屏幕的任何位置(包括移至主窗体之外)。

在 CCS 中，所有的窗口都支持内容相关菜单(Context Menu)。在窗口内单击鼠标右键即可弹出内容相关菜单，菜单中包含有与该窗口相关的选项和命令。

5.3.1 菜单

在 CCS 集成开发环境中共有 11 项菜单，现在就对其中较为重要的菜单功能加以介绍。

1. File 菜单

File 菜单提供了与文件操作有关的命令。除 Open/Save/Print/Exit 等常见的命令外，File 菜单还列出了以下几种文件操作命令，如表 5.1 所示。

表 5.1　File 菜单

菜单命令		功　　能
New	Source File	新建一个源文件(.c, .asm, .h, .cmd, .gel, .map, .inc 等)
	DSP/BIOS Config	新建一个 DSP/BIOS 配置文件
	Visual Linker Recipe	打开一个 Visual Linker Recipe 向导
	ActiveX Document	在 CCS 中打开一个 ActiveX 文档(如 Microsoft Word 或 Microsoft Excel 等)
Load Program		将 COFF(.out)文件中数据和符号加载入实际或仿真目标板(Simulator)中
Load Symbol		当调试器不能或无需加载目标代码(如目标代码存放于 ROM 中)时，仅将符号信息加载入目标板。此命令只清除符号表，不更改存储器内容和设置程序入口
Reload Program		重新加载 COFF 文件，如果程序未作更改则只加载程序代码而不加载符号表
Load GEL		在调用 GEL 函数之前，应将包含该函数的文件加载入 CCS 中，以将该 GEL 函数调入内存。当加载的文件修改后，应先卸掉该文件，再重新加载该文件，从而使修改生效 加载 GEL 函数时将检查文件的语法错误，但不检查变量是否已定义
Data	Load	将 PC 文件中的数据加载入目标板，可以指定存放的地址和数据的长度。数据文件可以是 COFF 文件格式，也可以是 CCS 支持的数据格式
	Save	将目标板存储器数据存储到一个 PC 数据文件中
File I/O		CCS 允许在 PC 文件和目标 DSP 之间传送数据。一方面可从 PC 文件中取出样值用于模拟，另一方面也可将目标 DSP 处理的数据保存到计算机文件中 File I/O 功能应与 Probe Point 配合使用。Probe Point 将告诉调试器在何时从 PC 文件中输入或输出数据 File I/O 功能并不支持实时数据交换，实时数据交换应使用 RTDX

2. Edit 菜单

Edit 菜单提供的是与编辑有关的命令。除去 Undo/Redo/Delete/Select All/Find/Replace 等常用的文件编辑命令外，CCS 还支持以下几种编辑命令，如表 5.2 所示。

表 5.2　Edit 菜单

菜单命令		功　　能
Find in Files		在多个文本文件中查找特定的字符串或表达式
Go To		快速跳转到源文件中某一指定行或书签处
Memory	Edit	编辑某一存储单元
	Copy	将某一存储块(标明起始地址和长度)数据拷贝入另一存储块
	Fill	将某一存储块填入某一固定值
	Patch Asm	在不修改源文件的情况下修改目标 DSP 的执行代码
Edit Register		编辑指定的寄存器值，包括 CPU 寄存器和外设寄存器。由于 Simulator 不支持外设寄存器，因此不能在 Simulator 下监视和管理外设寄存器内容
Edit Variable		修改某一变量值。对 TI 定点 DSP 芯片而言，如果目标 DSP 由多个页面构成，则可使用@prog, @data 和@io 来分别指定程序区、数据区和 I/O
Edit Command Line		提供键入表达式或执行 GEL 函数的快捷方法
Column Editing		选择某一矩形区域内的文本进行列编辑(剪切、拷贝及粘贴等)
Bookmarks		在源文件中定义一个或多个书签便于快速定位。书签被保存在 CCS 的工作区(Workspace)内以便随时被查找到

3. View 菜单

在 View 菜单中，可以选择是否显示 Standard 工具栏、GEL 工具栏、Project 工具栏、Debug 工具栏、Editor 工具栏和状态栏(Status bar)。此外 View 菜单中还包括如表 5.3 所示的显示命令。

在 View 菜单中，Graph 是一个很有用的功能，它可以逼真地显示信号波形。在 Graph 窗口中使用了两个缓冲器：获取缓冲和显示缓冲。获取缓冲驻留在实际或仿真的目标板上，它保存有你感兴趣的数据。当图形更新时，获取缓冲从实际或仿真的目标板读取数据并更新显示缓冲。显示缓冲则驻留在主机存储器中，它记录了历史数据。波形图则是根据显示缓冲的数据绘制的。

当输入所需的参数并确认后，Graph 窗口从获取缓冲中接收指定长度(由 Acquisition Buffer Size 定义)和指定起始地址(由 Start Address 定义)的 DSP 数据。

表 5.3 View 菜单

菜单命令		功　　能
Dis-Assembly		当将程序加载入目标板后，CCS 将自动打开一个反汇编窗口。反汇编窗口根据存储器的内容显示反汇编指令和符号信息
Memory		显示指定存储器的内容
CPU Registers	CPU Register	显示 DSP 的寄存器内容
	Peripheral Regs	显示外设寄存器内容。Simulator 不支持此功能
Graph	Time/Frequency	在时域或频域显示信号波形。频域分析时将对数据进行 FFT 变换，时域分析时数据无需进行预处理。显示缓冲的大小由 Display Data Size 定义
	Constellation	使用星座图显示信号波形。输入信号被分解为 X、Y 两个分量，采用笛卡尔坐标显示波形。显示缓冲的大小由 Constellation Points 定义
	Eye Diagram	使用眼图来量化信号失真度。在指定的显示范围内，输入信号被连续叠加并显示为眼睛的形状
	Image	使用 Image 图来测试图像处理算法。图像数据基于 RGB 和 YUV 数据流显示
Tasks	Refresh Tasks	在 CCS 1.2 版和 2.0 版均不支持
	Process/thread	在 CCS 1.2 版和 2.0 版均不支持
Watch Window		用来检查和编辑变量或 C 表达式，可以以不同格式显示变量值，还可显示数组、结构或指针等包含多个元素的变量
Call Stack		检查所调试程序的函数调用情况。此功能仅在调试 C 程序时有效，且程序中必须有一个堆栈段和一个主函数，否则将显示 "C source is not available."
Expression List		所有的 GEL 函数和表达式都采用表达式求值程序来估值。求值程序可对多个表达式求值，在求值过程中可选择表达式并按 Abort 按钮取消求值。这项功能在 GEL 函数执行到死循环或执行时间太长时有用
Project		CCS 启动后将自动打开工程视图。在工程视图中，文件按其性质分为源文件、头文件、库文件及命令文件
Mixed Source/Asm		同时显示 C 代码及相关的反汇编代码(位于 C 代码下方)
Realtime Refresh Options		在 CCS 1.2 版和 2.0 版均不支持

4. Project 菜单

CCS 使用工程来管理设计文档。CCS 不允许直接对汇编或 C 源文件 Build 生成 DSP 应用程序，只有在建立工程文件的情况下，Project 工具栏上的 Build 按钮才会有效。工程文件被存盘为.mak 文件。在 Project 菜单中包括一些常见的命令如 New/Open/Close 等，此外还包括如表 5.4 所示的菜单命令。

表 5.4　Project 菜单

菜单命令	功　　能
Add Files to Project	CCS 根据文件的扩展名将文件添加到工程的相应子目录中。工程中支持 C 源文件(*.c*)、汇编源文件(*.a*, *.s*)、库文件(*.o*, *.lib)、头文件(*.h) 和链接命令文件(*.cmd)。其中 C 和汇编源文件可被编译和链接；库文件和链接命令文件只能被链接；CCS 会自动将头文件添加到工程中
Compile File	对 C 或汇编源文件进行编译
Build	重新编译和链接。对于那些没有修改的源文件，CCS 将不重新编译
Rebuild All	对工程中所有文件重新编译并链接生成输出文件
Stop Build	停止正在 build 的进程
Show Dependencies Scan All Dependencies	为了判别哪些文件应重新编译，CCS 在 build 一个程序时会生成一个关系树(Dependency Tree)，以判别工程中各文件的依赖关系。使用此两菜单命令则可以观察工程的关系树
Options	用来设定编译器、汇编器和链接器的参数
Recent Project Files	加载最近打开的工程文件

5. Debug 菜单

Debug 菜单显示常用的调试命令，如表 5.5 所示。

表 5.5　Debug 菜单

菜单命令	功　　能
Breakpoints	断点。程序在执行到断点时将停止运行。当程序停止运行时，可以检查程序的状态，查看和更改变量值，查看堆栈等。在设置断点时应注意以下两点： 1. 不要将断点设置在任何延时分支或调用的指令处； 2. 不要将断点设置在 repeat 块指令的倒数一二行指令处
Probe Points	允许更新观察窗口并在算法的指定处(设置 Probe Point 处)将 PC 文件数据读至存储器或将存储器数据写入 PC 文件中，此时应设置 File I/O 属性。对每一个建立的窗口，默认情况是在每个断点(Breakpoint)处更新窗口显示，然而也可以将其设置为到达 Probe Point 处时更新窗口。使用 Probe Point 更新窗口时，目标 DSP 将临时中止运行；当窗口更新后，程序继续执行。因此 Probe Point 不能满足实时数据交换(RTDX)的需要

菜单命令	功　　　能
StepInto	单步运行。如果运行到调用函数处将跳入函数单步执行
StepOver	执行一条 C 或汇编指令。与 StepInto 不同的是，为保护处理器流水线，该指令后的若干条延时分支或调用将同时被执行。如果运行到函数调用处将执行完该函数而不跳入函数执行，除非在函数内部设置了断点
StepOut	如果程序运行在一个子程序中，执行 StepOut 将使程序执行完该子程序回到调用该函数的地方。在 C 源程序模式下，根据标准运行 C 堆栈来推断返回地址，否则根据堆栈项的值来求得调用函数的返回地址。因此，如果汇编程序使用堆栈来存储其他信息，则 StepOut 命令可能会不正常工作
Run	从当前程序计数器(PC)执行程序，碰到断点时程序暂停执行
Halt	中止程序运行
Animate	运行程序。碰到断点时程序暂停运行，在更新未与任何 Probe Point 相关联的窗口后程序继续运行。动画(Animate)命令的作用是在每个断点处显示处理器的状态，可以在 Option 菜单下选择 Animate Speed 来控制动画的速度
Run Free	忽略所有断点(包括 Probe Point 和 Profile Point)，从当前 PC 处开始执行程序。此命令在 Simulator 下无效。使用 Emulator 进行仿真时，此命令将断开与目标 DSP 的连接，因此可移走 JTAG 或 MPSD 电缆。在 Run Free 时还可对目标 DSP 硬复位
Run to Cursor	执行到光标处，光标所在行必须为有效代码行
Multiple Operation	设置单步执行的次数
Reset DSP	初始化所有寄存器到其上电状态并中止程序运行
Restart	将 PC 值恢复到程序的入口。此命令并不开始程序的执行
Go Main	在程序的 main 符号处设置一个临时断点。此命令在调试 C 程序时起作用
Enable Task Level Debugging	在 CCS 1.2 版和 2.0 版均不支持
Real Time Mode	在 CCS 1.2 版和 2.0 版均不支持
Enable Rude Real Time	在 CCS 1.2 版和 2.0 版均不支持

6. Profiler 菜单

剖切(Profiling)是 CCS 的一个重要功能。它可提供程序代码特定区域的执行统计，从而使开发设计人员能检查程序的性能，对源程序进行优化设置。使用剖切功能可以观察 DSP 算法占用了多少 CPU 时间，还可以用它来剖切处理器的其他事件，如分支数、子程序调用次数及中断发生次数等。该菜单如表 5.6 所示。

表 5.6　Profiler 菜单

菜单命令	功　　能
Profile Points	设置剖切点。剖切点是一种特殊的断点，在每个剖切点处 CCS 将计算自上一个剖切点以来的机器周期数及其他事件的发生次数。与其他断点不同的是，统计数计算完毕后程序将继续执行。剖切点设置后，可以被使能，也可以被禁止
View Statistics	在剖切统计窗口(Profile Statistics Window)显示每个剖切点处的统计数据，包括该剖切点执行的次数及最小、最大、平均和总的指令周期数(如图 5.5 所示)。程序每次执行到剖切点时都会更新剖切统计窗口，但太多的更新窗口将降低剖切功能的性能。有两种减小窗口更新次数的办法：一种办法是把更新窗口与剖切点相连接；另一种办法是根据需要打开或关闭更新窗口
Enable Clock	为了获得指令周期及其他事件的统计数据，必须使能剖切时钟(Profile Clock)。当剖切时钟被禁用时，将只能计算到达每个剖切点的次数，而不能计算统计数据 剖切时钟被作为一个变量(CLK)通过 Clock 窗口被访问。CLK 变量可在 Watch 窗口观察，并可在 Edit Variable 对话框内修改其值。CLK 还可在用户定义的 GEL 函数中使用 指令周期的计算方式与使用的 DSP 驱动程序有关。对使用 JTAG 扫描路径进行通信的驱动程序，指令周期通过处理器的片内分析功能进行计算，其他的驱动程序则可能使用其他类型的定时器。Simulator 使用仿真的 DSP 片内分析接口来统计剖切数据。当时钟使能时，CCS 调试器将占用必要的资源实现指令周期的计数
Clock Setup	设置时钟。在 Clock Setup 对话框中(如图 5.6 所示)，Instruction Cycle Time 域用于输入执行一条指令的时间，其作用是在显示统计数据时将指令周期数转换为时间或频率用于显示 在 Count 域选择剖切的事件。对某些驱动程序而言，CPU Cycles 可能是惟一的选项。对于使用片内分析功能的驱动程序而言，可以剖切其他事件，如中断次数、子程序或中断返回次数、分支数及子程序调用次数等 可使用 Reset Option 参数来决定如何计数。如选择 Manual 选项，则 CLK 变量将不断累加指令周期数，这与 TI Simulator 类似；如选择 Auto 选项，则在每次 DSP 运行前，自动将 CLK 置为 0，因此 CLK 变量显示的是上一次运行以来的指令周期数，这与 TI Emulator 类似
View Clock	打开 Clock 窗口，显示 CLK 变量的值。双击 Clock 窗口的内容可直接将 CLK 变量复位

Profile Statistics					☒
Location	Count	Average	Total	Maximum	Minimum
VOLUME.C line 83	0	0.0	0	0	0
VOLUME.C line 86	0	0.0	0	0	0
VOLUME.C line 87	0	0.0	0	0	0

图 5.5　剖切统计数据

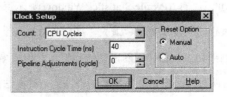

图 5.6　时钟设置

7. Option 菜单

Option 菜单提供 CCS 的一些设置选项，如颜色、字体和键盘等。表 5.7 列出了几种较为重要的 Option 菜单命令。

表 5.7　Option 菜单

菜单命令	功　　能
Editor	设置集成开发环境编辑器。Tab Stops 定义 Tab 键跳格数；Open files as read only 用于防止对文件的不必要的修改；Save before running tools 用于在 build 程序时提示对修改文件存盘；Recent files 用于设置菜单中显示的最近打开的工程或文件个数
Animate Speed	设置断点之间的最小时间。在按动画(animate)命令执行程序时，DSP 程序在碰到断点时停止执行，同时所有与 Probe Point 相连接的窗口都被更新。在碰到断点后的最小时间(由 Animate Speed 定义)内，程序不会继续执行
Memory Map	用来定义存储器映射。存储器映射指明了 CCS 调试器能访问哪段存储器，不能访问哪段存储器。典型情况下，存储器映射与命令文件的存储器定义相一致
Dis-Assembly Style	设置反汇编窗口显示模式，包括反汇编成助记符或是代数符号、直接寻址与间接寻址用十进制、二进制或是十六进制显示
Program Load	程序加载选项，共提供以下两种选项： 1. Perform verification after Porgram Load：默认情况下此选项有效，此时 CCS 将在程序加载后作校验 2. Load Program after Build：此选项有效时，Build 程序后会自动加载执行代码到 DSP 器件
Connect Probe Points	将一个显示窗口与 Probe Point 相连接

在 Option 菜单中，存储器映射(Memory Map)是一个重要的概念，有必要对其作详细说明。

1) 添加一个新的存储器映射范围

(1) 选择 Option→Memory Map，将弹出 Memory Map 对话框。

(2) 在对话框中选中 Enable Memory Mapping，以使能存储器映射。第一次运行 CCS 时，存储器映射即呈禁用状态(未选中 Enable Memory Mapping)，也就是说，CCS 调试器可存取目标板上所有可寻址的存储器(RAM)。当使能存储器映射后，CCS 调试器将根据存储器映射设置检查其可以访问的存储器。如果要存取的是未定义或保护区数据，则调试器将显示默认值而不是存取目标板上的数据。

(3) 选择需修改的页面(Program、Data 或 IO)。如果程序只使用一个存储器页面，则可以跳过这一步。

(4) 按照命令文件的存储器定义，在 Starting address 域键入起始地址，在 Length 域键入存储器长度，在 Attributes 域选择存储器的读/写属性，再点击 Add 按钮即添加一个新的存储器映射范围。

CCS 调试器允许添加一个与已有的存储器范围有所重叠的新的存储器范围，此时重叠区域的读/写属性会作相应修改。

当定义好一个新的存储器范围后，如果想更改其读/写属性，则可以定义一个新的存储器范围(与该存储器具有相同起始地址和相同范围)，并单击 Add 按钮加入，则可将原存储器属性更改为新定义的存储器属性。

2) 删除一个新的存储器映射范围

将一个已有的存储器映射属性设置为 None-No Memory/Protected，可将该存储器范围删除。另一个删除存储器范围的方法是在 Memory Map 列表框内，选中需删除的存储器范围，按 Delete 按钮可将其删除。

3) 存取一个不合法的存储地址

当设计人员想读取一个被存储器映射保护的存储空间时，调试器将不从目标板读取数据，而是读取一个保护数据，通常为 0。因此一个非法的存储地址值通常显示为 0。也可在 Protected Value 域输入另外一个值，如 0XDEAD，这样当试图读取一个非法存储地址时将清楚地给予提示。

在判断一个存储地址是否合法时，CCS 调试器并不根据硬件结构作出比较结果。因此，调试器不能防止程序存取一个不存在的存储地址。

定义一个非法的存储器映射范围最好的方法是使用 GEL 嵌入函数，在运行 CCS 时自动执行。

8. GEL 菜单

C5000 CCS 软件本身提供 C54x 和 C55x 的 GEL 函数，它们在 c5000.gel 文件中定义。表 5.8 列出了 c5000.gel 文件中定义的 GEL 函数。用户还可将常用的 GEL 函数添加到 GEL 菜单中，此时需使用 menuitem 关键词在 GEL 菜单下建立一个新的下拉菜单项。此外还可使用 dialog 和 slider 关键词建立对话框和滑动条对象。

表 5.8   GEL   菜   单

菜单命令		功 能
C55x		提供 C55x Reset 函数用于复位 C55x DSP 器件
C54x	C54x_CPU_Reset	复位目标 DSP、复位存储器映射、禁止存储器映射及初始化寄存器
	C541_Init	
	C542_Init	
	C543_Init	对 C54x DSP 复位
	C545_Init	使能存储器映射
	C546_Init	设置指定 DSP 器件的存储器映射
	C548_Init	
	C549_Init	
	C5402_Init	
	C5409_Init	对 C54x DSP 复位
	C5410_Init	复位外设
	C5416_Init	使能存储器映射
	C5420_Init	设置指定 DSP 器件的存储器映射
	C5421_Init	
	C5402_DSK_Init	

9. Tools 菜单

Tools 菜单提供常用的工具集，如表 5.9 所示。

表 5.9   Tools   菜   单

菜单命令	功 能
Pin Connect	用于指定外部中断发生的间隔时间，从而使用 Simulator 来仿真和模拟外部中断信号 1. 创建一个数据文件以指定中断间隔时间(用 CPU 时钟周期的函数来表示) 2. 从 Tools 菜单下选择 Pin Connect 命令 3. 按 Connect 按钮，选择创建好的数据文件，将其连接到所需的外部中断引脚 4. 加载并运行程序
Port Connect	将 PC 文件与存储器(端口)地址相连接，可从文件中读取数据，或将存储器(端口)数据写入文件中
Command Window	在 CCS 调试器中键入所需的命令，键入的命令遵循 TI 调试器命令语法格式。由于许多命令都接受 C 表达式作为命令参数，因此使得指令集相对较小且功能较强。在命令窗口中键入 HELP 并回车可得到命令窗口支持的调试命令列表
Data Converter Support	使开发者能快速配置与 DSP 器件相连的数据转换器
C54××DMA	使开发者能观察和编辑 DMA 寄存器的内容

续表

菜单命令	功　　能
C54××Emulator Analysis	使开发者能设置和监视事件和硬件断点的发生。C54x DSP 器件有一个片内分析模块，使用这些模块，可以计算特定硬件功能发生的次数或设置相应的硬件断点
C54××McBSP	使开发者能观察和编辑 McBSP 的内容。C54x DSP 器件有多个高速、全双工的多信道缓冲串行口(McBSP)，使该 DSP 器件能直接与系统中的其他器件接口。McBSP 建立在标准串行接口的基础之上
C54××Simulator Analysis	使开发者能设置和监视事件的发生。此工具为加载调试器使用的特定伪寄存器集提供了一个透明的手段。调试器使用这些伪寄存器存取片内分析模块
RTDX	实时数据交换功能，使开发者能在不影响程序执行的情况下分析 DSP 程序的执行情况。
DSP/BIOS	使开发者能利用一个短小的固件核和 CCS 提供的 DSP/BIOS 工具，对程序进行实时跟踪和分析
Linker Configuration	使用 Visual Linker 链接程序
XDAIS	产生与 XDAIS 算法相关联的所有文件

5.3.2　工具栏

CCS 集成开发环境提供五种工具栏，分别为 Standard Toolbar、GEL Toolbar、Project Toolbar、Debug Toolbar 和 Edit Toolbar。这五种工具栏可在 View 菜单下选择是否显示。

1. Standard Toolbar

如图 5.7 所示，标准工具栏包括以下常用工具：

图 5.7　Standard 工具栏

- New：新建一个文档；
- Open：打开一个已存在的文档；
- Save：保存一个文档，如尚未命名，则打开 Save As 对话框；
- Cut：剪切；
- Copy：拷贝；
- Paste：粘贴；
- Undo：取消上一次编辑操作；
- Redo：恢复上一次编辑操作；
- Find Next：查找下一个；
- Find Previous：查找上一个；
- Search Word：查找指定的文本；

- Find in Files：在多个文件中查找；
- Print：打印；
- Help：获取特定对象的帮助。

2. GEL Toolbar

GEL 工具栏提供了执行 GEL 函数的一种快捷方法。如图 5.8 所示，在工具栏的左侧文本输入框中键入 GEL 函数名，再点击右侧的执行按钮即可执行相应的函数。如果不使用 GEL 工具栏，也可以使用 Edit 菜单下的 Edit Command Line 命令执行 GEL 函数。

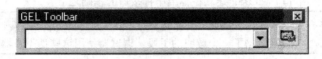

图 5.8　GEL 工具栏

3. Project Toolbar

Project 工具栏提供了与工程和断点设置有关的命令。如图 5.9 所示，工程工具栏提供了以下命令：

图 5.9　Project 工具栏

- Compile File：编译文件；
- Incremental Build：对所有修改过的文件重新编译，再链接生成可执行程序；
- Build All：全部重新编译链接生成可执行程序；
- Stop Build：停止 Build 操作；
- Toggle Breakpoint：设置断点；
- Remove All Breakpoints：移去所有的断点；
- Toggle Probe Point：设置 Probe Point；
- Remove All Probe Points：移去所有的 Probe Point；
- Toggle Profile Point：设置剖切点；
- Remove All Profile Points：移去所有的剖切点。

4. Debug Toolbar

如图 5.10 所示，Debug 工具栏提供以下常用的调试命令：

图 5.10　Debug 工具栏

- Single Step：与 Debug 菜单中的 Step Into 命令一致，单步执行；
- Step Over：与 Debug 菜单中 Step Over 命令一致；

- Step Out：与 Debug 菜单中 Step Out 命令一致；
- Run to Cursor：运行到光标处；
- Run：运行程序；
- Halt：中止程序运行；
- Animate：与 Debug 菜单中 Animate 命令一致；
- Quick Watch：打开 Quick Watch 窗口观察或修改变量，还可方便地将变量加入 Watch 窗口；
- Watch Window：打开 Watch 窗口观察或修改变量；
- Register Windows：观察或编辑 CPU 寄存器或外设寄存器值；
- View Memory：查看存储器指定地址的值；
- View Stack：查看堆栈值；
- View Disassembly：查看反汇编窗口。

5. Edit Toolbar

如图 5.11 所示，Edit 菜单提供了一些常用的编辑命令及书签命令。

图 5.11　Edit 工具栏

- Mark To：将光标放在括号前面，再点击此命令，则将标记此括号内所有文本；
- Mark Next：查找下一个括号对，并标记其中的文本；
- Find Match：将光标放在括号前面，再点击此命令，则光标将跳至与之配对的括号处；
- Find Next Open：将光标跳至下一个括号处(左括号)；
- Outdent Marked Text：将所选择文本向左移一个 TAB 宽度；
- Indent Marked Text：将所选择文本向右移一个 TAB 宽度；
- Edit: Toggle Bookmark：设置一个标签；
- Edit: Next Bookmark：查找下一个标签；
- Edit: Previous Bookmark：查找上一个标签；
- Edit Bookmarks：打开标签对话框。

5.4　C54x DSP 应用系统的软件设计与调试

一个 C54x DSP 应用软件的标准开发流程如图 5.12 所示。

由图可见，软件的开发过程中将涉及到 C 编译器、汇编器、链接器等开发工具。C 编译器输出的是满足 C54x DSP 的汇编程序，因为 C54x DSP 的 C 编程的效率较低，所以它的 C 编译器输出的是汇编程序，用户可以对该汇编程序进行优化，以提高程序效率。

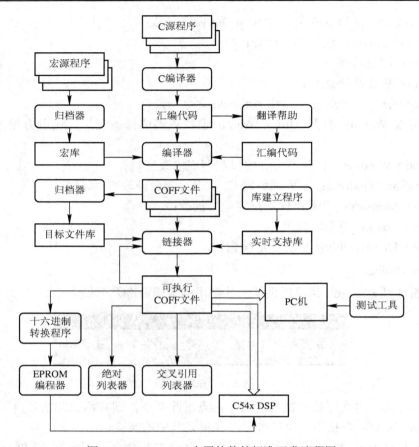

图 5.12　C54x DSP 应用软件的标准开发流程图

初始学习可以从汇编程序开始，编制一个汇编程序，需经历下列步骤：

(1) 用文本编辑器编辑满足 C54x DSP 汇编器格式要求的汇编源程序；

(2) 调用汇编器汇编该源文件；

(3) 汇编后生成 COFF(公共目标文件格式)目标文件；

(4) 调用链接器链接目标文件，如果包含了运行支持库和目标文件库，链接器还会到所包含的库中搜索所需的成员；

(5) 链接后生成可执行的 COFF 执行文件 ".out"；

(6) 将可执行的 COFF 文件下载到实验箱中执行，也可以使用 CCS 软件跟踪调试、优化。

5.4.1　汇编源文件(.asm)格式

C54x DSP 汇编源文件以段(Section)为基本单元构成，一个程序文件由若干段构成，每一段由若干语句(Statement)构成。

C54x DSP 的程序段分为初始化段(Initialized)和未初始化段(Uninitialized)两大类。初始化段可以是程序代码，也可以是程序中用到的常量、数据表等。初始化段就是下载程序时往程序空间写数据(代码或数据)的段。未初始化段为变量，在下载时，这些变量是没有值的，只需留出一段空间以便在运行时存放变量的值。

段的名称和属性可以由用户自定义，如果用户不定义，C54x DSP 汇编器将产生三个默认的名称的段："·text"、"·data"、"·bss"。其中，"·text"为程序代码段，"·data"为数据段，"·bss"为未初始化段。用户可以使用"·sect"和"·usect"两个汇编指示符来定义初始化段和未初始化段。使用方法如下：

> [symbol]　.sect　　"section_name"
>
> [symbol]　.usect　"section_name"，length

5.4.2　汇编器

汇编器把汇编语言源文件(或 C 语言源程序编译后得到的汇编文件)汇编成 COFF 目标文件。汇编器可完成如下工作：

(1) 处理汇编语言源文件中的源语句，生成一个可重新定位的目标文件；

(2) 根据要求，产生源程序列表文件，并提供对源程序列表文件的控制；

(3) 将代码分成段，并为每个目标代码段设置一个段程序计数器，并把代码和数据汇编到指定的段中，在存储器中为未初始化段留出空间；

(4) 定义(.def)和引用(.ref)全局符号(global symbol)，根据要求，将交叉参考列表加到源程序列表中；

(5) 汇编条件段；

(6) 支持宏调用，允许在程序中或在库中定义宏。

常用的汇编命令如表 5.10 所示。

表 5.10　常用的汇编命令

汇编命令	作　用	举　例
.text	紧跟其后的是汇编语言程序正文	.text 段是源程序正文。经汇编后，紧随.text 后的是可执行程序代码
.data	紧跟其后的是已初始化数据	有两种数据形式：.int 和.word
.bss	.bss 为未初始化变量保留存储空间	.bss x,3 表示在数据存储器中空出 3 个存储单元存放变量 x1,x2 和 x3
.sect	建立包含代码和数据的自定义段	.sect "vectors"定义向量表，紧跟其后的是复位向量和中断向量，名为 vectors
.usect	为未初始化变量保留存储空间的自定义段	STACK .usect "STACK",8h 在数据存储器中留出 8 个单元作为堆栈区，名为 STACK
.int	.int 用来设置一个或多个 16 位无符号整型量常数	table:.word 1,2,3,4
.word	.word 用来设置一个或多个 16 位符号整型量常数	表示在程序存储器标号为 table 开始 4 个单元中存放初始化数据 1、2、3 和 4
.title	紧跟其后的是用双引号括起的源程序名	.title "test.asm"
.end	结束汇编命令	放在汇编语言源程序的最后

5.4.3 COFF 目标文件

C54x DSP 的汇编器和链接器都会生成公共目标文件格式(COFF)的目标文件，汇编器生成的文件称为 COFF 的目标文件，链接器生成的文件称为 COFF 的执行文件。COFF 目标文件格式已被广泛使用，因为它支持模块化(段)的编程，提供了有效灵活的管理代码段和目标系统存储空间的方法。

COFF 文件结构如下：

(1) 一个文件头　长度为 22 字节，包含 COFF 文件结构的版本号、段头的数量、创建日期、符号表起始地址和入口数量、可选文件头的长度等信息。

(2) 可选的文件头信息　由链接器生成，包含执行代码的长度(字节)和起始地址、初始化数据的长度和起始地址、未初始化段的长度、程序入口地址等信息，以便在下载时进行重定位。

(3) 各个段的头信息列表　每个段都有一个头，用于定义各段在 COFF 文件中的起始地址位置。段头包含段的名称、物理地址、虚拟地址、长度、原始数据长度等信息。

(4) 每个初始化段的原始数据　包含每个初始化段的原始数据，即需要写入程序存储空间的代码和初始化数据。

(5) 每个初始化段的重定位信息　汇编器自动生成每个初始化段的重定位入口信息，链接时再由链接器读取该入口信息并结合用户对存储空间的分配进行重定位。

(6) 每个初始化段的行号入口　主要用于 C 语言程序的符号调试。因为 C 程序先被翻译为汇编程序，这样，汇编器就会在汇编代码前生成一个行号，并将该行号映射到 C 源程序里相应的行上，便于调试程序。

(7) 一个符号表　用于存放程序中定义的符号的入口，以便调试。

(8) 一个字符串表　表中直接使用符号名称，当符号名称超过 8 个字符时，就在符号表中使用指针，该指针指向字符串表中对应的符号名称。

5.4.4 链接器

汇编器生成 COFF 目标文件后，就可以调用链接器进行链接了，链接器把 COFF 目标文件链接生成可执行文件(.out)(COFF 目标模块)和存储器映像文件(.map)，它允许用户自行配置目标系统的存储空间，也就是为程序中的各段分配存储空间。链接器能根据用户的配置，将各段重定位到指定的区域，包括各段的起始地址、符号的相对偏移等。因为汇编器并不关心用户的定义，而是直接将".text"的起始地址设为 000000h，后面接着是".data" 和用户自定义段。如果用户不配置存储空间，链接器也将按同样的方式定位各段。

C54x DSP 的链接器能够接受多个 COFF 目标文件(.obj)，这些文件可以是直接输入的，也可以是目标文件库中包含的。在多个目标文件的情况下，链接器将会把各个文件中的相同的段组合在一起，生成 COFF 可执行文件。链接器链接目标文件时，主要完成下列任务：

(1) 将各段定位到目标系统的存储器中；

(2) 为符号和各段指定最终的地址；

(3) 定位输入文件之间未定义的外部应用。

用户可以编写链接器命令文件(.cmd)，自行配置目标系统的存储空间的分配，并为各段指定地址。常用的命令指示符有 MEMORY 和 SECTIONS 两个，利用它们可以完成下列功能：

(1) 为各段指定存储区域；

(2) 组合各目标文件中的段；

(3) 在链接时定义或重新定义全局符号。

在集成开发系统 CCS 环境下，先写好链接命令和相应的选项，然后 CCS 自行调用。

下面详细介绍简单的命令文件与调用以及 MEMORY 和 SECTIONS 两条指令的语法和使用。

用命令文件调用链接器的格式为 Ink500 command_ filename，其中，command_ filename 指命令文件名。链接器按所遇的顺序处理输入文件。命令文件的书写都分大小写。

MEMORY 命令就是用来规定目标存储器的模型。通过这条命令，可以定义系统中所包含的各种形式的存储器，以及它们占据的地址范围。C54x DSP 芯片的型号不同，其存储器配置也完全不相同。通过 MEMORY 命令，可以进行各种各样的存储器配置，在此基础上再用 SECTIONS 命令将各输出段分配到指定的存储器范围内。

MEMORY 伪指令的一般语法为：

MEMORY

{

    PAGE 0：

        name 1[(attr)]：origin = constant，length = constant

    PAGE n：

        name n[(attr)]：origin = constant，length = constant

}

MEMORY 伪指令在命令文件中的书写方式为：以大写 MEMORY 开始，后面跟着由大括号括起来的一系列存储器区间说明。每一个存储器区间具有一个名称、起始地址以及存储器的长度。

(1) PAGE 指定存储器空间页面，最多 255 页。通常 PAGE 0 用于程序存储器，PAGE 1 用于数据存储器。若不指定 PAGE，则链接器默认指定 PAGE 0。

(2) name 是存储器区间的名称。名称可由 1~64 个字符组成。

(3) attr 指定所命名的存储器区间的属性。属性为选项，限制将输出段分配到一定的存储器区间。可指定 1~4 种属性，在使用时需用括号括起来。它们是：

● R　指定该存储器只能读；

● W　指定该存储器可以写；

● X　指定该存储器可以包含可执行代码；

● I　指定该存储器可被初始化。

在不给存储器指定任何属性情况下，则默认该区间的存储器具有上述四种属性。

(4) origin 可以简写为 org 或 o，指定存储器区间的起始地址，其值以字为单位。

(5) length 可以简写为 len 或 l，指定存储器区间的长度，其值以字为单位。

(6) fill 可以简写为 f，指定存储器区间的填充字符。填充为选项，该值为两个字节的整型常数。

SECTION 伪指令的一般语法为：

SECTIONS

{

name:[property,property,property…]

name:[property,property,property…]

name:[property,property,property…]

}

它以大写 SECTIONS 开始，后面为大括号，括号内为一系列输出段的说明语句。每段说明语句的开始为定义输出段的段名(输出段指在输出文件中的段)。段名的后面列出该段的属性，定义该段的属性、内容和如何分配存储器等。各属性可用逗号分开，段属性包括以下内容：

(1) 装入存储器分配(Load allocation)。定义段装入时存储器地址，语法为：

load=allocation(这里 allocation 指地址)

或 allocation

或> allocation

(2) 运行存储器分配(Run allocation)。定义段运行时的存储器地址，语法为：

run= allocation

或 run> allocation

(3) 输入段(Input sections)。定义组成输出段的输入段，语法为：

{input_sections}

(4) 段的类型(Section type)。定义特殊的标志，语法为：

type=COPY

type=DSECT

或 type=NOLOAD

(5) 填充值(fill value)。定义用来填充没有初始化的空间的值，语法为：

fill=value

或 name：…{…}=value

举例：

链接命令文件(.CMD 文件)：

Vectors.obj

int00.obj

-m int00.map

-o int00.out

-e start

MEMORY   /* TMS320C54x microprocessor mode memory map*/

{

PAGE 0 :

PROG1:   origin = 0x2000, length = 0x200

PROG2:   origin = 0x2200, length = 0x0d00

```
PAGE 1 :
    DARAM1:        origin = 0x3000, length = 0x1000      /* data buffer, 8064 words*/
PAGE 2 :
    FLASHRAM:      origin = 0x8000, length = 0xffff
}


SECTIONS
{

    .Vectors      : load = PROG1           page 0 /*interrupt vector table */
    .text         : load = PROG2           page 0 /*executable code*/
    .cinit        : load = PROG2           page 0 /*tables for initializing variables and constants*/
    .stack        : load = DARAM1          page 1 /*C system stack*/
    .const        : load = DARAM1          page 1 /*data defined as C qualifier const */
    .bss          : load = DARAM1          page 1 /*global and static variables*//*WAB 3/19/90 */
    .data         : >DARAM1                page 1 /*.data files*/
}
```

5.4.5　C 编译器

C 编译器包含三个功能模块：语法分析、代码优化和代码产生，如图 5.13 所示。

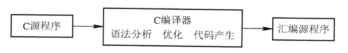

图 5.13　C 编译器功能模块图

语法分析(Parser)完成 C 语法检查和分析；代码优化(Optimizer)对程序进行优化，以便提高效率；代码产生(Code Generator)将 C 程序转换成 C54x DSP 的汇编程序。

利用 CCS 集成开发环境，用户可以完成工程定义、程序编辑、编译链接、调试和数据分析等工作环节。使用 CCS 的一般步骤为：

(1) 打开或创建一个工程文件。工程文件包括源程序(C 或汇编)、目标文件、库文件、链接命令文件和包含文件。

(2) 使用 CCS 集成编辑环境，编辑各类文件。

(3) 对工程进行编译。如果有语法错误，将在构建窗口中显示出来，用户可以根据显示的信息定位错误、修改错误。CCS 同时还提供了探针、图形显示、性能测试等工具来分析数据、评估性能。

5.4.6　建立工程文件

与 Visual Basic、Visual C 和 Delphi 等集成开发环境一样，CCS 也采用工程文件来集中管理一个工程。一个工程包括源程序、库文件、链接命令文件和头文件等。工程构建(编译链接)完成后生成可执行文件。工程视窗显示了工程的整个内容。

1. 创建、打开、关闭文件

命令 Project/New 用于创建一个新的工程文件(后缀为 ".pjt")，接着就可以编辑源程序、链接命令文件和头文件等。然后加入到工程中，工程编译链接后产生可执行文件 ".out"。

命令 Project/Open 用于打开一个已经存在的工程，打开工程文件时，工程中包含的各项信息都被载入。Project/Close 用于关闭一个工程文件。

2. 在工程中添加、删除文件

命令 Project/Add Files to Project...、Source 源文件、Libraries 库文件以及命令文件需要用户指定加入，头文件通过扫描相关性自动加入到工程中。在工程视图中右键单击某文件，从关联菜单中选择 "Remove from Project"，则可以从工程中删除此文件。

3. 编辑源文件

CCS 集成编辑环境可以编辑任何文本文件，对 C 程序和汇编程序，还可以彩色高亮显示关键字、注释和字符串。CCS 内嵌编辑器支持下述功能：

(1) 语法高亮显示　关键字、注释、字符串和汇编指令用不同的颜色显示相互区分。

(2) 查找和替换　可以在一个文件和一组文件中查找替换字符串。

(3) 针对内容的帮助　在源程序内，可以调用针对高亮显示字的帮助。这对获得汇编指令帮助特别有用。

(4) 多窗口显示　可以打开多个窗口或对同一文件打开多个窗口。

(5) 可以利用标准工具条和编辑工具条帮助用户快速使用编辑功能。

(6) 作为 C 语言编辑器，可以判别圆括号或大括号是否匹配，排除语法错误。

5.4.7　构建工程

工程所需文件编辑完成后，可以对该工程进行编译链接，产生可执行文件，为调试做准备。

CCS 提供了四条命令构建工程：

(1) 编译文件　命令 Project-Compile 或单击工程工具条 "编译当前文件" 按钮，仅编译当前文件，不进行链接。

(2) 增量构建　单击工程工具条 "增量构建" 按钮，则只编译那些自上次构建后修改过的文件。增量构建只对修改过的源程序进行编译，先前编译过、没有修改的程序不再编译。

(3) 重新构建　命令 Project/Rebuild 或单击工程工具条 "重新构建" 按钮重新编译链接当前工程。

(4) 停止构建　命令 Project/Stop Build 或单击工程工具条 "停止构建" 按钮停止当前的构建，CCS 集成开发环境本身并不包含编译器、链接器，而是通过调用软件开发工具(C 编译器、汇编器和链接器)来编译链接用户程序。编译器等所用的参数可以通过工程选项设置。Project/Options 弹出一个对话框，在此对话框中可以设置编译器、汇编器和链接器选项。

5.4.8　调试

CCS 提供了非常丰富的调试手段。在程序执行控制上，CCS 提供了四种单步执行方式。从数据流角度上，用户可以对内存单元和寄存器进行查看和编辑，载入/输出外部数据。一般的调试步骤为：调入构建好的可执行程序，先在感兴趣的程序段设置断点，然后执行程序停留在断点处，查看寄存器的值或内存单元的值，对中间数据进行在线分析。

(1) 载入可执行程序　命令 File/Load Program 载入编译链接好的可执行程序。

(2) 使用反汇编工具　在某些时候(例如调试 C 语言关键代码)，用户可能需要深入到汇编指令一级。可以利用 CCS 的反汇编工具。用户的执行程序(C 程序或是汇编程序)载入到目标板时，CCS 自动打开一个反汇编窗口。

除在反汇编窗口可以显示反汇编代码外，CCS 允许用户在调试窗口中混合实现 C 和汇编语句。用户可以选择 View/Mixed Source/Asm。

(3) 程序的执行控制　在调试程序时，用户会经常用到复位、执行、单步执行等命令。我们统称为程序执行控制。

1. CCS 提供的复位目标板

(1) Debug-Reset DSP 命令初始化所有的寄存器内容并暂停运行中的程序。

(2) Debug-Restart 命令将 PC 恢复到当前载入程序的入口地址，此命令不执行当前程序。

(3) Debug-GoMain 命令在主程序入口处设置一临时断点，然后开始执行。当程序被暂停或遇到一个断点时，临时断点被删除。此命令提供了一种快速方法来运行用户应用程序。

2. CCS 提供的程序执行控制

(1) Debug-Run 命令，程序运行到遇见断点为止。

(2) Debug-Halt 命令，程序暂停执行。

(3) Debug-Animate 命令，用户可以反复运行执行程序，直到遇到断点为止。

(4) Debug-Run Free 命令，此命令禁止所有断点，然后运行程序。在自由运行中对目标处理器的任何访问都将恢复断点。

3. CCS 提供的单步执行操作

(1) Debug-Step Into，当调试语句不是最基本的汇编指令时，此操作将进入语句内部(子程序或软件中断)调试。

(2) Debug-Step Over，此命令将函数或子程序当作一条语句执行，不进入其内部调试。

(3) Debug-Step Out，此命令将从子程序中跳出。

(4) Debug-Runto Cursor，此命令使程序运行到光标所在的语句。

4. 断点设置

断点的作用在于暂停程序的运行，以便观察/修改中间变量或寄存器数值。CCS 提供了两类断点。设置断点应当避免以下两种情形：

(1) 将断点设置在属于分支或调用的语句上。

(2) 将断点设置在块重复操作的倒数第一或第二条语句上。

5. 内存操作

在调试过程中，用户可能需要不断观察和修改寄存器、内存单元、数据变量。下面，我们依次介绍如何修改内存块，如何查看和编辑内存单元、寄存器、数据变量。

1) 内存块操作

(1) 拷贝数据块，拷贝某段内存到一新位置。

(2) 填充数据块，用特定数据填充某段内存。

2) 查看、编辑内存

CCS 允许显示特定区域的内存单元数据。选择 View-Memory，在弹出的对话框中输入内存变量名(或对应地址)、显示方式即可显示指定地址的内存单元，在内存显示窗口中单击右键，从关联菜单中选择 Properties，设定内存显示属性。

6. CPU 寄存器操作

(1) 显示寄存器。

(2) 编辑寄存器。

观察变量：在程序运行中，用户可能需要不间断地观察某个变量的变化情况，CCS 提供了观察窗口(Watch Window)，用于在调试过程中实时查看修改变量值。

7. 加入观察变量

(1) 选择 View-Watch Window 命令，则观察窗口出现在 CCS 的下部。CCS 最多提供 4 个观察窗口，每个观察窗口用户都可以定义若干个观察变量，有两种方法可以定义观察变量：一是将光标移到观察窗口中按 Insert 键，弹出表达式加入对话框，在对话框中填入要观察的变量符号即可；二是在源文件窗口或反汇编窗口双击变量，则该变量反白显示，右键单击选择"Add to Watch Window"则该变量直接进入当前观察窗口中。

(2) 表达式中的变量符号当作地址还是变量处理取决于目标文件是否包含有符号调试信息。若在编译链接时有-g 选项(包含符号调试信息)，则变量符号当作真实变量值处理，否则作为地址。

8. 删除某观察变量

有两种方法可以从观察窗口中删去某变量：

(1) 双击观察窗口某变量，选中后变为彩色亮条显示。按 Delete 键，则从列表中删除此变量。

(2) 选中某变量，单击右键，选择"Remove Current Expression"。

9. 观察数组或结构变量

某些变量可能包含多个单元，如数组、结构或指针等 C 变量，这些变量加入到观察窗口时，会有"+"，可以点击"+"展开观察。

评估代码性能：用户完成一个算法设计和编程后，一般需要测试程序效率以便进一步优化代码，CCS 用"代码性能评估"工具来帮助用户评估代码性能。其基本方法为：在适当的语句位置设置断点(软件断点或性能断点)。当程序执行通过断点时，有关代码执行的信息被收集并统计。用户通过统计信息评估代码性能，更详细的内容请参考相关资料。

5.5　C54x DSP 应用系统的硬件设计与调试

5.5.1　硬件设计

单独的一个 DSP 芯片是无法使用的，它必须和其他相应的外围器件一起才能构成一个完整的系统。一个 DSP 硬件系统包括电源电路、复位电路、电平匹配电路、信号输入与输出电路等。

1．C54x DSP 芯片的电源设计

电源的考虑：

(1) DSP 一般有五类电源引脚：即 CPU 核电源引脚、I/O 电源引脚、PLL 电源引脚、模拟电路电源引脚(必须同数字电源分开)、FLASH 编程电源引脚；

(2) 每个电源与地引脚都必须接，不能悬空不接；

(3) 每个芯片的电源需加旁路电容 0.01～0.1 μF(瓷片)；

(4) 在板的四周均匀分布一些大电容 4.7～10 μF(钽电容)；

(5) 多层板——模拟和数字分开(区域划分)；

(6) 电源功率大小；

(7) 电源上电次序，推荐首先给 CPU 核供电，其次给 I/O 供电，再给模拟部分供电，然后才能加外部输入信号；

(8) 总线的负荷；

(9) 建议使用 TI 的电源方案：C2000-TPS7333，TPS76333；C5000-TPS767D318，TPS767D301；C6000-PT6931，PT6932。

C54x DSP 系列芯片大部分采用低电压设计，这样可以大大节约系统的功耗，该系列芯片的电源分为两种，即内核电源与 I/O 电源，其中 I/O 电源一般采用 3.3 V 设计，而内核电源采用 3.3 V、2.5 V 或更低的 1.8 V 电源。降低内核电源的主要目的是为了降低功耗，图 5.14 是常用的 VC5402DSP 系统的电源方案。

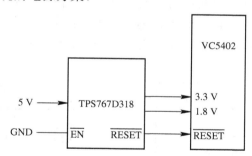

图 5.14　VC5402DSP 系统的电源方案

2．时钟的考虑

(1) 系统能否正确、可靠地工作，时钟是关键。

(2) TI DSP 有以下几种时钟配置方案：内部振荡器；外部振荡器；片内集成有 PLL，对输入时钟进行倍频和分频。

(3) 选择时钟芯片：同步要求；单一晶体，多时钟输出；成本低。

(4) 布线要求尽量近、注意滤波电路。

3．3.3 V 和 5 V 混合逻辑设计

采用 5 V 与 3.3 V 供电的芯片所在的同一电路系统中存在混合逻辑设计问题。

(1) 5 V TTL 器件驱动 3.3 V TTL 器件　由于 5 V TTL、3.3 V TTL 的电平转换标准是一样的，因此，如果 3.3V 器件能够承受 5 V 电压，直接连接从电平上来说是完全可以的。

(2) 3.3 V TTL 器件(LVC)驱动 5 V TTL 器件　由于两者的电平转换标准是一样的,因此不需要额外的器件就可以将两者直接连接。只要 3.3 V 器件的 U_{OH} 和 U_{OL} 电平分别为 2.4 V 和 0.4 V,5 V 器件就可以将输入读为有效电平,因为它的 U_{IH} 和 U_{IL} 电平分别是 2 V 和 0.8 V。

(3) 5 V CMOS 驱动 3.3 V TTL 器件(LVC)　显然,两者的转换电平是不一样的。进一步分析 5 V CMOS 的 U_{OH} 和 U_{OL} 以及 3.3 V TTL 的 U_{IH} 和 U_{IL} 的转换电平可以看出,虽然两者存在着一定的差别,但是能够承受 5 V 电压的 3.3 V 器件能够正确识别 5 V 器件送来的电平值。采用能够承受 5 V 电压的 LVC 器件,5 V 器件的输出是可以直接与 3.3 V 器件的输入端接口的。

(4) 3.3 V TTL 器件(LVC)驱动 5 V CMOS　两者的电平转换标准是不一样的,3.3 V TTL 输出的高电平的最低电压值是 2.4 V(可以高到 3.3 V),而 5 V CMOS 器件要求的高电平是 3.5 V,因此,3.3 V 器件(LVC)的输出不能直接与 5 V CMOS 器件的输入相接。在这种情况下,可以采用双电压(一边是 3.3 V 供电,另一边是 5 V 供电)供电的驱动器,如 TI 的 SN74ALVC164245、SN74LVC4245 等。

4. DSP 系统信号的输入/输出电路的设计

音频部分的输入/输出是大部分 DSP 系统不可缺少的一部分。图 5.15 为 VC5402 与语音处理芯片 TLV320AIC10 的连接原理图。

5. DSP 系统的硬件复位和看门狗电路

上电复位电路的好坏将直接影响系统的稳定性。在系统中,可能由于干扰等原因导致系统崩溃,此时如果有看门狗(Watch dog)电路就可以使系统重新复位,恢复正常的工作。Maxim 公司的 MAX706 芯片是一个非常好的上电复位电路和看门狗电路,该芯片具体接法如图 5.16 所示。

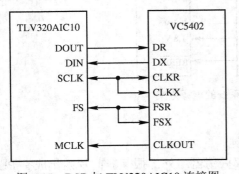

图 5.15　DSP 与 TLV320AIC10 连接图

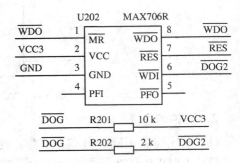

图 5.16　DSP 系统的硬件复位和看门狗电路图

MAX706R 的 6 脚需要输入一个周期不小于 0.1 s 的脉冲信号,该信号将由 DSP 通过程序产生。该电路不但在系统上电时能产生一个标准的复位脉冲,而且当 DSP 处于不正常工作状态,通过程序产生的周期性脉冲消失时,将在 7 脚上产生一个不小于 1.6 s 的复位脉冲信号,来确保系统重新复位。此时,程序重新开始运行,强行使系统恢复正常。

DSP 应用系统的硬件设计电路举例详见应用篇。

6. 设计中的其他考虑

必须考虑时序关系——保留一定的余量。重要的信号应加测试点,或连接它们到连接器(或逻辑分析仪)插头上。系统中应包括与仿真器相接的连接器。关键信号加跳针。提供手动复位开关。

5.5.2　硬件调试

在确保计算机、DSP 仿真器和 DSP 应用系统可靠连接后加电，仿真器可工作。按如图 5.17 所示步骤调试系统硬件电路。首先检查关键信号的状态是否正确，这些信号有：

- EMU0/1，$\overline{\text{TRST}}$；
- READY，$\overline{\text{RESET}}$，$\overline{\text{HOLD}}$，MP/$\overline{\text{MC}}$；
- 可屏蔽或不可屏蔽的中断。

如果状态不正确，可能会挂起仿真器或调试软件。

进入 CCS 仿真调试环境后，用 Peripheral Register 窗口，验证控制寄存器，检查它们的状态是否正确；用 CPU 寄存器窗口，验证 CPU 核寄存器，观察 CPU 数据寄存器是否可以修改；用 Memory 窗口，检查存储器是否可以修改；将生成的程序代码.out 文件通过仿真器写入 C54x DSP 中，用单步运行、设置断点运行和全速运行等方法调试软硬件。

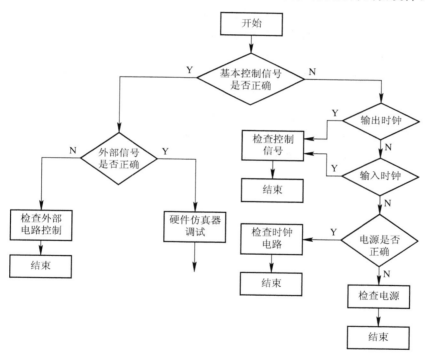

图 5.17　DSP 应用系统硬件调试流程图

5.5.3　独立 DSP 应用系统的形成

软硬件调试成功后，将整个系统软件写入程序存储器就可脱离仿真器使系统成为独立运行的 DSP 应用系统。下面以 VC5402 为例简述程序固化过程。

VC5402 支持多种引导方式，当 DSP 复位时，若 MP/$\overline{\text{MC}}$ =1，DSP 就直接从片外地址 FF80H 开始执行指令，FF80H 必须放 16 位的指令码；当 MP/$\overline{\text{MC}}$ =0 时，DSP 进入引导方

式，将依次根据 DSP 的一些管脚电平来决定采用何种引导方式。实际上，DSP 执行从片内的 F800H 开始的固化程序，此程序从 DSP 外部读入用户程序。这个过程引导结束后，DSP 跳转到用户程序。详细加载流程及程序见第 6 章实验 13：BOOT 及 FLASH 读/写实验。

习题

1. CCS 集成开发软件有哪些功能与原先的 DSP 开发软件相比有哪些优势？
2. CCS 的 Simulator 和 Emulator 有何区别？
3. 硬件仿真器和软件仿真器哪一个更适合于开发实时 DSP 软件？
4. 什么是目标文件？
5. 链接命令文件有什么作用？在生成 DSP 代码过程中何时发挥这些作用？
6. 汇编程序中的伪指令有什么作用？
7. 简述 MEMORY 伪指令和 SECTIONS 伪指令作用、语法及使用。
8. 用 C 语言设计时，C 编译器会产生哪些代码段？
9. 用 CCS 下的一个例子，练习 DSP 的编程和代码产生过程。
10. 编写完整的程序，包括链接命令文件，实现 $y = x_1 + x_2 + x_3 + x_4$。
11. 编写完整的程序，包括链接命令文件，实现从 x_1，x_2，x_3，x_4 中找出最大值。
12. 编写完整的程序，包括链接命令文件，实现 $y = a_1 * x_1 + a_2 * x_2 + a_3 * x_3 + a_4 * x_4$。
13. DSP 应用系统中为什么需要电平转换？
14. 试为 VC5402DSP 应用系统设计电源方案。
15. 一个 DSP 应用系统的硬件一般包括哪几部分？
16. 简述 DSP 应用系统的软硬件调试步骤。

第 6 章 DSP 应用技术实训

6.1 JLD 型 DSP 技术实验与开发系统简介

前面几章介绍了 DSP 原理及应用系统设计的一些知识。DSP 芯片是比较复杂的高速微处理器，要开发基于 DSP 芯片的应用系统，从系统方案的设计到具体软件、硬件实现都是比较困难的工作。为了让学生掌握 DSP 技术，熟悉 DSP 应用系统开发，使初学者在具体设计特定的应用系统之前，对 DSP 有一个深入全面的了解，我们开发了 JLD 型 DSP 技术实验与开发系统。在此硬件系统基础上，初学者可先从编写软件起步，然后进一步掌握 DSP 的工作原理和软硬件设计，这样可以更快更好地掌握 DSP 应用技术。

6.1.1 功能框图

本系统采用模块化设计，主要包括 DSP 处理器(TMS320VC5402)及外部存储器、单片机(计算机接口部分)、语音编/解码及通道、可编程逻辑器件(产生时钟以及 DSP I/O 扩展)、数码管、液晶显示屏、键盘等。系统硬件组成如图 6.1 所示。

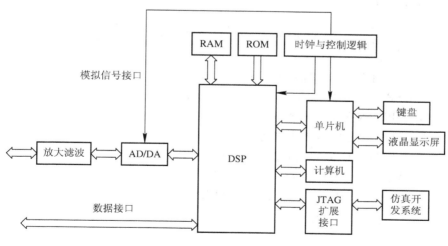

图 6.1 系统硬件组成框图

6.1.2 设计思想

该系统不仅能完成 DSP 技术实验，而且为满足不同层次的应用需求，在本实验系统中我们提供了一种开放式的系统设计思想，为用户提供如下的资源供其使用，用户可在此硬件平台上进行二次开发。

(1) 提供一路模拟输入/输出通道,模拟接口采用 TI 公司的 TLC320AIC10 芯片。

(2) 数据输入/输出接口。数据输入/输出接口符合 TTL 电平,数据接口映射至 DSP 的存储器地址中。

(3) RAM 区。先是数据区,后为程序区,用户的开发使用 COFF 文件格式。

(4) 与计算机的串行口接口,可提供给用户使用。

(5) DSP 的两个外部中断、一个 McBSP 中断和一个定时器中断都可由用户使用。

(6) CPLD 器件采用 Altera 公司的 EPM 7128S,用户可使用 MAX+PLUS Ⅱ 软件对器件进行编程修改。

(7) 提供单片机 AT89C51、键盘与液晶显示屏及数码管给用户使用。

6.1.3　特点

(1) 系统所提供的实验项目丰富,且附有所有源程序和实验原理详解,所有实验都在 JLD 型 DSP 技术实验与开发系统上调试通过。

(2) 系统所有的硬件及相关资料对用户开放,用户可以在此基础上进行功能扩展或开发自己的课题。课题项目可以包括数字信号处理、语音处理、调制解调、数字通信、接口、控制等。

6.2　DSP 应用技术实训

6.2.1　汇编语言程序设计

实验 1　CCS 的使用与汇编语言程序设计入门

1) 实验目的

(1) 了解 DSP 开发系统的组成和结构;

(2) 熟悉 DSP 集成开发环境;

(3) 掌握 TMS320C54x DSP 程序空间的分配;

(4) 掌握 TMS320C54x DSP 数据空间的分配;

(5) 掌握操作 TMS320C54x DSP 存储器的相关指令;

(6) 掌握 TMS320C54x DSP 相关运算的指令;

(7) TMS320C54x DSP 相关程序流程控制类的指令;

(8) 熟悉 DSP 开发软件的使用。

2) 实验内容

设计一汇编程序,实现对一组所给的数的累加,并将结果送数码管显示。

3) 预备知识

高速灵活的数据存取功能是高速信号处理的基础之一。TMS320C54x DSP 支持七种基本的数据寻址模式,用于操作数据空间、程序空间和 I/O 空间。各种模式灵活运用可以实现高速的数据传输。由于 DSP 的强大功能在于对数据的处理,因此它具有丰富的访问和操作数据空间的指令。

　　程序空间和 I/O 空间的读取操作指令相对少一些。对程序空间进行读/写的指令有 MVDP、MVPD、MACD、MACP、FIRS 等；对 I/O 空间读/写的指令为 PORTR 和 PORTW。由于 DSP 的数据空间可以和程序空间共享，也就是说，数据和程序在空间地址上可以混合放置，所以，在片内的数据，一般以数据空间方式访问。若在片外，则要通过一定的地址译码实现数据程序空间共享。

　　4) 实验设备

　　硬件：TMS320C54x DSP 数字信号处理及嵌入式系统实验开发系统、JTAG 仿真器、Pentium 100 以上的 PC 机。

　　软件：Windows 98 或以上 PC 机操作系统、CCS 集成开发环境、仿真器驱动程序。

　　5) 实验步骤

　　(1) 连接好 DSP 开发系统，运行 CCS 软件；

　　(2) 用汇编语言设计一程序并输入相应的链接命令文件(.cmd 文件)，或输入参考程序及链接命令文件(.cmd 文件)，使一组所给的数累加，并将结果送数码管显示；

　　(3) 新建一个工程；

　　(4) 向工程添加汇编程序及链接命令文件(.cmd 文件)；

　　(5) 编译、链接工程中的所有文件，生成.out 文件；

　　(6) 装载上述.out 文件，并运行。

　　6) 实验现象与结果

　　运行程序后，用 CCS 观察相应的存储单元(见参考程序中的变量 z)，该单元存储了所给的一组数的累加值，且与数码管显示结果一致。

　　7) 思考题

　　修改参考程序，实现所给的一组数的连乘，并将结果送数码管显示。

　　参考程序如下。

　　汇编语言程序：

```
        .title    "mac.asm"
        .mmregs
        .def start
        SIZE .set 100
        stack .usect "STK", SIZE
        SEGSEL .set 0001b              ;数码管使能控制数据, 此处为第 0 个数码管选通
        SEGSELPORT .set 0h             ;数码管使能控制口地址
        SEGPORT   .set 1h              ;数码管数据口地址
            .bss SEG_DATA,10           ;用于存放从 SEG_VALUE 装载进来的数码管编码数据
            .bss x,5                   ;用于存放从 table0 装载进来的输入数据
            .bss z,1                   ;用于存放输出数据(计算结果)
            .data
table0:     .word 1,2,3,4,5            ;待计算的一组输入数据
;以下用于存放数码管编码数据, 分别控制数码管显示 0～9
```

```
        SEG_VALUE .word 077h,014h,0b3h,0b6h,0d4h,0e6h,0e7h,034h,0f7h,0f6H
            .text
        start:stm #stack+SIZE, SP
            ;;;;;;;;;;C5402  初始化;;;;;;;;;;;;;;;
            stm #2b40h,ST1;STM #2B40H,ST1;
            stm #1e00h,ST0;
            stm #02024h,PMST                    ;IPTR=0010,0000,0   ->RESET=2000H
            stm #0h,SWWSR
            stm #04007h,CLKMD
            ;;;;;;;;;;;;;;;;;;;;;;;;;;;;;;;;;;
            stm #SEG_DATA, AR3                  ;将数码管编码数据从 SEG_VALUE 装入 SEG_DATA
            rpt #9
            mvpd SEG_VALUE, *AR3+
            stm #x,AR1                          ;从空间 table0 装载输入数据进入空间 x
            rpt #4
            mvpd table0,*AR1+
            call sum                            ;调用累加子程序
            ld #SEGSEL,B                        ;第 0 个数码管选通
            portw *(0bH), SEGSELPORT
            stlm A,AR0                          ;累加子程序返回的计算结果转入 AR0
            stm #SEG_DATA,AR7                   ;数码管编码数据区首地址送 AR7
            nop
            mar *AR7+0                          ;首地址(AR7 中的内容)+偏移地址(AR0 中的内容)
            nop
            portw *AR7,SEGPORT                  ;让数码管显示计算结果
        end:  b   end
        sum: stm #x,AR3                         ;累加子程序
            rptz A,#4
            add *AR3, A
            stm #z,AR4
            stl A,*AR4
            ret
            .end
```

链接命令文件(.cmd 文件)：

```
    mac.obj
    -o mac.out
    -m mac.map
    -e start
    MEMORY
```

```
{
PAGE 0:
        EPROM    :org=02000h,len=200h
PAGE 1:
        SPRAM    :org=0060h,len=001fh
        DARAM    :org=0080h,len=100h
}
SECTIONS
{
.text :>EPROM PAGE 0

.data :>EPROM PAGE 0

.bss    :>SPRAM PAGE 1

.stack :>DARAM PAGE 1
}
```

实验 2　CCS 使用与乘累加运算程序的设计

1) 实验目的

(1) 了解 DSP 开发系统的组成和结构；

(2) 熟悉 DSP 集成开发环境；

(3) 掌握 TMS320C54x DSP 程序空间的分配；

(4) 掌握 TMS320C54x DSP 数据空间的分配；

(5) 掌握操作 TMS320C54x DSP 存储器的相关指令；

(6) 掌握 TMS320C54x DSP 相关运算的指令；

(7) 掌握 TMS320C54x DSP 相关程序流程控制类的指令；

(8) 熟悉 DSP 开发软件的使用。

2) 实验内容

设计一段汇编程序，实现数字信号处理中常用的乘累加基本运算，并将运算结果送数码管显示。运行程序后，数码管即显示两组数(如参考程序中开辟的两段数据区 table0 和 table1)的对应数值乘积之和。

3) 预备知识

高速灵活的数据存取功能是高速信号处理的基础之一。TMS320C54x DSP 支持七种基本的数据寻址模式，用于访问数据空间、程序空间和 I/O 空间。各种模式灵活运用可以实现高速的数据传输。由于 DSP 的强大功能在于对数据的处理，因此它具有丰富的访问和操作数据空间的指令。

程序空间和 I/O 空间的读取操作指令相对少一些。对程序空间进行读/写的指令有 MVDP、MVPD、MACD、MACP、FIRS 等；对 I/O 空间读/写的指令有 PORTR 和 PORTW。由于 DSP 的数据空间可以和程序空间共享，也就是说，数据和程序在空间地址上可以混合放置，所以，在片内的数据，一般以数据空间方式访问。若在片外，则要通过一定的地址译码实现数据程序空间的共享。

4) 实验设备

硬件：JLD 型 DSP 技术实验与开发系统、JTAG 仿真器、Pentium100 以上的 PC 机。

软件：Windows 98 或以上的 PC 机操作系统、CCS 集成开发环境、仿真器驱动程序。

5) 实验步骤

(1) 连接好 DSP 开发系统，运行 CCS 软件；

(2) 用汇编语言设计一程序并输入相应的链接命令文件(.cmd 文件)，分别保存；或输入参考程序及相应的链接命令文件(.cmd 文件)；

(3) 新建一个工程；

(4) 向工程添加汇编程序及链接命令文件(.cmd 文件)；

(5) 编译、链接工程中的所有文件，生成.out 文件；

(6) 装载上述.out 文件，并运行。

参考程序如下。

汇编语言程序：

```
        .title   "mac.asm"
        .mmregs
        .def start
SIZE .set 100
stack .usect "STK", SIZE
SEGSEL .set 0001b                ;数码管使能控制数据,此处为第 0 个数码管选通
SEGSELPORT .set 0h               ;数码管使能控制口地址
SEGPORT   .set 1h                ;数码管数据口地址
        .bss SEG_DATA,10         ;用于存放从 SEG_VALUE 装载进来的数码管编码数据
        .bss x,3                 ;用于存放从 table0 装载进来的输入数据
        .bss y,3                 ;用于存放从 table1 装载进来的输入数据
        .bss z,1                 ;用于存放输出数据(计算结果)
        .data
table0:  .word 1,1,2             ;待计算的输入数据
table1:  .word 1,1,3
;以下用于存放数码管编码数据,分别控制数码管显示 0~9
SEG_VALUE .word 077h,014h,0b3h,0b6h,0d4h,0e6h,0e7h,034h,0f7h,0f6h
        .text
start:  stm #stack+SIZE, SP
         ;;;;;;;;;;C5402 初始化;;;;;;;;;;;;;;;;
        stm #2b40h,ST1           ;STM #2B40H,ST1;
        stm #1e00h,ST0;
        stm #02024h,PMST         ;IPTR=0010,0000,0   ->RESET=2000H
        stm #0h,SWWSR
        stm #04007h,CLKMD
        ;;;;;;;;;;;;;;;;;;;;;;;;;;;;;;;;;;;;;;;
```

```
        stm #SEG_DATA, AR3          ;将数码管编码数据从 SEG_VALUE 装入 SEG_DATA
        rpt #9
        mvpd SEG_VALUE, *AR3+
        ;stm #SEG_DATA, AR3
        ;stm #9, AR5
        stm #x,AR1                  ;从空间 table0,table1 装载输入数据进入空间 x,y
        rpt #2
        mvpd table0,*AR1+
        stm #y,AR2
        rpt #2
        mvpd table1,*AR2+
        call macc                   ;调用累加乘子程序
        ld #SEGSEL,B                ;第 0 个数码管选通
        portw *(0bh), SEGSELPORT
        stlm A,AR0                  ;累加乘子程序返回的计算结果转入 AR0
        stm #SEG_DATA,AR7           ;数码管编码数据区首地址送 AR7
        nop
        mar *AR7+0                  ;首地址(AR7 中的内容)+偏移地址(AR0 中的内容)
        nop
        portw *AR7,SEGPORT          ;让数码管显示计算结果
end:    b  end
macc:   stm #x,AR3                  ;累加乘子程序
        stm #y,AR4
        rsbx FRCT
        rptz A,#2
        mac *AR3+, *AR4+,A
        stm #z,AR4
        stl A,*AR4
        ret
        .end
```

链接命令文件(.cmd 文件)：

```
    mac.obj
    -o mac.out
    -m mac.map
    -e start
MEMORY
{
    PAGE 0:
        EPROM   :org=02000h,len=200h
```

PAGE 1:

        SPRAM   :org=0060h,len=001fh

        DARAM   :org=0080h,len=100h

   }

SECTIONS

{

.text :>EPROM PAGE 0

.data :>EPROM PAGE 0

.bss   :>SPRAM PAGE 1

.stack :>DARAM PAGE 1

   }

实验 3   I/O 读 写 实 验

1) 实验目的

(1) 掌握 TMS320C54x DSP 的 I/O 读写指令；

(2) 熟悉 CCS 开发软件的使用；

(3) 了解数码管的显示原理和指令控制。

2) 实验内容

数码管的选通信号通过 DSP 的 I/O 空间的某个地址译码产生，即将数码管映射为 DSP 的 I/O 空间，在该地址上写数据直接显示在数码管上。编程实现在数码管上显示从 0～9 的十进制数(静态显示方式)，并在数码管显示变化时，四个独立的发光二极管与之同步闪烁。

3) 预备知识

I/O 接口电路简称接口电路，它是主机和外围设备之间交换信息的连接部件(电路)，在主机和外围设备之间的信息交换中起着桥梁和纽带作用。

I/O 接口的编址方式：

(1) I/O 接口独立编址。

这种编址方式是将存储器地址空间和 I/O 接口地址空间分开设置，互不影响。设有专门的输入指令和输出指令来完成 I/O 操作。

(2) I/O 接口与存储器统一编址方式。

这种编址方式不区分存储器地址空间和 I/O 接口地址空间，把所有的 I/O 接口的端口都当作是存储器的一个单元对待，每个接口芯片都安排一个或几个与存储器统一编号的地址号。不设专门的输入/输出指令，所有传送和访问存储器的指令都可用来对 I/O 接口操作。

在 DSP 应用系统中，为了便于人们观察和监视运行情况，常常需要用显示器显示运行的中间结果及状态等信息，因此显示器也是不可缺少的外部设备之一。显示器的种类很多，LED 显示器具有耗电省、成本低廉、配置简单灵活、安装方便、耐振动、寿命长等优点。

① LED 的结构   7 段 LED 由 7 个发光二极管按"日"字形排列组成。所有发光二极管的阳极连在一起称共阳极接法，阴极连在一起称为共阴极接法。一般共阴极可以不需外接电阻，而共阳极接法中发光二极管必须外接电阻。LED 的结构及连接关系如图 6.2 所示。

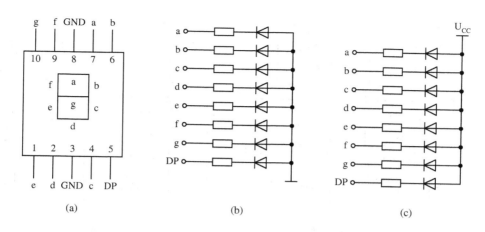

图 6.2　LED 的结构及连接关系图

(a) 管脚设置；(b) 共阴极；(c) 共阳极

② LED 的工作原理　　当选用共阴极 LED 显示器时，所有发光二极管的阴极连在一起接地。当某个发光二极管的阳极加入高电平时，对应的二极管点亮。因此要显示某字形，实际上就是送一个用不同电平组合代表的数据字(字符的段码)来控制 LED 的显示。字符数据字与 LED 段码的关系如图 6.3 所示。

数据字	D7	D6	D5	D4	D3	D2	D1	D0
LED 段	DP[①]	g	f	e	d	c	b	a

注：①DP 为小数点段。

图 6.3　字符数据字与 LED 段码关系图

③ LED 数码管静态显示　　LED 数码管采用静态显示与单片机接口时，共阴极或共阳极点连接在一起接地或高电平。每个显示位的段选线与一个 8 位并行口线对应相连。只要在显示位的段选线上保持段码电平不变，该位就能保持相应的显示字符。这里的 8 位并行口可以直接采用并行 I/O 接口片，也可以采用串入/并出的移位寄存器或是其他具有三态功能的锁存器等。

④ LED 数码管动态显示　　在多位 LED 显示时，为了简化电路、降低成本，将所有位的段选线并联在一起，由一个 8 位 I/O 口控制。而共阴(或共阳)极公共端分别由相应的 I/O 线控制，实现各位的分时选通。由于各个数码管共用同一个段码输出口，分时轮流通电，从而大大简化了硬件线路，降低了成本。不过这种方式的数码管接口电路中，数码管不宜太多，一般在 8 个以内，否则每个数码管所分配到的实际导通时间太少，显得亮度不足。若 LED 位数较多时应增加驱动能力，来提高显示亮度。

⑤ LED 与 DSP 的连接原理如图 6.4 所示。

4 个 8 位数码管采用动态显示，首先选中某个数码管，然后在其上显示。数码管的选择信号 SLED1、SLED2、SLED3、SLED4 映射为 DSP 地址为 0 的 I/O 空间，数码管的显示数据 LE0～LE7 映射为 DSP 地址为 1 的 I/O 空间。

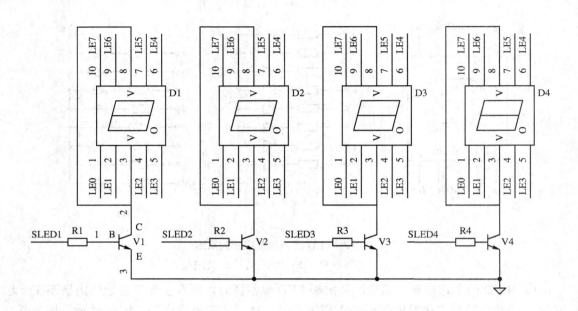

图 6.4　LED 与 DSP 的连接原理图

4) 实验设备

硬件：JLD 型 DSP 实验与开发系统、JTAG 仿真器、Pentium100 以上的 PC 机。

软件：Widnows 98 或以上的 PC 机操作系统、CCS 集成开发环境、仿真器驱动程序。

5) 实验步骤

(1) 连接好 DSP 开发系统，运行 CCS 软件；

(2) 用汇编语言设计程序及相应的链接命令文件(.cmd 文件)，或输入参考程序及相应的链接命令文件(.cmd 文件)，分别保存；

(3) 新建一个工程；

(4) 向工程添加上述程序及链接命令文件(.cmd 文件)；

(5) 编译、链接工程中的所有文件，生成.out 文件；

(6) 装载上述.out 文件，并运行；

(7) LED 的显示刷新速度由子程序 delay 的定时周期决定。修改程序，重新设置刷新速度及 LED 的显示内容，重复步骤(5)～(6)。

6) 实验现象与结果

数码管循环显示 0～9 十个数字。显示变化时，四个独立的发光二极管与之同步闪烁。

7) 思考题

修改参考程序，使数码管循环显示 9～0(递减)十个数字；显示变化时，四个独立的发光二极管与之同步闪烁；每个循环结束后，停顿较长时间，再自动进入下一轮循环显示。

参考程序如下。

汇编语言程序：

```
.title  "seg_ledtest.asm"
    .mmregs
```

```
        .def start
SIZE .set 100
stack .usect "STK", SIZE
SEGSEL .set 1111b                  ;数码管使能控制数据，此处四个数码管均使能
SEGSELPORT .set 0h                 ;数码管使能控制口地址
SEGPORT .set 1h                    ;数码管数据口地址
LED1PORT     .set 2h               ;LED1 地址
LED2PORT     .set 3h
LED3PORT     .set 0eh
LED4PORT     .set 0fh
        .bss SEG_DATA,10h          ;用于存放从 SEG_VALUE 装载进来的数码管编码数据
        .data                      ;存放数码管编码数据,分别控制数码管显示 0~9
SEG_VALUE .word 077h,014h,0b3h,0b6h,0d4h,0e6h,0e7h,034h,0f7h,0f6h
        .text
start:       stm #stack+SIZE, SP
             ;;;;;;;;;;;C5402 初始化 ;;;;;;;;
             STM #2B40h,ST1
             STM #1E00h,ST0
             stm #02024h,PMST      ;IPTR=0010,0000,0   ->RESET=2000H
             stm #7FFFh,SWWSR
             stm #04007h,CLKMD
             ;;;;;;;;;;;;;;;;;;;;;;;;;;;
             stm #SEG_DATA, AR3    ;从 SEG_VALUE 装载数码管编码数据
             rpt #9                ;放入 SEG_DATA
             mvpd SEG_VALUE, *AR3+
             stm #SEG_DATA, AR3    ;AR3 复位: 指向 SEG_DATA 首址
             stm #9, AR5           ;用作减法记数(下面程序控制用)
             ld #SEGSEL,A          ;选通数码管: 四个均选通
             portw *(08h), SEGSELPORT  ;08H 即累加器 A 的地址
run_led:                          ;以下程序让数码管循环显示 0~9, 同时 LED 闪烁一次
             ld *AR3+, A           ;向数据口送编码数据
             portw *(08h), SEGPORT
             ld #0, B              ;使 LED 全亮
             portw *(0bh), LED1PORT
             portw *(0bh), LED2PORT
             portw *(0bh), LED3PORT
             portw *(0bh), LED4PORT
             call delay            ;亮状态停顿
             ld #1, B              ;使 LED 全灭
```

```
                portw *(0bh), LED1PORT
                portw *(0bh), LED2PORT
                portw *(0bh), LED3PORT
                portw *(0bh), LED4PORT
                call delay                          ;灭状态停顿
                banz out_int,*AR5-
                stm #9, AR5
                stm #SEG_DATA, AR3
out_int:
                b run_led
delay:          pshm ar0
                pshm ar3
                pshm ar4
                stm #0fffh,ar7
wait0:          stm #0ffh, ar6
wait1:           banz wait1,*ar6-
                banz wait0,*ar7-
                popm ar4
                popm ar3
                popm ar0
                ret
                .end
```

链接命令文件(.cmd 文件):

```
    seg_ledtest.obj
     -o seg_ledtest.out
     -m seg_ledtest.map
     -e start
       MEMORY
       {
       PAGE 0:
            EPROM: org=2000h, len=1000h
       PAGE 1:
            DARAM: org=3000h, len=1000h
       }
       SECTIONS
       {
        .text:>EPROM PAGE 0
        .vectors:>EPROM PAGE 0
        .data:>DARAM PAGE 1
```

```
.bss:>DARAM PAGE 1
.stack:>DARAM PAGE 1

}
```

实验 4　　CCS 的使用与汇编程序的控制设计

1) 实验目的

(1) 了解 DSP 开发系统的组成和结构；

(2) 熟悉 DSP 集成开发环境；

(3) 掌握 TMS320C54x DSP 程序空间的分配；

(4) 掌握 TMS320C54x DSP 数据空间的分配；

(5) 掌握操作 TMS320C54x DSP 存储器的相关指令；

(6) 掌握 TMS320C54x DSP 相关运算的指令；

(7) 掌握 TMS320C54x DSP 相关程序流程控制类的指令；

(8) 熟悉 DSP 开发软件的使用。

2) 实验内容

设计一汇编程序，实现从一组所给的数中找出最大值，并将结果送数码管显示。运行程序后，用 CCS 观察相应的存储单元(参考程序中用 z)，该单元存储了所给一组数中的最大数，且与数码管显示结果一致。

3) 预备知识

高速灵活的数据存取功能是高速信号处理的基础之一。TMS320C54x DSP 支持七种基本的数据寻址模式，用于操作数据空间、程序空间和 I/O 空间。各种模式灵活运用可以实现高速的数据传输。由于 DSP 的强大功能在于对数据的处理，因此它具有丰富的访问和操作数据空间的指令。

程序空间和 I/O 空间的读取操作指令相对少一些。对程序空间进行读/写的指令有 MVDP、MVPD、MACD、MACP、FIRS 等；对 I/O 空间读/写的指令为 PORTR 和 PORTW。由于 DSP 的数据空间可以和程序空间共享，也就是说，数据和程序在空间地址上可以混合放置，所以，在片内的数据，一般以数据空间方式访问。若在片外，则要通过一定的地址译码实现数据程序空间共享。

4) 实验设备

硬件：JLD 型 DSP 技术实验与开发系统、JTAG 仿真器、Pentium100 以上的 PC 机。

软件：Windows 98 或以上的 PC 机操作系统、CCS 集成开发环境、仿真器驱动程序。

5) 实验步骤

(1) 连接好 DSP 开发系统，运行 CCS 软件；

(2) 用汇编语言设计程序及相应的链接命令文件(.cmd 文件)，或输入参考程序及相应的链接命令文件(.cmd 文件)，从一组所给的数中找出最大值，并将结果送数码管显示。

(3) 新建一个工程；

(4) 向工程添加汇编程序及链接命令文件(.cmd 文件)；

(5) 编译、链接工程中的所有文件，生成.out 文件；

(6) 装载上述.out 文件，并运行。

6) 实验现象与结果

运行程序后, 用 CCS 观察相应的存储单元(参考程序中用 z), 该单元存储了所给一组数中的最大数, 且与数码管显示结果一致。

7) 思考题

修改参考程序, 从所给的一组数中找出最小数, 并求该组数的算术平均值。

参考程序如下。

汇编语言程序:

```
        .title  "max.asm"
            .mmregs
            .def start
    SIZE .set 100
    stack .usect "STK", SIZE
    SEGSEL .set 0001b              ;数码管使能控制数据, 此处为第 0 个数码管选通
    SEGSELPORT .set 0h            ;数码管使能控制口地址
    SEGPORT  .set 1h              ;数码管数据口地址
            .bss SEG_DATA,10      ;用于存放从 SEG_VALUE 装载进来的数码管编码数据
            .bss number,10        ;用于存放从 TABLE 装载进来的供比较的数据
            .bss z,1              ;用于存放最大值
            .data
    TABLE   .word 4,2,3,5,1,8,6,5,4,9    ;供比较的数据
    ;以下用于存放数码管编码数据,分别控制数码管显示 0~9
    SEG_VALUE .word 077h,014h,0b3h,0b6h,0d4h,0e6h,0e7h,034h,0f7h,0f6h
            .text
    start:      stm #stack+SIZE, SP
            ;;;;;;;;;;C5402 初始化;;;;;;;;
            stm #2b40h,ST1
            stm #0, ST0
            stm #1e00h,ST0            ;stm #435FH, ST1
            stm #02024h,PMST          ;IPTR=0010,0000,0    ->RESET=2000H
            stm #0h,SWWSR
            stm #4007h,CLKMD
            ;;;;;;;;;;;;;;;;;;;;;;;;;;;;;;
            stm #SEG_DATA, AR3        ;从 SEG_VALUE 装载数码管编码数据
            rpt #9
            mvpd SEG_VALUE, *AR3+
            stm #number,AR1          ;从 TABLE 装载供比较的数据
            rpt #9
            mvpd TABLE,*AR1+
            stm #SEG_DATA, AR3
```

```
                    stm #9, AR5
                    call getmax          ;调用求最大值子程序
                    call display         ;调用数码管显示子程序
     end:           B    end
     getmax:        ld #0,A
                    stm #number,AR3
                    st #9,BRC
                    rptb rea1
                    ld *AR3+,B
     rea1:          max A
                    stm #z,ar6
                    stl A,*ar6
                    ret

     display:       ld #SEGSEL,B
                    portw *(0bh), SEGSELPORT
                    stlm A,AR0
                    stm #SEG_DATA,AR7
                    nop
                    mar  *AR7+0
                    nop
                    portw *AR7,SEGPORT
                    ret
                    .end
```

链接命令文件(.cmd 文件)：

```
     max.obj
      -o max.out
      -m max.map
      -e start
        MEMORY
        {
        PAGE 0:
              EPROM: org=2000h, len=1000h
        PAGE 1:
              DARAM: org=3000h, len=1000h
        }
        SECTIONS
        {
         .text:> EPROM PAGE 0
```

```
.vectors:>EPROM PAGE 0
.data:>DARAM PAGE 1
.bss:>DARAM PAGE 1
.stack:>DARAM PAGE 1
}
```

实验 5   中 断 实 验

1) 实验目的

(1) 了解 TMS320C54x DSP 中断向量表以及中断服务子程序的编写;

(2) 掌握 TMS320C54x DSP 中断的使用。

2) 实验内容

使用外部按键(INT)触发 TMS320C54x DSP 的外部中断,每来一次中断,就响应中断程序。按键 INT,启动 int0 中断,中断服务程序使数码管显示的数加 1,循环递增。显示变化时,四个独立的发光二极管与之同步闪烁。

3) 预备知识

DSP 的中断包括不可屏蔽中断 NMI,外部中断 INT0~3 和软中断。

中断响应实际是特殊的程序调用过程。当满足中断响应条件时,相应的中断服务程序被调用。

中断的使用包括中断设置和中断服务程序设计。

中断设置包括:

(1) 全局中断控制位(INTM),用于控制所有中断(除不可屏蔽中断 NMI)是否允许响应。清 0 时使能(RSBX INTM),置 1 时关闭(SSBX INTM)。

(2) 中断屏蔽寄存器(IMR)的设置。当相应位置 1 时,对应的中断被打开。

(3) 中断向量指针 IPTR,位于处理器状态寄存器 PMST 中。IPTR 用于定位中断向量表的首地址。

中断服务程序的设计包括:

(1) 中断向量表的设计。中断响应时,CPU 自动从 IPTR 包含的地址定位中断向量的位置,并从此处执行。所以中断向量一般为跳转指令,跳转到响应服务程序执行。

(2) 中断服务程序主体的编写。包含中断事件的处理指令。服务程序由中断返回指令(RC、RETF 或 RETE)结束。

4) 实验设备

硬件:JLD 型 DSP 技术实验与开发系统、JTAG 仿真器、Pentium100 以上的 PC 机。

软件:Windows 98 或以上的 PC 机操作系统、CCS 集成开发环境、仿真器驱动程序。

5) 实验步骤

(1) 连接好 DSP 开发系统,运行 CCS 软件;

(2) 用汇编语言设计程序及相应的链接命令文件(.cmd 文件),或输入参考程序及相应的链接命令文件(.cmd 文件),分别保存;

(3) 新建一个工程,添加相关文件;

(4) 编译、链接工程中的所有文件,生成.out 文件;

(5) 装载.out 文件并运行, 按下实验箱上的中断实验按键 INT; 观察数码管显示变化。

6) 实验现象与结果

按键 INT, 启动 int0 中断, 中断服务程序使数码管显示的数加 1, 循环递增。显示变化时, 四个独立的发光二极管与之同步闪烁。

7) 思考题

修改参考程序中的中断服务程序, 使四个独立的发光二极管移位发亮。

参考程序如下。

汇编程序:

```
        .title  "int00.asm"
            .mmregs
            .def start
            .def int00
    SIZE .set 100
    stack .usect "STK", SIZE
    SEGSEL .set 0001b                  ;数码管使能控制数据, 此处为第 0 个数码管选通

    SEGSELPORT .set 0h                 ;数码管使能控制口地址
    SEGPORT    .set 1h                 ;数码管数据口地址
            .bss SEG_DATA,10           ;用于存放从 SEG_VALUE 装载进来的数码管编码数据
            .bss z,1                   ;用于存放最大值
            .data
;以下用于存放数码管编码数据, 分别控制数码管显示 0~9
SEG_VALUE .word 077h,014h,0b3h,0b6h,0d4h,0e6h,0e7h,034h,0f7h,0f6h
        .text
start:      stm #stack+SIZE, SP
            ;;;;;;;;;;C5402 初始化;;;;;;;;;;;;;;;;;
            stm #1e00h,ST0
            stm #0b40h,ST1
            stm #02024h,PMST           ;IPTR=0010,0000,0   ->RESET=2000h
            stm #0h,SWWSR
            stm #1111000000100100b,CLKMD
                                       ;工作于锁相环模式:CLKOUT=1/4CLKIN;CLKIN=10MHz
            STM #0001h,IMR             ;打开 int0 中断
            RSBX INTM                  ;中断使能
            ;;;;;;;;;;;;;;;;;;;;;;;;;;;;;
            stm #SEG_DATA, AR3         ;从 SEG_VALUE 装载数码管编码数据
            rpt #9
            mvpd SEG_VALUE, *AR3+
            stm #SEG_DATA, AR3
```

```
                    stm #1,AR0
                    stm #10,BK
here:           B here
int00:
                    mar *AR3+0%
                    ld *AR3,A
                    CALL display
                    rete
display:        ld #SEGSEL,B
                    portw *(0bh), SEGSELPORT
                    stlm A,AR0
                    stm #SEG_DATA,AR7
                    nop
                    mar    *AR7+0
                    nop
                    portw *AR7,SEGPORT
                    ret
                    .end


.title  "Vectors.asm"
            .ref      start
            .ref start
            .ref int00
            .sect   "Vectors"
reset:    B start
                NOP
                NOP
                NOP
nmi:        RETE
                NOP
                NOP
                NOP
; software interrupts
sint17 .space 4*16
sint18 .space 4*16
sint19 .space 4*16
sint20 .space 4*16
sint21 .space 4*16
sint22 .space 4*16
```

```
sint23 .space 4*16
sint24 .space 4*16
sint25 .space 4*16
sint26 .space 4*16
sint27 .space 4*16
sint28 .space 4*16
sint29 .space 4*16
sint30 .space 4*16
int0:    BD   int00
         NOP
         NOP
         NOP
int1:    RETE
         NOP
         NOP
         NOP
int2:    RETE
         NOP
         NOP
         NOP
tint:    RETE
         NOP
         NOP
rint0:   RETE
         NOP
         NOP                    ; Interrupt 0
         NOP
xint0:   RETE                   ; Serial Port Transmit
         NOP
         NOP
         NOP
rint2:   RETE                   ; Serial Port Receive
         NOP                    ; Interrupt 1
         NOP
         NOP
xint2:   RETE                   ; Serial Port Transmit
         NOP                    ; Interrupt 1
         NOP
         NOP
```

```
int3:        RETE
             NOP
             NOP
             NOP
hintp:       RETE
             NOP
             NOP
             NOP
rint1:       RETE
             NOP
             NOP
             NOP
xint1:       RETE
             NOP
             NOP
             NOP
             .space 4*16
    .end
```

链接命令文件(.cmd 文件):

```
Vectors.obj
   int00.obj
-m int00.map
-o int00.out
-e start
MEMORY                              /* TMS320C54x microprocessor mode memory map*/
{
  PAGE 0 :
    PROG1:        origin = 0x2000, length = 0x200
    PROG2:        origin = 0x2200, length = 0x0d00
  PAGE 1 :
    DARAM1:       origin = 0x3000, length = 0x1000      /* data buffer, 8064 words*/
  PAGE 2 :
    FLASHRAM:     origin = 0x8000, length = 0xffff
}
SECTIONS
{

        .Vectors    : load = PROG1        page 0 /*interrupt vector table */
        .text       : load = PROG2        page 0 /*executable code*/
```

.cinit	: load = PROG2	page 0 /*tables for initializing variables and constants*/
.stack	: load = DARAM1	page 1 /*C system stack*/
.const	: load = DARAM1	page 1 /*data defined as C qualifier const */
.bss	: load = DARAM1	page 1 /*global and static variables*//*WAB 3/19/90 */
.data	:>DARAM1	page 1 /*.dat files*/

}

实验 6　外部标志输出引脚(XF)实验

1) 实验目的

(1) 熟悉 CCS 开发软件的使用;

(2) 掌握 TMS320C54x DSP 的 I/O 读/写指令;

(3) 了解 DSP 的 XF 的使用方法;

(4) 熟悉汇编语言编程的方法。

2) 实验内容

编程实现 XF 输出占空比和频率可调的方波信号。

3) 预备知识

通用输入/输出引脚VC54x DSP通过两个专用的引脚,提供了可编程控制的通用输入/输出引脚,分别是分支转移控制输入引脚($\overline{\text{BIO}}$)和外部标志输出引脚(XF)。方波的周期和占空比可由程序来控制。

$\overline{\text{BIO}}$ 可以用来检测外围设备的状态。在时间要求很紧张的系统里,通过检测该引脚的状态来决定程序控制是对中断方式的一个特别有用的替代选择。可通过 $\overline{\text{BIO}}$ 的状态来执行条件指令。

XF可以用来通知外围设备,也可以由指令方便地控制其输出电平。

4) 实验设备

硬件:JLD 型 DSP 技术实验与开发系统、JTAG 仿真器、Pentium100 以上的 PC 机、示波器。

软件:Windows 98 或以上的 PC 机操作系统、CCS 集成开发环境、仿真器驱动程序。

5) 实验步骤

(1) 连接好 DSP 开发系统,运行 CCS 软件;

(2) 用汇编语言设计程序及相应的链接命令文件(.cmd 文件),或输入参考程序及相应的链接命令文件(.cmd 文件),分别保存;

(3) 新建一个工程,添加相关文件;

(4) 编译、链接工程,生成.out 文件;

(5) 装载.out 文件,并运行;

(6) 修改主程序和延时子程序中有关变量,调节方波的占空比和频率,重复步骤(1)～(5)。

6) 实验现象与结果

用示波器可以在 XF 的输出端看到一个周期性方波信号。方波的周期和占空比可由程序来控制。

7) 思考题

修改参考程序，通过设置时钟模式寄存器(CLKMD)来改变方波信号的频率，并用示波器观察。

参考程序如下。

汇编语言程序：

```
        .title  "xf_pulse.asm"
        .mmregs
        .def start
SIZE .set 100
HIGH_WIDTH .set 7fh                      ;设置高电平宽度
LOW_WIDTH .set 7fh                       ;设置低电平宽度
stack .usect "STK", SIZE
        .text
start:      stm #stack+SIZE, SP
        ;;;;;;;;;;C5402  初始化;;;;;;;;;;;;;;;;
        stm #2b40h,ST1                   ;STM #2B40H,ST1;
        stm #1e00h,ST0;
        stm #02024h,PMST                 ;IPTR=0010,0000,0   ->RESET=2000h
        stm #0h,SWWSR
        stm #04007h,CLKMD
        ;;;;;;;;;;;;;;;;;;;;;;;;;;;;;;;;;;;;;
loop:       ssbx xf
        call delay
        rsbx xf
        call delay
        b loop
delay:      pshm ar0
        pshm ar3
        pshm ar4
        stm HIGH_WIDTH,ar7
wait0:      stm LOW_WIDTH, ar6
wait1:      banz wait1,*ar6-
        banz wait0,*ar7-
        popm ar4
        popm ar3
        popm ar0
        ret
        .end
```

链接命令文件(.cmd 文件)

```
xf_pulse.obj
-o xf_pulse.out
-m xf_pulse.map
-e start
MEMORY
{
  PAGE 0:
        EPROM    :org=02000h,len=200h
  PAGE 1:
        SPRAM    :org=0060h,len=001fh
        DARAM    :org=0080h,len=100h
}
SECTIONS
{
.text :>EPROM PAGE 0
.data :>EPROM PAGE 0
.bss   :>SPRAM PAGE 1
.stack :>DARAM PAGE 1
}
```

实验 7　转移控制输入引脚($\overline{\text{BIO}}$)实验

1) 实验目的

(1) 熟悉 CCS 开发软件的使用;

(2) 掌握 TMS320C54x DSP 的 I/O 读/写指令;

(3) 了解 DSP 的 $\overline{\text{BIO}}$ 的使用方法;

(4) 熟悉汇编语言编程的方法。

2) 实验内容

用汇编语言编程,测试 $\overline{\text{BIO}}$,通过程序的控制及外围接口器件来反映不同的测试结果。将实验箱的输入端子 $\overline{\text{BIO}}$ 通过短路片分别与实验箱上的高低电平端子短接。当 $\overline{\text{BIO}}$ 接低电平时,数码管显示内容发生变化(循环显示 0~9 十个数);当 $\overline{\text{BIO}}$ 接高电平时,数码管显示固定;当 $\overline{\text{BIO}}$ 悬空时,数码管显示方式与悬空前的状态相同。

3) 预备知识

$\overline{\text{BIO}}$ 可以用来检测外围设备的状态。在时间要求很紧张的系统里,通过检测该引脚的状态来决定程序控制是对中断方式的一个特别有用的替代选择。可通过 $\overline{\text{BIO}}$ 的状态来执行条件指令。

4) 实验设备

硬件:JLD 型 DSP 技术实验与开发系统、JTAG 仿真器、Pentium100 以上的 PC 机、示波器、函数信号发生器。

软件：Windows 98 或以上的 PC 机操作系统、CCS 集成开发环境、仿真器驱动程序。

5) 实验步骤

(1) 连接好 DSP 开发系统，运行 CCS 软件；

(2) 用汇编语言设计程序及相应的链接命令文件(.cmd 文件)，或输入参考程序及相应的链接命令文件(.cmd 文件)，分别保存；

(3) 新建一个工程，添加相关文件；

(4) 编译、链接工程，生成.out 文件；

(5) 装载.out 文件，并运行；

(6) 修改程序中有关内容，通过在 XF 输出一个周期性的方波来反映 $\overline{BIO}$ 的状态：$\overline{BIO}$ 为低电平时有信号波形输出，$\overline{BIO}$ 为高电平时无信号输出。

6) 实验现象与结果

将实验箱的输入端子 $\overline{BIO}$ 通过短路片分别与实验箱上的高低电平端子短接。当 $\overline{BIO}$ 接低电平时，数码管显示内容发生变化(循环显示 0～9 十个数)；当 $\overline{BIO}$ 接高电平时，数码管显示固定；当 $\overline{BIO}$ 悬空时，数码管显示方式与悬空前的状态相同。

7) 思考题

修改参考程序，实现通过改变 $\overline{BIO}$ 高低电平来切换发光二极管的闪烁频率。

参考程序如下。

汇编语言程序：

```
        .title  "bio.asm"
        .mmregs
        .def start
SIZE .set 100
stack .usect "STK", SIZE


        SEGSEL .set 1111b              ;数码管使能控制数据，此处四个数码管均使能
        SEGSELPORT .set 0h            ;数码管使能控制口地址
        SEGPORT .set 1h               ;数码管数据口地址
        LED1PORT    .set 2h ;LED1 地址
        LED2PORT    .set 3h
        LED3PORT    .set 0eh
        LED4PORT    .set 0fh

        .bss SEG_DATA,10h             ;用于存放从 SEG_VALUE 装载进来的数码管编码数据
        .data                        ;存放数码管编码数据,分别控制数码管显示 0～9
SEG_VALUE .word 077h,014h,0b3h,0b6h,0d4h,0e6h,0e7h,034h,0f7h,0f6h
        .text
start:      stm #stack+SIZE, SP
        ;;;;;;;;;;C5402 初始化  ;;;;;;;;
        stm #2B40h,ST1
```

```
            stm #1E00h,ST0
            stm #02024h,PMST              ;IPTR=0010,0000,0   ->RESET=2000H
            stm #7FFFh,SWWSR
            stm #04007h,CLKMD
            ;;;;;;;;;;;;;;;;;;;;;;;;;;;;
            stm #SEG_DATA, AR3            ;从 SEG_VALUE 装载数码管编码数据
            rpt #9                       ;放入 SEG_DATA
            mvpd SEG_VALUE, *AR3+
            stm #SEG_DATA, AR3           ;AR3 复位:指向 SEG_DATA 首址
            stm #9, AR5                  ;用作减法记数(下面程序控制用)
            ld #SEGSEL,A                 ;选通数码管:四个均选通
            portw *(08h), SEGSELPORT     ;08H 即累加器 A 的地址
loop:
            xc 2,bio                     ;对 BIO 口的判断跳转指令
            call run_led
            nop
            b nnn


run_led:
     ;以下程序让数码管循环显示 0～9, 同时 LED 闪烁一次
            ld *ar3+, A                  ;向数据口送编码数据
            portw *(08h), SEGPORT
            ld #0, B                     ;使 LED 全亮
            portw *(0bh), LED1PORT
            portw *(0bh), LED2PORT
            portw *(0bh), LED3PORT
            portw *(0bh), LED4PORT
            call delay                   ;亮状态停顿
            ld #1, B                     ;使 LED 全灭
            portw *(0bh), LED1PORT
            portw *(0bh), LED2PORT
            portw *(0bh), LED3PORT
            portw *(0bh), LED4PORT
            call delay                   ;灭状态停顿
            banz out_int,*AR5-
            stm #9, AR5
            stm #SEG_DATA, AR3
out_int:
            ;run_led
```

```
                ret
delay:          pshm ar0
                pshm ar3
                pshm ar4
                stm #07ffh,ar7
wait0:          stm #0ffh, ar6
wait1:          banz wait1,*ar6-
                banz wait0,*ar7-
                popm ar4
                popm ar3
                popm ar0
                ret
nnn:
                b loop
                .end
```

链接命令文件(.cmd 文件)

```
    bio.obj
     -o bio.out
     -m bio.map
     -e start
        MEMORY
      {
      PAGE 0:
            EPROM: org=2000h, len=1000h
      PAGE 1:
            DARAM: org=3000h, len=1000h
      }
      SECTIONS
      {
      .text:>EPROM PAGE 0
      .vectors:>EPROM PAGE 0
      .data:>DARAM PAGE 1
      .bss:>DARAM PAGE 1
      .stack:>DARAM PAGE 1
      }
```

实验 8　定时器实验

1) 实验目的

(1) 掌握 TMS320C54x DSP 定时器中断的概念和使用;

(2) 学习定时器中断的使用方法, 以及定时器定时周期的设定。

2) 实验内容

编写程序, 设置 TMS320C54x DSP 定时器的相关寄存器, 改变定时器的定时周期, 在定时器的中断服务子程序里使 XF 端产生方波信号。其信号周期可由定时器周期 PRD、定时器控制寄存器 TCR 中的 TDDR 以及控制主时钟周期的时钟方式寄存器 CLKMD 决定。

3) 预备知识

定时器中断 TINT 的速率可由下面公式计算:

$$TINT\ rate = 1/t_c * u * v = 1/t_c * (TDDR+1) * (PRD+1)$$

式中, t_c 为 CPU 时钟周期。

通过使用 TOUT 输出引脚来定时设备或者使用定时器中断周期性地从一个寄存器读取数据, 定时器可以产生外围模拟接口的采样时钟。

(1) 初始化定时器时, 需要按照以下步骤设置:

① TSS=1, 停止定时器;

② 载入 PRD 值;

③ 重新载入 TCR 初始化 TDDR, 设置 TSS=0 和 TRB=1 来重载定时器周期。启动定时器。

(2) 状态寄存器 ST1 的中断模式 INTM=1 的情况下, 可以采取下列步骤激活定时器中断:

① 设置中断标志寄存器(IFR)中的 TINT=1, 清除定时中断;

② 设置中断屏蔽寄存器(IMR)中的 TINT=1, 激活定时器中断。

(3) INTM=0, 激活全部中断。

4) 实验设备

硬件: JLD 型 DSP 技术实验与开发系统、JTAG 仿真器、Pentium100 以上的 PC 机、示波器。

软件: Windows 98 或以上 PC 机操作系统、CCS 集成开发环境、仿真器驱动程序。

5) 实验步骤

(1) 连接好 DSP 开发系统, 运行 CCS 软件;

(2) 设计程序或键入下面的参考程序并保存;

(3) 新建一个工程, 向工程添加所有以上程序;

(4) 编译、链接工程, 生成 time_int.out 文件;

(5) 装载 time_int.out 文件, 并运行;

(6) 修改程序, 通过改变寄存器 PRD、TCR 和 CLKMD 的内容来输出一个 10 kHz 的方波。

6) 实验现象与结果

程序运行后, 在 XF 端口可用示波器看到方波信号。其信号周期可由定时器周期 PRD、定时器控制寄存器 TCR 中的 TDD 以及控制主时钟周期的时钟方式寄存器 CLKMD 决定。

7) 思考题

修改参考程序, 使 XF 端口的方波信号频率为 10 kHz, 占空比为 25%。

参考程序如下。

汇编语言程序:

```
        .title  "time_int.asm"
        .mmregs
        .def start
        .def tint00
SIZE .set 100
TIM0 .set 0024h
PRD0 .set 0025h
TCR0 .set 0026h
        .bss xf_flag,1
stack .usect "STK", SIZE
        .text
start:      stm #stack+SIZE, SP
            ;;;;;;;;;;C5402  初始化;;;;;;;;;;;;;;;;
            stm #1e00h,ST0
            stm #2b40h,ST1
            stm #02024h,PMST              ;IPTR=0010,0000,0   ->RESET=2000H
            stm #0h,SWWSR
            stm #1111100000100000b,CLKMD
                            ;工作于锁相环模式: CLKOUT=1/4CLKIN;CLKIN=10 MHz
            ;;;;;;;;;;;定时器 0 初始化;;;;;;;;;;;;;;;;;;;;;;;;
            stm #0000110011111001b, TCR0      ;先停止定时器 0,再装载 TIM0,PRD0
            stm #249,TIM0
            stm #249,PRD0


            ;由以上,定时周期=CLKOUT 周期*(PRD0+1)(TDDR0+1)=(1/(10M/4))*250*10=1ms
            stm #0000000011101001b, TCR0      ;TDDR0=9,并启动定时器 0
            ;;;;;;;;;;;;;;;;;;;;;;;;;;;;;;;;;;;;;;;;;
            stm #0000h,IFR
            stm #0008h,IMR                ;打开定时器 0 的中断
            rsbx INTM                     ;中断使能
here:       b here

tint00:     ldm ST1,A                     ; 定时器 0 的中断服务程序
            xor #0010000000000000b,A      ; 将 ST1 的第 13 位(即 XF 位)取反
            stlm A,ST1
            rete
            .end


        .title "Vectors.asm"
```

```
        .ref      start
        .align   0x80
        .ref start
        .ref tint00
        .sect    "Vectors"
reset:  b start
        nop
        nop
        nop
nmi:    rete
        nop
        nop
        nop
; software interrupts
sint17 .space 4*16
sint18 .space 4*16
sint19 .space 4*16
sint20 .space 4*16
sint21 .space 4*16
sint22 .space 4*16
sint23 .space 4*16
sint24 .space 4*16
sint25 .space 4*16
sint26 .space 4*16
sint27 .space 4*16
sint28 .space 4*16
sint29 .space 4*16
sint30 .space 4*16
int0:   rete
        nop
        nop
        nop
int1:   rete
        nop
        nop
        nop
int2:   rete
        nop
        nop
        nop
```

```
tint:   b   tint00                              ；定时器 0 入口
        nop
        nop
        nop
rint0:  rete
        nop
        nop
        nop
xint0:  rete
        nop
        nop
        nop
rint2:  rete
        nop
        nop
        nop
xint2:  rete
        nop
        nop
        nop
int3:   rete
        nop
        nop
        nop
hintp:  rete
        nop
        nop
        nop
rint1:  rete
        nop
        nop
        nop
xint1:  rete
        nop
        nop
        nop
        .space 4*16
    .end
```

链接命令文件(.cmd 文件)如下：

Vectors.obj

```
time_int.obj
-m time_int.map
-o time_int.out
-e start
MEMORY                                    /* TMS320C5402 microprocessor mode memory map*/
{
  PAGE 0 :
    PROG1:        origin = 0x2000, length = 0x200
    PROG2:        origin = 0x2200, length = 0x0d00
  PAGE 1 :
    DARAM1:       origin = 0x3000, length = 0x1000      /* data buffer, 8064 words*/
  PAGE 2 :
    FLASHRAM:     origin = 0x8000, length = 0xffff
}

SECTIONS
{

  .Vectors      : load = PROG1        page 0 /*interrupt vector table */
  .text         : load = PROG2        page 0 /*executable code*/
  .stack        : load = DARAM1       page 1 /* system stack*/
  .bss          : load = DARAM1       page 1 /*global and static variables*/
  .data         : >DARAM1             page 1 /*.dat files*/
}
```

6.2.2 混合编程程序设计

实 验 9   I/O 读 写 实 验

1) 实验目的

(1) 掌握 TMS320C54x DSP 的 I/O 读写指令;

(2) 熟悉 CCS 开发软件的使用;

(3) 了解数码管的显示原理和指令控制。

2) 实验内容

数码管的选通信号通过 DSP 的 I/O 空间的某个地址译码产生, 即将数码管映射为 DSP 的 I/O 空间, 在该地址上写数据直接显示在数码管上, 编程实现在数码管显示从 "1" ~ "8" 八个数(静态显示方式)。

3) 预备知识

高速灵活的数据存取功能是高速信号处理的基础之一。TMS320C54x DSP 支持 7 种基本的数据寻址模式, 用于访问数据空间、程序空间和 I/O 空间。各种模式灵活运用可以实现高速的数据传输。由于 DSP 的强大功能在于对数据的处理, 因此它具有丰富的访问和操作数据空间的指令。

程序空间和 I/O 空间的读取操作指令相对少一些。对程序空间进行读写的指令有 MVDP、MVPD、MACD、MACP、FIRS 等；对 I/O 空间读写的指令有 PORTR 和 PORTW。由于 DSP 的数据空间可以和程序空间共享，也就是说，数据和程序在空间地址上可以混合放置，所以，在片内的数据，一般以数据空间方式访问。若在片外，则要通过一定的地址译码实现数据程序空间共享。

4) 实验设备

硬件：JLD 型 DSP 技术实验与开发系统、JTAG 仿真器、Pentium100 以上的 PC 机。

软件：Windows 98 或以上 PC 机操作系统、CCS 集成开发环境、仿真器驱动程序。

5) 实验步骤

(1) 连接好 DSP 开发系统，运行 CCS 软件；

(2) 设计程序或键入下面的参考程序并保存；

(3) 新建一个工程，编写 C 程序或添加下面的 led.c，以及附录 A 里的 c54_init.asm 和 vectors.asm，int_process.c 及链接命令文件(.cmd 文件)；

(4) 向工程添加 c:\ti\c5400\cgtools\lib\rts.lib；

(5) 编译、链接工程，生成 led.out 文件；

(6) 装载 led.out 文件，并运行；

(7) LED 的显示刷新速度由定时器的定时周期决定。修改程序，重新设置刷新速度以及 LED 的显示内容，重复步骤(5)～(7)。

6) 实验现象与结果

数码管循环显示 1～8 八个数。

7) 思考题

修改参考程序，使数码管循环显示 8～1(递减)八个十进制数。

参考程序如下。

C 语言源程序：

```
/*----------led.c------------*/
#include <math.h>
int ser0inrdcnt,ser0outwrcnt;
int ser0inwrcnt,ser0outrdcnt;
int ser0inbuf[10],ser0outbuf[10];
int ser0flag,int0flag,timeflag,hpirecflag;
extern int ad_samp_freq;                    /*To Decide The AIC Sample Frequency*/
/*DSP 的 I/O 空间，扩展发光二极管、数码管、键盘、液晶等外围设备*/
ioport unsigned port0;        //数码管地址
ioport unsigned port1;        //数码管显示
ioport unsigned port2;        //发光二极管 d1
ioport unsigned port3;        //发光二极管 d2
ioport unsigned port4;
ioport unsigned port5;
```

```
ioport unsigned port6;          //键盘行列线
ioport unsigned port7;
ioport unsigned port8;
ioport unsigned port9          ;//lcd reset
ioport unsigned porta          ;//lcd di
ioport unsigned portb          ;//lcd cs1
ioport unsigned portc          ;//lcd cs2
ioport unsigned porte          ;//发光二极管 d3
ioport unsigned portf          ;//发光二极管 d4
/*发光二极管的显示代码*/
char leddisp[] = {0x14,0xb3,0xb6,0xd4,0xe6,0xe7,0x34,0xf7};
void main( )
{
char ledcnt=0 ;
ad_samp_freq = 1025;
c54_init( );
ser0inwrcnt = 1 ;
ser0outrdcnt = 5 ;
ser0inrdcnt = 5 ;
ser0outwrcnt = 1;
ser0flag = 0;
     for (;;){
          ledcnt = (ledcnt+1)%8 ;
          port0 = 1 ;
          port1 = leddisp[ledcnt];
          delay3( ) ;
     }
}
```

数码管显示程序流程如图 6.5 所示。

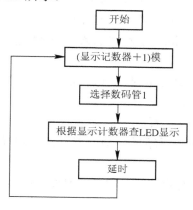

图 6.5　数码管显示程序流程图

实验 10　中断实验

1) 实验目的

(1) 了解 TMS320C54x DSP 中断向量表以及中断服务子程序的编写；

(2) 掌握 TMS320C54x DSP 中断的使用。

2) 实验内容

混合编程实现：使用外部按键(INT)触发 TMS320C54x DSP 的外部中断。每来一次中断，使发光二极管闪烁一次。

3) 预备知识

DSP 的中断包括不可屏蔽中断 NMI，外部中断 INT0~3 和软中断。

中断响应实际是特殊的程序调用过程。当满足中断响应条件时，相应的中断服务程序被调用。

中断的使用包括中断设置和中断服务程序设计。

中断设置包括：

(1) 全局中断控制位(INTM)，用于控制所有中断(除不可屏蔽中断 NMI)是否允许响应。清 0 时使能(RSBX INTM)，置 1 时关闭(SSBX INTM)。

(2) 中断屏蔽寄存器(IMR)的设置。当相应位置 1 时，对应的中断被打开。

(3) 中断向量指针 IPTR，位于处理器状态寄存器 PMST 中。IPTR 用于定位中断向量表的首地址。

中断服务程序的设计包括：

(1) 中断向量表的设计。中断响应时，CPU 自动从 IPTR 包含的地址定位中断向量的位置，并从此处执行。所以中断向量一般为跳转指令，跳转到响应服务程序执行。

(2) 中断服务程序主体的编写。包含中断事件的处理指令。服务程序由中断返回指令(RC、RETF 或 RETE)结束。

4) 实验设备

硬件：JLD 型 DSP 技术实验与开发系统、JTAG 仿真器、Pentium100 以上的 PC 机。

软件：Windows 98 或以上的 PC 机操作系统、CCS 集成开发环境、仿真器驱动程序。

5) 实验步骤

(1) 连接好 DSP 开发系统，运行 CCS 软件；

(2) 设计程序或键入下面的参考程序并保存；

(3) 新建一个工程，添加 int.c 以及附录 A 里的 c54_init.asm、vectors.asm 和 int_process.c 及链接命令文件(.cmd 文件)；

(4) 向工程添加 c:\ti\c5400\cgtools\lib\rts.lib；

(5) 编译、链接工程，生成 int.out 文件；

(6) 装载 int.out 文件，并运行；

(7) 在中断服务程序和主程序里分别设置断点，观察程序的运行情况及相关寄存器的内容；

(8) 按下实验箱的中断实验按钮 INT 键，观察实验系统发光二极管的闪烁。

6) 实验现象与结果

程序运行后，按下外部按键(INT)一次，发光二极管闪烁一次。

7) 思考题

修改附录里的 int_process.c 中的 INT0 中断服务程序,实现以下功能:按下外部按键(INT)一次,使数码管显示以模 10 循环递增一次。

参考程序如下。

C 语言源程序:

```
/*----------int.c------------*/
#include <math.h>
int ser0inrdcnt,ser0outwrcnt;
int ser0inwrcnt,ser0outrdcnt;
int ser0inbuf[10],ser0outbuf[10];
int ser0flag,int0flag,timeflag,hpirecflag;      /*Define Some Global Variable */
extern int ad_samp_freq;                        /*To Decide The AIC Sample Frequency*/
/*DSP 的 I/O 空间,扩展发光二极管、数码管、键盘、液晶等外围设备*/
ioport unsigned port0;                          //数码管地址
ioport unsigned port1;                          //数码管显示
ioport unsigned port2;                          //发光二极管 d1
ioport unsigned port3;                          //发光二极管 d2
ioport unsigned port4;
ioport unsigned port5;
ioport unsigned port6;                          //键盘行列线
ioport unsigned port7;
ioport unsigned port8;
ioport unsigned port9;                          //lcd reset
ioport unsigned porta;                          //lcd di
ioport unsigned portb;                          //lcd cs1
ioport unsigned portc;                          //lcd cs2
ioport unsigned porte;                          //发光二极管 d3
ioport unsigned portf;                          //发光二极管 d4
void main()
{
ad_samp_freq = 1025;
c54_init();
ser0inwrcnt = 1 ;
ser0outrdcnt = 5 ;
ser0inrdcnt = 5 ;
ser0outwrcnt = 1;
int0flag = 0;

    for (;;){
```

```
         if(int0flag>0){
               int0flag=0;
                   portf=0;
                   delay3( );
                   portf=1;
               }
           }
        }
```

中断实验主程序流程图如图 6.6 所示，中断实验中断程序流程图如图 6.7 所示。

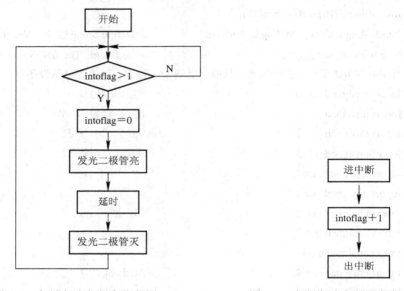

图 6.6　中断实验主程序流程图　　　　图 6.7　中断实验中断服务程序流程图

实 验 11　定 时 器 实 验

1) 实验目的

(1) 掌握 TMS320C54x DSP 定时器中断的概念和使用；

(2) 学习定时器中断的使用方法以及定时器定时周期的设定。

2) 实验内容

编写程序，设置 TMS320C54x DSP 定时器的相关寄存器，改变定时器的定时周期；在定时器的中断服务子程序里设置标志，在主程序中根据该标志使发光二极管闪烁。

3) 预备知识

定时器中断 TINT 的速率可由下面公式计算：

$$\text{TINT rate}=1/t_c*u*v=1/t_c*(TDDR+1)*(PRD+1)$$

式中，t_c 为 CPU 时钟周期。

通过使用 TOUT 输出引脚来定时设备或者使用定时器中断周期性地从一个寄存器读取数据，定时器可以产生外围模拟接口的采样时钟。

(1) 初始化定时器时，需要按照以下步骤设置：

① TSS=1，停止定时器；

② 载入 PRD 值；

③ 重新载入 TCR 初始化 TDDR，设置 TSS=0 和 TRB=1 来重载定时器周期。启动定时器。

(2) 状态寄存器 ST1 的中断模式 INTM=1 的情况下，可以采取下列步骤激活定时器中断：

① 设置中断标志寄存器(IFR)中的 TINT=1，清除定时中断；

② 设置中断屏蔽寄存器(IMR)中的 TINT=1，激活定时器中断。

(3) INTM=0，激活全部中断。

4) 实验设备

硬件：JLD 型 DSP 技术实验与开发系统、JTAG 仿真器、Pentium100 以上的 PC 机、示波器。

软件：Windows 98 或以上的 PC 机操作系统、CCS 集成开发环境、仿真器驱动程序。

5) 实验步骤

(1) 连接好 DSP 开发系统，运行 CCS 软件；

(2) 设计程序或键入下面的参考程序并保存；

(3) 新建一个工程，向工程添加 timer.c 文件以及附录 A 里的 c54_init.asm、vectors.asm 和 int_process.c 文件及链接命令文件(.cmd 文件)；

(4) 向工程添加 c:\ti\c5400\cgtools\lib\rts.lib 文件；

(5) 编译、链接工程，生成 timer.out 文件；

(6) 装载 timer.out 文件，运行，观察实验箱上发光二极管的闪烁；

(7) 使用示波器观察发光二极管的引脚波形；

(8) 重新设定定时器的中断周期、DSP 工作时钟、中断屏蔽寄存器，重复步骤(5)～(7)。

6) 实验现象与结果

程序运行后，每隔一段固定时间，发光二极管闪烁一次。

7) 思考题

修改附录里的 int_process.c 中的定时器中断服务程序，实现以下功能：每隔一段固定时间，数码管显示以模 10 循环递增一次。

参考程序如下。

C 语言源程序：

```c
/*----------timer.c------------*/
#include <math.h>
int ser0inrdcnt,ser0outwrcnt;
int ser0inwrcnt,ser0outrdcnt;
int ser0inbuf[10],ser0outbuf[10];
int ser0flag,int0flag,timeflag,hpirecflag;      /*Define Some Global Variable */
extern int ad_samp_freq;                         /*To Decide The AIC Sample Frequency*/
/*DSP 的 I/O 空间、扩展发光二极管、数码管、键盘、液晶等外围设备*/
ioport unsigned port0;                           //数码管地址
```

```
ioport unsigned port1;                    //数码管显示
ioport unsigned port2;                    //发光二极管 d1
ioport unsigned port3;                    //发光二极管 d2
ioport unsigned port4;
ioport unsigned port5;
ioport unsigned port6;                    //键盘行列线
ioport unsigned port7;
ioport unsigned port8;
ioport unsigned port9;                    //lcd reset
ioport unsigned porta;                    //lcd di
ioport unsigned portb;                    //lcd cs1
ioport unsigned portc;                    //lcd cs2
ioport unsigned porte;                    //发光二极管 d3
ioport unsigned portf;                    //发光二极管 d4
void main( )
{
char d1,d2,d3,d4 = 0;
ad_samp_freq = 1025;
c54_init( );
ser0inwrcnt = 1 ;
ser0outrdcnt = 5 ;
ser0inrdcnt = 5 ;
ser0outwrcnt = 1;
ser0flag = 0;
for (;;){
    if(timeflag==1){
        timeflag=0;
        d1 = (d1+1)%10;
        if (!d1)
            port2 = 0 ;
        else
            port2 = 1 ;
        d2 = (d2+1)%100;
        if (!d2)
            port3 = 0 ;
        else
            port3 = 1 ;
        d3 = (d3+1)%1000;
        if (!d3)
            porte = 0 ;
```

```
        else
                porte = 1 ;
        d4 = (d4+1)%5000;
        if (!d4)
                portf = 0 ;
        else
                portf = 1 ;
            }
        }
    }
```

定时器实验主程序流程图如图 6.8 所示,定时器实验中断服务程序流程图如图 6.9 所示。

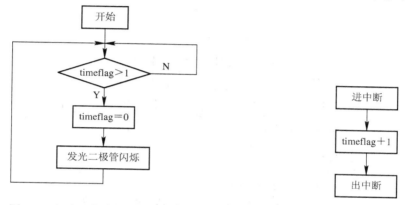

图 6.8　定时器实验主程序流程图　　　　图 6.9　定时器实验中断服务程序流程图

实验 12　VC5402 语音通信实验(McBSP 串口、A/D、D/A 实验)

1) 实验目的

(1) 掌握 TMS320C54x DSP 同步串口的使用;

(2) 掌握 TMS320C54x DSP 同步串口中断的使用;

(3) 掌握 TLC320AIC10 芯片的使用。

2) 实验内容

TLC320AIC10 是与 DSP 的同步串口相连接的。设置好 TLC320AIC10 的抽样速率,在每个抽样时刻,TLC320AIC10 对输入的模拟信号进行一次 A/D 转换,在 DSP 段则产生一次同步串口的接收中断。在中断服务子程序里,将转换后的数字信号取走,进行处理。

编写同步串口中断子程序(把 A/D 数字信号存入 DSP 的存储器中,同时把 DSP 处理后的数字信号发给 TLC320AIC10)和主程序(对 A/D 转换后的数字信号进行处理如滤波,本实验不作任何处理),实现 AIC 的自环(直接将 A/D 转换的数字信号通过同步串口 0 发送给 TLC320AIC10,实现 D/A 转换)。正确连接耳机和话筒,试听经过数字化后的话音。

3) 预备知识

TMS320C54x DSP 系列芯片都有同步串口。VC5402 有两个 McBSP 串口,除了可以完成传统的同步串行通信功能外,还可以实现多种通信接口,完成信号压扩,与 DMA 共同使用时可以实现自动缓冲等等。McBSP 还带有帧同步信号发生器,由硬件对 CPU 时钟分频,产生帧同步和位同步信号。

同步串口的外部连接线包括数据收发线(DX、DR)、位同步时钟(CLKX、CLKR)和帧同步信号(FSX、FSR)。其中 DX 和 DR 用于发送和接收串行数据；位同步时钟作为同步信号，用于锁存数据线上的数据，该信号既可以来自内部的帧同步信号发生器，也可由外部驱动；帧同步信号用于指示数据帧传输的开始和结束，既可来自外部，也可来自内部。DSP 同步串口还可以灵活地配置收发信号的极性，例如位同步是上升沿还是下降沿锁存信号，是帧同步高电平还是低电平表明新的一帧开始等。为了配合外部设备，同步串口需要对控制参数进行设置。

图 6.10 是 VC5402 串口与模拟接口电路 TLV320AIC10 硬件连接原理图。TLV320AIC10 芯片是由 TI 公司提供的 16 位 A/D 和 D/A 芯片，最高采样速率 22 kHz/s。

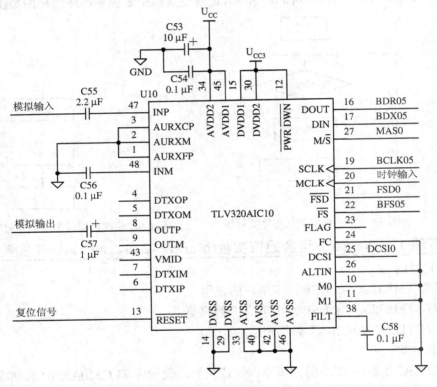

图 6.10　VC5402 串口与模拟接口电路 TLV320AIC10 硬件连接原理图

----------同步串口 0 和 TLV320AIC10 配置程序------------

```
        SSBX    INTM                        ;禁止中断
        SSBX    XF                          ;复位 AIC
        CALL    WAIT                        ;延时等待复位
;配置 McBSP0
        STM     0,SPSA0
        STM     0X40A0,SPCR0                ;复位同步串行口
        STM     1,SPSA0
        STM     0X0220,SPCR0                ;SPCR20
```

```
        STM      2,SPSA0
        STM      0X0040,SPCR0              ;receive frame and word length
        STM      3,SPSA0
        STM      0X0040,SPCR0              ;receive frame and word length
        STM      4,SPSA0
        STM      0x0040,SPCR0              ;transmit frame and word length
        STM      5,SPSA0
        STM      0x0040,SPCR0              ;transmit frame and word length
        STM      0x000e,SPSA0
        STM      0ch,SPCR0                 ;Polarity
        STM      0,DXR10                   ;发送清空
        STM      0,23h
        NOP
        STM      1,SPSA0
        STM      0X0221,SPCR0              ;  SPCR20
        STM      0,SPSA0
        STM      0X40A1,SPCR0              ;  运行
        NOP
;配置 AIC10
;AIC 10 的第二寄存器设置 AD 抽样速率
        CALL     DX0EMPT
        STM      0,DXR10                   ;发送清空
        CALL     DX0EMPT
        STM      1,DXR10                   ;第二串口通信
        CALL     DX0EMPT
        STM      0000010000000001b,DXR10
        CALL     DX0EMPT
        STM      0,DXR10
;AIC 10 的第四寄存器设置输入信号增益比
        CALL     DX0EMPT
        STM      0,DXR10
        CALL     DX0EMPT
        STM      1,DXR10
        CALL     DX0EMPT
        STM      0000100000001100b,DXR10
        CALL     DX0EMPT
        STM      0,DXR10
        CALL     WAITT
        STM      0X0619,IMR                ;允许同步串口 0 中断
        NOP
```

```
        RSBX      INTM                              ;开全局中断
;MCBSP0 发送清空检测
DX0EMPT:
        STM       1,SPSA0
        LDM       SPCR0,A                           ;SPCR20
        NOP
        NOP
        AND       #0004h,A
        NOP
        BC        DX0EMPT,ANEQ
        NOP
        NOP
        CALL      WAITT
        NOP
        RET
```

4) 实验设备

硬件：JLD 型 DSP 技术实验与开发系统、JTAG 仿真器、Pentium100 以上的 PC 机、示波器、函数信号发生器。

软件：Windows 98 或以上的 PC 机操作系统、CCS 集成开发环境、仿真器驱动程序。

5) 实验步骤

(1) 连接好 DSP 开发系统，运行 CCS 软件；

(2) 设计程序或键入下面的参考程序并保存；

(3) 新建一个工程,添加 rint0.c 以及附录 A 里的 c54_init.asm、int_process.c 和 vectors.asm 及链接命令文件(.cmd 文件)；

(4) 向工程添加 c:\ti\c5400\cgtools\lib\rts.lib；

(5) 编译、链接工程，生成 rint0.out 文件；

(6) 装载 rint0.out 文件，运行；

(7) 在模拟通道输入端输入一定频率的正弦波，同时用示波器观察该通道的输出波形；

(8) 改变输入正弦波的频率，观察输出波形；

(9) 正确连接耳机和话筒，试听经过数字化后的语音质量。

6) 实验现象与结果

程序运行后，在模拟通道输入端用信号源输入一定频率(小于 3.3 kHz)的正弦波，同时用示波器观察该通道的输出波形，两者波形一致；

戴上耳机，对着微型话筒说话，耳机中会送出说话者的声音。

7) 思考题

修改主程序,对输入的信号放大或衰减后再输出，用示波器观察该通道的输出波形，并戴上耳机试听对自己声音的处理。

参考程序如下。

```
/*----------rint0.c------------*/
#include <math.h>
```

```
int ser0inrdcnt,ser0outwrcnt;
int ser0inwrcnt,ser0outrdcnt;
int ser0inbuf[40],ser0outbuf[40];
int ser0flag,int0flag,timeflag,hpirecflag;    /*Define Some Global Variable */
extern int ad_samp_freq;                       /*To Decide The AIC Sample Frequency*/
void main( )
{
    ad_samp_freq = 1025;
    c54_init( );
    ser0inwrcnt = 1 ;
    ser0outrdcnt = 5 ;
    ser0inrdcnt = 5 ;
    ser0outwrcnt = 1;
    ser0flag = 0;
    for (;;){
            if (ser0flag >= 1){
                ser0inrdcnt = (ser0inrdcnt+1)%40;
                ser0outwrcnt =(ser0outwrcnt+1)%40;
                ser0outbuf[ser0outwrcnt] =ser0inbuf[ser0inrdcnt] ;
                ser0flag = 0;
            }
        }
}
```

语音通信实验主程序流程如图 6.11 所示，语音通信实验中断服务程序流程如图 6.12 所示。

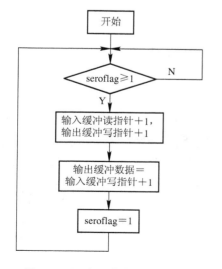

图 6.11　语音通信实验主程序流程图

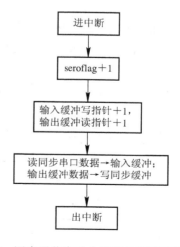

图 6.12　语音通信实验中断服务程序流程图

实验 13　Boot 及 flash 读写实验

1) 实验目的

(1) 掌握 TMS320C54x DSP Bootloader 的使用和编程；

(2) 学习使用 Flash 的读、写。

2) 实验内容

将 Flash 读写跳线器设置在写状态，编写 Flash 擦、写程序；将跳线器设置成读状态，在 CCS 中观察数据存储器空间的内容，检验 Flash 是否被正确写入。正确设计一个 Bootloader 的表头，并将前一实验中生成的.out 文件写入 Flash 中，然后重新上电，观察实验现象。

3) 预备知识

Bootloader，即程序加载器，是驻留在 DSP 内部 ROM 的一段程序代码。它的作用是将程序从外部空间调入 DSP 内存并运行。在 DSP 处于 MC(微计算机)模式时，系统复位后，程序计数器(PC)自动设置成 Bootloader 的首地址，并运行之。

为了适应多种应用，Bootloader 从外部加载程序的方式也多种多样，包括并行口、串行口、HPI 方式等等，比较常用的是并行方式。并行方式又包括 I/O 方式和数据方式。I/O 方式是从 I/O 空间中读取程序代码的，而数据方式则是从数据空间读取程序代码的。

Bootloader 加载程序时还要使用一些 DSP 初试化的信息。例如数据的宽度是 8 位还是 16 位、外部空间访问的等待周期数、主程序首地址等等。这些信息就来自 Boot 表头，它存在于待加载数据的头部，具有固定的格式。待加载程序格式也是固定的，可以使用 HEX 文件生成器产生，也可以手动设计。

下面以比较常用的数据空间并行加载方式介绍 Bootloader 的使用。该方式的工作流程是：

(1) 系统复位，程序从内部 ROM 的 FF80H 处开始执行 Bootloader 程序；

(2) Bootloader 依次检测加载方式信息；

(3) 检测到 HPI 方式和 I/O 方式加载失败后，读取外部数据空间 FFFFH 处数据，并作为 Boot 表的首地址；

(4) 检测相关信息，确认是以数据空间方式加载；

(5) 开始加载；

(6) 加载结束，PC 值修改为主程序首地址值，从此处开始运行。

详细的 Bootloader 使用说明见相关文档。

下例硬件电路中使用了 Flash ROM 39LF400，总线与 DSP 总线相连，$\overline{\text{WE}}$、$\overline{\text{OE}}$、$\overline{\text{CE}}$ 分别与 DSP 的 $\overline{\text{RW}}$、$\overline{\text{A16}}$、$\overline{\text{MSTRB}}$ 相连。DSP 访问 39LF400 的地址映射如表 6.1 所示。

表 6.1　DSP 访问 39LF400 的地址映射表

DSP 地址段	$\overline{\text{RW}}$	读写	数据空间	程序空间	Flash 空间
0000H～7FFFH	0	禁止			
	1	读	否	是	0000H～7FFFH
8000H～FFFFH	0	禁止			
	1	读	是	是	8000H～FFFFH
10000H～1FFFFH	0	写	否	是	0000H～FFFFH
	1	无效			

从表 6.1 可以看出，对 Flash 空间的读写必须满足一定的地址映射。

Bootloader 的使用首先是建立 Boot 表头。Boot 表头的结构见相关的数据文档。下面是一个表头的设计实例。

```
BOOR_HEADER：
            .WORD    0X10AA        ;数据宽度 16 bit
            .WORD    0X7FFF        ;SWWSR
            .WORD    0XF800        ;BSCR
            .WORD    0X0000        ;主程序入口高地址
            .WORD    0X2000        ;主程序入口低地址
            .WORD    0X3E11        ;第一数据块长度
            .WORD    0X0000        ;一数据块目标地址 00002000H
            .WORD    0X2000
```

DSP 和 Flash 连接如图 6.13 所示。

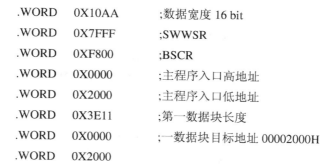

图 6.13　DSP 和 Flash 连接图

然后对 Flash 编程，将含有程序代码的 Boot 表编写到 Flash 的 8000H～FFFFH 地址段(首地址为 8000H)。为此，需要专门设计 Flash 编程程序。先将 Boot 表头的数据下载到 Flash，再下载程序代码。查表 6.1 知，可通过对程序空间 18000H～1FFFFH 的写操作来完成。下面是擦除 Flash 和对 Flash 编写一个字的子程序。39LF400 的详细使用说明参考器件数据文档。

```
;----------flash.asm-----------
.def   _FLASHWR，_FLASHERASE
_FLASHMEM1 .set    0xd555
_FLASHMEM2 .set    0xaaaa
_FLASHMEM3 .set    0x8006

_ FLASHERASE:                          ;Flash 擦除程序
            NOP
            LD       #0XAA,A
            STL      A，*(_FLASHMEM1)
            NOP
            NOP
            LD       #0X55，A
            STL      A，*(_FLASHMEM2)
```

```
                    NOP
                    NOP
                    LD          #0X80，A
                    STL         A，*(_FLASHMEM1)
                    NOP
                    NOP
                    LD          #0XAA，A
                    STL         A，*(_FLASHMEM1)
                    NOP
                    NOP
                    LD          #0X55，A
                    STL         A，*(_FLASHMEM2)
                    NOP
                    NOP
                    LD          #0x10，A
                    STL         A，*(_FLASHMEM1)
                    NOP
                    NOP
                    NOP
                    RET
_ FLASHWR：
                    STM         0x7fff, SWWSR
                    NOP
                    NOP
                    LD          #0xaa，A
                    STL         A，*(_FLASHMEM1)
                    NOP
                    NOP
                    LD          #0x55，A
                    NOP
                    NOP
                    STL         A，*(_FLASHMEM2)
                    NOP
                    NOP
                    NOP
                    LD          #0xa0，A
                    NOP
                    NOP
                    STL         A，*(_FLASHMEM1)
```

```
                NOP

                NOP

                NOP

                LD          #0x1234，A

                NOP

                NOP

                STL         A，*(_FLASHMEM3)

                NOP

                NOP

                NOP

                NOP

                NOP

                STM 0x7000, SWWSR

                RET
```

最后是在外部数据空间的 FFFFH 处设置 Boot 表头地址，即 8000H。

4) 实验设备

硬件：JLD 型 DSP 技术实验与开发系统、JTAG 仿真器、Pentium100 以上的 PC 机、示波器、函数信号发生器。

软件：Windows 98 或以上的 PC 机操作系统、CCS 集成开发环境、仿真器驱动程序。

5) 实验步骤

(1) 连接好 DSP 开发系统，运行 CCS 软件；

(2) 拷贝实验 12 中生成的 rint0.out 文件；

(3) 根据系统外接的是 8 位或 16 位存储器，生成不同的 Boot 表头；

(4) 将要写入存储器的数据存放在 cform.dat 文件中；

(5) 如果存储器为 EPROM 则使用专用的 EPROM 编程器将 cform.data 写入 EPROM 中；

(6) 如果存储器为 Flash 则按下面的程序将 cform.dat 写入 Flash 中；

(7) 将 Flash 读写跳线器设置为读方式，系统重新加电。

6) 实验现象与结果

将 Flash 读写跳线器设置为写方式，程序运行后，cform.dat 的内容被写入 Flash 中；将 Flash 读写跳线器设置为读方式，系统重新加电后，在 CCS 中观察数据存储器空间，其中 Flash 所占的空间的内容与 cform.dat 文件的内容应一致。

7) 思考题

正确设计一个 Bootloader 的表头，并将前一实验中生成的.out 文件写入 Flash 中，然后重新上电，观察实验现象。

参考程序如下。

```
        ; 写 Flash 程序

        ; 请将 Flash 读写跳线器设置为写方式；

        ;----------flash_wr_rd.asm------------

FLASHMEM1           .SET        0xD555
```

```
FLASHMEM2         .SET      0xAAAA
                  .GLOBAL       _c_int00
                  .MMREGS
                  .TEXT

_c_int00：
        STM       0,ST0
        STM       0100001101011111b,ST1
        NOP
        RSBX      SXM
        STM       0010000000100100b,PMST
        NOP
        STM       0a0h,SP
        NOP
        NOP
        STM       0x7fff,SWWSR
        NOP
        STM       0,CLKMD
        NOP
        NOP
        STM       #0x17ff,CLKMD
        NOP
        RPT       #256-1
        NOP
        NOP

MAIN：
        CALL      flasherase
        STM       #WORDBEGIN,AR0
        STM       #0x8000,AR1
        LD        #WORDEND,A
        AND       #0xffff,A
        LDM       AR0,B
        AND       #0xffff,B
        SUB       B,A
        NOP
        STLM      A,AR2
        NOP

WRRPT：
        NOP
        LD        *AR0+,B
```

```
            CALL      flashwr
            NOP
            BANZ      WRRPT,*AR2-
            NOP
WRFFFF:
            STM       #0xffff,AR1
            LD        #0x8000,B
            CALL      flashwr
            NOP
            NOP
            B         $
            .DATA
WORDBEGIN:
            .COPY     "cform.dat"
WORDEND:
            .END
```

实验 14　HPI 接口实验

1) 实验目的

(1) 掌握 TMS320C54x DSP HPI 接口的使用与编程;

(2) 学习单片机与 DSP HPI 通信的编程;

(3) 学习使用计算机串口控制 DSP 的程序控制。

2) 实验内容

本实验中, 单片机的程序的作用是负责将计算机通过串口发送过来的一定格式的数据, 通过 HPI 发送给 DSP, 同样, 将 DSP 经过 HPI 发送过来的一定格式的数据, 再通过串口发送给计算机。

编写 TMS320C54x DSP 主程序和 HPI 中断程序, 实现上述的过程。

3) 预备知识

HPI 端口(即主机接口 Host Port Interface 的简称), 是用于高速并行双向通信的端口。HPI 作为 DSP 的片上资源, 使用 CPU 的时钟, 相当于一个全自动的双口 RAM。用户只要在端口上设置地址和简单的控制信息, 就可方便地访问 DSP 的存储空间。另外, HPI 还提供了中断源, 可以分别产生 HPI 与 DSP 之间的中断。

使用 HPI 端口, 首先要在硬件上将外部设备与 DSP 的 HPI 端口相连。以增强型 8 位 HPI 为例, 这些引脚包括:

$\overline{\text{HCS}}$: 端口使能。为 0 时, HPI 端口被选中, 允许数据传输。

$\overline{\text{HAS}}$: 地址锁存信号, 下降沿锁存。

HBIL: 字节顺序指示。为 0 时表明当前传输的第一字节, 为 1 时为第二字节。

HR/$\overline{\text{W}}$: 读或写信号。为 1 时表明主机从 HPI 读走数据; 为 0 时写入数据。

HDS1, HDS2: 数据锁存信号。

HRDY：HPI 准备好。外部设备读该信息，为 1 时表明 HPI 空闲状态，可以进行数据传输；为 0 时，HPI 忙于内部操作，数据还没有准备好。

$\overline{\text{HINT}}$：主机中断。输出到主机设备，由 DSP 软件控制。

HCNTL1，HCNTL0：控制信号，表明当前传输的数据类型。

    00：访问 HPI 的控制寄存器 HPIC，对该寄存器进行读或写操作。

    01：访问 HPI 的数据寄存器 HPID，并且地址寄存器 HPIA 自动加 1 或减 1。

    10：访问 HPI 的地址寄存器 HPIA，对该寄存器进行读或写操作。

    11：访问 HPI 的数据寄存器 HPID，对地址寄存器 HPIA 无影响。

HD0～HD7：数据/地址总线。

值得说明的是，外部设备接入 HPI，并不是要使用所有的控制引脚。特别是锁存信号 $\overline{\text{HAS}}$、HDS1 和 HDS2，一般只使用一个就够了。

HPI 通信软件的设计包括 DSP 端和主机端(89C51)两部分。在 89C51 的软件中，主要是通过对 P0 口和 P1 口的控制传输数据。下面程序实现从 DSP 的 2000H 地址处读出一个字，并给 DSP 产生一个 HPI 中断。

单片机通过 HPI 接口与 DSP 的连接原理如图 6.14 所示。

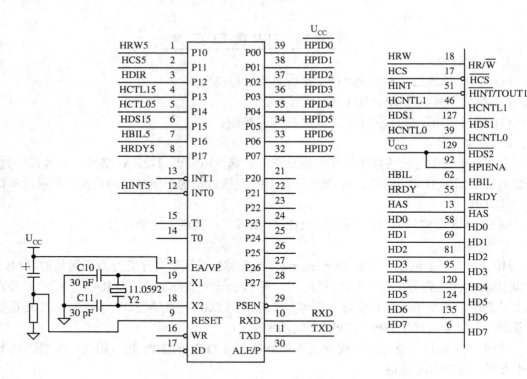

图 6.14　单片机通过 HPI 接口与 DSP 的连接原理图

注意：DSP 与单片机之间的信号连接需要经过 LVC16245 实现电平转换。

89C51 程序如下。

```
;----------c51_hpi.asm------------
HRW          EQU          P1.0
```

HCS	EQU	P1.1
HPIDIR	EQU	P1.2
HCNTL1	EQU	P1.3
HCNTL0	EQU	P1.4
HDS1	EQU	P1.5
HBIL	EQU	P1.6
HRDY	EQU	P1.7

;HPI 初试化

```
        MOV      R2,#08h              ;HPI 控制寄存器清零，先高位，清中断
        MOV      R3,#08h
        LCALL    WHPIC                ;写 HPIC
        MOV      R2,#20h
        MOV      R3,#00h
        LCALL    WHPIA                ;置地址
        LCALL    RHPID
        MOV      R2,#04h              ;54X HPI 中断
        MOV      R3,#04h
        LCALL    WHPIC                ;写 HPIC
        ...
```

;子程序

```
WHPIC：
        CLR      HCS
        CLR      HRW                  ;write mode
        CLR      HBIL                 ;HBIL=0 write MSB
        CLR      HCNTL0               ;HCNTL1 HCNTL0 = 00,select control register
        CLR      HCNTL1
        CLR      HPIDIR
        MOV      A,R2                 ;P0=R2
        MOV      P0,A
        JNB      HRDY,$               ;Wait for HPI ready
        CLR      HDS1                 ;sample HRW HBIL HCNTL0/1
        SETB     HDS1
        SETB     HBIL                 ;HBIL=1 write LSB
        MOV      A,R3
        MOV      P0,A                 ;P0=R3
        CLR      HDS1
        SETB     HDS1
        SETB     HCS
        RET
```

```
WHPIA:
        CLR     HCS
        CLR     HRW             ;write mode
        CLR     HBIL            ;HBIL=0 write MSB
        CLR     HCNTL0          ;HCNTL1 HCNTL0 = 10,select address register
        SETB    HCNTL1
        CLR     HPIDIR
        MOV     A,R2            ;P0=R2
        MOV     P0,A
        JNB     HRDY,$          ;Wait for HPI ready
        CLR     HDS1            ;sample HRW HBIL HCNTL0/1
        SETB    HDS1
        SETB    HBIL            ;HBIL=1 write LSB
        MOV     A,R3
        MOV     P0,A            ;P0=R3
        CLR     HDS1
        SETB    HDS1
        SETB    HCS
        RET
RHPIA:
        CLR     HCS
        SETB    HRW             ;read mode
        CLR     HBIL            ;HBIL=0 read MSB
        CLR     HCNTL0          ;HCNTL1 HCNTL0 = 10,select address register
        SETB    HCNTL1
        MOV     P0,#0ffh
        SETB    HPIDIR          ;read
        JNB     HRDY,$          ;Wait for HPI ready
        CLR     HDS1            ;sample HRW HBIL HCNTL0/1
        MOV     A,P0
        MOV     R2,A            ;R2=P0
        SETB    HDS1
        SETB    HBIL            ;HBIL=1 read LSB
        CLR     HDS1
        MOV     A,P0
        MOV     R3,A            ;R3=P0
        SETB    HDS1
        RET
RHPID:
```

```
        CLR     HCS
        SETB    HRW                     ;read mode
        CLR     HBIL                    ;HBIL=0 read MSB
        SETB    HCNTL1                  ;HCNTL1 HCNTL0 = 11,Address not affected
        SETB    HCNTL0
        MOV     P0,#0ffh
        SETB    HPIDIR                  ;read
        JNB     HRDY,$                  ;Wait for HPI ready
        CLR     HDS1                    ;sample HRW HBIL HCNTL0/1
        MOV     A,P0
        MOV     R2,A                    ;R2=P0
        SETB    HDS1
        SETB    HBIL                    ;HBIL=1 read LSB
        CLR     HDS1
        MOV     A,P0
        MOV     R3,A                    ;R3=P0
        SETB    HDS1
        RET
WHPID:
        CLR     HCS
        CLR     HRW                     ;Write mode
        CLR     HBIL                    ;HBIL=0 write MSB
        SETB    HCNTL1                  ;HCNTL1 HCNTL0 = 11,Address not affected
        SETB    HCNTL0
        CLR     HPIDIR
        MOV     A,R2                    ;P0=R2
        MOV     P0,A
        JNB     HRDY,$                  ;Wait for HPI ready
        CLR     HDS1
        SETB    HDS1
        SETB    HBIL                    ;HBIL=1 write LSB
        MOV     A,R3
        MOV     P0,A                    ;P0=R3
        CLR     HDS1
        SETB    HDS1
        RET
```

在 DSP 的软件中，可用 HPI 中断服务程序实现数据收发。下面是 DSP 的 HPI 中断的服务程序例子，实现在地址 2000H 处重新写入一个字，并发送主机中断到 89C51。

```
HPIP:
```

```
        NOP
        LD        2000h,AR0
        LD        00aah,A
        STL       A,*AR0          ;重置数据 00aah，即本系统定义的帧头
        STM       #000ah,HPIC     ;HINT 置低电平
        NOP
        RETE
```

89C51 响应中断 0，并清除中断源。响应 89C51 的程序如下：

```
    INT0:
        …
        MOV       R2,#08h         ;HPI 控制寄存器清零，先高位，清中断
        MOV       R3,#08h
        LCALL     WHPIC           ;Write HPIC register
        RET
```

4) 实验设备

硬件：JLD 型 DSP 技术实验与开发系统、JTAG 仿真器 Pentium100 以上的 PC 机、示波器、函数信号发生器。

软件：Windows 98 或以上的 PC 机操作系统、CCS 集成开发环境、仿真器驱动程序。

5) 实验步骤

(1) 连接好 DSP 开发系统，运行 CCS 软件；

(2) 编辑程序或键入下面参考程序并保存；

(3) 新建一个工程，添加 hpi.c 以及附录 A 中的 c54_init.asm、vectors.asm 和 int_process.c 及链接命令文件(.cmd 文件)；

(4) 向工程添加 c:\ti\c5400\cgtools\lib\rts.lib；

(5) 编译、链接工程，生成 hpi.out 文件；

(6) 装载 hpi.out 文件，在中断子程序里和主程序里设置断点，使用实验软件的 HPI 通信程序发送 AA05010203 给 DSP，调试程序，观察 DSP 内存地址 100H 和 200H 处的内容以及实验软件接收缓冲区的内容。

6) 实验现象与结果

程序运行后，使用实验软件(实验平台配套提供)的 HPI 通信功能菜单从 PC 机向其串行口发送 AA05010203，观察 DSP 内存地址 100H 和 200H 处的内容，其内容应与单片机发出的数据一致；观察实验软件菜单中接收缓冲区的内容，其内容也应与单片机发出的数据一致。因为 DSP 将收到的数据通过 HPI 发回单片机，所以整个通信过程为一个自环。

7) 思考题

设计一段 DSP 程序，发送 1234567890 给 HPI 口，观察实验软件菜单中接收缓冲区的内容。

参考程序如下。

```
/*----------hpi.c------------*/
#include <math.h>
```

```c
int ser0inrdcnt,ser0outwrcnt;
int ser0inwrcnt,ser0outrdcnt;
int ser0inbuf[10],ser0outbuf[10];
int ser0flag,int0flag,timeflag,hpirecflag;      /*Define Some Global Variable */
extern int ad_samp_freq;                        /*To Decide The AIC Sample Frequency*/
/*DSP 的 I/O 空间，扩展发光二极管、数码管、键盘、液晶等外围设备*/
ioport unsigned port0;                          //数码管地址
ioport unsigned port1;                          //数码管显示
ioport unsigned port2;                          //发光二极管 d1
ioport unsigned port3;                          //发光二极管 d2
ioport unsigned port4;
ioport unsigned port5;
ioport unsigned port6;                          //键盘行列线
ioport unsigned port7;
ioport unsigned port8;
ioport unsigned port9;                          //lcd reset
ioport unsigned porta;                          //lcd di
ioport unsigned portb;                          //lcd cs1
ioport unsigned portc;                          //lcd cs2
ioport unsigned porte;                          //发光二极管 d3
ioport unsigned portf;                          //发光二极管 d4

/* struct to pass host data to dsp */
typedef struct
{
    int head ;                                  /*framehead   */
    int length;                                 /*framelength*/
    int func;                                   /*func type   */
    int data[253];                              /*the data    */
}HPIFRAME ;
HPIFRAME hpiinbuf ;
HPIFRAME hpioutbuf ;
#pragma DATA_SECTION(hpiinbuf,".hpibuffer")
#pragma DATA_SECTION(hpioutbuf,".hpibuffer")
void main( )
{
char hpidatacnt ;
HPIFRAME      *hpiinbufptr  = &hpiinbuf;
HPIFRAME      *hpioutbufptr = &hpioutbuf;
```

```
ad_samp_freq = 1025;
c54_init( );
ser0inwrcnt = 1 ;
ser0outrdcnt = 5 ;
ser0inrdcnt = 5 ;
ser0outwrcnt = 1;
ser0flag = 0;
        for (;;){
            if (hpirecflag >= 1){
                hpirecflag = 0 ;
                if (hpiinbufptr->head==0xaa){
                    hpioutbufptr ->head = 0xaa00 + hpiinbufptr->length;
                    hpioutbufptr ->func = hpiinbufptr->func ;
                    for(hpidatacnt=0;hpidatacnt<hpiinbufptr->length;hpidatacnt++)
                        hpioutbufptr ->data[0] = hpiinbufptr->data[0];
                    hpidsp_host( );
                }
            }
        }
    }
```

HPI 口实验主程序流程如图 6.15 所示。HPI 口实验中断服务程序流程如图 6.16 所示。

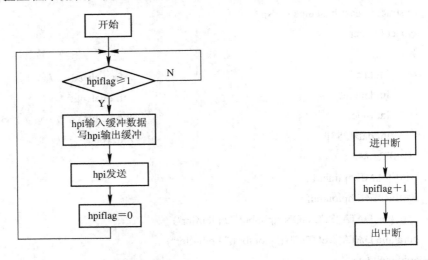

图 6.15 HPI 口实验主程序流程图   图 6.16 HPI 口实验中断服务程序流程图

实验 15   外部标志输出引脚(XF)实验

1) 实验目的

(1) 掌握 TMS320C54x DSP 的 I/O 读写指令；

(2) 熟悉 CCS 开发软件的使用；

(3) 了解 C、汇编语言混合编程的方法；

(4) 了解 DSP 的 XF 的使用方法；

(5) 了解键盘编程的方法。

2) 实验内容

通过按键选择，编程实现以下功能：按不同的键，XF 分别输出高、低电平。

3) 预备知识

VC54x DSP通过两个专用的引脚，提供了可编程控制的通用输入输出引脚，分别是分支转移控制输入引脚($\overline{\text{BIO}}$)和外部标志输出引脚(XF)。

$\overline{\text{BIO}}$ 可以用来检测外围设备的状态。在时间要求很紧张的系统里，通过检测该引脚的状态来决定程序控制是对中断方式的一个特别有用的替代选择。可通过 $\overline{\text{BIO}}$ 的状态来执行条件指令。

XF可以用来通知外围设备，也可以由指令方便地控制其输出电平。

4) 实验设备

硬件：JLD 型 DSP 技术实验与开发系统、JTAG 仿真器、Pentium100 以上的 PC 机、示波器、函数信号发生器。

软件：Windows 98 或以上的 PC 机操作系统、CCS 集成开发环境、仿真器驱动程序。

5) 实验步骤

(1) 连接好 DSP 开发系统，运行 CCS 软件；

(2) 设计程序或键入下面的参考程序并保存(文件名设为 xf.c)；

(3) 新建一个工程，添加 xf.c 以及附录 A 里的 c54_init.asm 和 vectors.asm 及链接命令文件(.cmd 文件)；

(4) 向工程添加 c:\ti\c5400\cgtools\lib\rts.lib；

(5) 编译、链接工程，生成 xf.out 文件；

(6) 装载 xf.out 文件，运行；

(7) 按键 7 和键 6，用示波器观察 XF 输出电平的变化情况。

6) 实验现象与结果

程序运行后，按键 7，XF 输出为高电平；按键 6，XF 输出为低电平。

7) 思考题

用 C 语言设计一段 DSP 程序，使 XF 输出为一方波，占空比和频率可控。

参考程序如下：

```
/*----------xf.c------------*/
#include <math.h>
#define NOP      asm(" nop")
#define setxf asm(" SSBX XF")
#define clrxf asm(" RSBX XF")
int ser0inrdcnt,ser0outwrcnt;
int ser0inwrcnt,ser0outrdcnt;
int ser0inbuf[10],ser0outbuf[10];
```

```
int ser0flag,int0flag,timeflag,hpirecflag;        /*Define Some Global Variable */
extern int ad_samp_freq;                          /*To Decide The AIC Sample Frequency*/

/*DSP 的 I/O 空间，扩展发光二极管、数码管、键盘、液晶等外围设备*/
ioport unsigned port0;                            //数码管地址
ioport unsigned port1;                            //数码管显示
ioport unsigned port2;                            //发光二极管 d1
ioport unsigned port3;                            //发光二极管 d2
ioport unsigned port4;
ioport unsigned port5;
ioport unsigned port6;                            //键盘行列线
ioport unsigned port7;
ioport unsigned port8;
ioport unsigned port9;                            //lcd reset
ioport unsigned porta;                            //lcd di
ioport unsigned portb;                            //lcd cs1
ioport unsigned portc;                            //lcd cs2
ioport unsigned porte;                            //发光二极管 d3
ioport unsigned portf;                            //发光二极管 d4
char rdkey( );
char scan_key( );
void main( )
{
char keyvalue = 255 ;
ad_samp_freq = 1025;
c54_init( );
ser0inwrcnt = 1 ;
ser0outrdcnt = 5 ;
ser0inrdcnt = 5 ;
ser0outwrcnt = 1;
ser0flag = 0;
for (;;){
    keyvalue = scan_key( );
    if (keyvalue==255)
        asm(" nop");                              //do nothing
            }
    else if(keyvalue==7)
        setxf;
    else if(keyvalue==6)
        clrxf;
```

```
            }
        }
    char rdkey( ){
    char keyin;
    port6 = 0x0 ;
    keyin = port6 ;
    keyin = keyin & 0x3 ;
            if (keyin == 0x3)
                return 0 ;
    else
                return 1 ;
    }
    char scan_key( ){
    char keyornot;
    char keyin;
    char keyvalue;
        keyornot = rdkey( ) ;
        if (!keyornot){
        delay3( );
        return 255;
        }
        delay3( );                              //消除抖动
        delay3( );
        keyornot = rdkey() ;
        if (keyornot ){                         //某个键按下
    port6 = 0xe ;
    keyin = port6 & 0x3 ;
    if ( keyin != 0x3){
            keyvalue = 2;
            keyvalue = keyin + keyvalue ;
            while (keyornot = rdkey( ))          //等键松下
                    delay3( );
            return keyvalue;
    }
    port6 = 0xd ;
    keyin = port6 & 0x3 ;
    if ( keyin != 0x3){
            keyvalue = 0;
            keyvalue = keyin + keyvalue ;
            while (keyornot = rdkey( ))
```

```
            delay3( );
        return keyvalue;
    }
    port6 = 0xb ;
    keyin = port6 & 0x3 ;
    if ( keyin != 0x3){
        keyvalue = 6;
        keyvalue = keyin + keyvalue ;
        while (keyornot = rdkey( ))
            delay3( );
        return keyvalue;
    }
    port6 = 0x7 ;
    keyin = port6 & 0x3 ;
    keyin = port6 & 0x3 ;
    if ( keyin != 0x3){
        keyvalue = 4;
        keyvalue = keyin + keyvalue ;
        while (keyornot = rdkey( ))
            delay3( );
        return keyvalue;
        }
    }
    return 255;
}
```

XF 实验程序流程如图 6.17 所示。

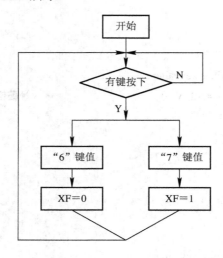

图 6.17　XF 实验程序流程图

实验 16　FIR 实验

1）实验目的

(1) 掌握 TMS320C54x DSP 实现 FIR 滤波器的基本原理；

(2) 理解 FIR 滤波器的窗函数设计的方法；

(3) 通过演示软件和示波器观察滤波器的效果。

2）实验内容

用窗函数法设计标准响应的 FIR 滤波器，在计算机上观察冲激响应、幅频特性和相频特性，编写 C54x DSP 的 FIR 滤波程序，在模拟接口的输入端输入单频正弦信号，观察模拟输出端的信号波形。

3）预备知识

数字信号处理的最主要的应用领域是数字滤波。数字滤波器被认为是数字信号处理的重要基石。相对于模拟滤波，数字滤波具有以下的优点：

● 可以满足滤波器对幅值和相位特性的严格要求，精度高；

● 没有电压漂移、温度漂移等问题。基本不受环境影响，稳定性好；

● DSP 实现的数字滤波器可靠性高，灵活性好。

由于数字滤波器具有上述的优点，使得数字滤波器广泛应用于语音处理、图像处理、模式识别、通信等领域。

(1) FIR 滤波器的特点　FIR 滤波器有如下特点：

① 可以在幅度特性随意设计的同时，保证精确、严格的线性相位特性。

② FIR 滤波器不是递归结构，其单位脉冲响应是有限长的序列，不存在不稳定的问题。

(2) FIR 滤波器的设计方法　FIR 滤波器的设计方法主要有窗函数法和频率采样设计法。窗函数法是基本的设计方法，采用矩形窗，直接简便，但采用矩形窗存在比较大的 Gibbis 效应，且矩形窗的第一旁瓣与主瓣衰减了 13 dB。在实际应用中，一般采用其他窗函数，比较常用的有：三角窗、巴特利特窗、汉明窗、汉宁窗和布莱克曼窗等。

(3) C54x DSP 实现 FIR 滤波器　C54x DSP 中的数据缓冲区可以使用线性缓冲或循环缓冲，具体细节请参考相关文档。C54x DSP 实现 FIR 滤波器的代码有以下几种方式：

① 使用线性数据缓冲区；

② 使用线性数据缓冲区，双操作数指令；

③ 使用循环数据缓冲区，双操作数指令。

4）实验设备

硬件：JLD 型 DSP 技术实验与开发系统、JTAG 仿真器、Pentium100 以上的 PC 机、示波器、函数信号发生器。

软件：Windows 98 或以上的 PC 机操作系统、CCS 集成开发环境、仿真器驱动程序。

5）实验步骤

(1) 连接好 DSP 开发系统，运行 CCS 软件；

(2) 设计程序或键入下面的参考程序并保存(文件名设为 fir.c)；

(3) 新建一个工程，添加 fir.c 以及附录 A 里的 c54_init.asm、vectors.asm 和 fir.asm,int_process.c 及链接命令文件(.cmd 文件)；

(4) 向工程添加 c:\ti\c5400\cgtools\lib\rts.lib；

(5) 编译、链接工程，生成 fir.out 文件；

(6) 装载 fir.out 文件，运行；

(7) 在模拟通道输入端输入一定频率的正弦波，同时用示波器观察该通道的输出波形；

(8) 改变输入正弦波的频率，观察输出波形；

(9) 重新设计并修改 FIR 滤波器的系数(经过 Q15 量化)，重复步骤(5)～(7)。

6) 实验现象与结果

程序运行后，模拟通道输入端输入频率为 1 kHz，峰—峰值为 1 V 的正弦波，用示波器观察该通道的输出波形发现频率和峰—峰值未变；频率逐渐升高，当升至 2 kHz 时，频率未变，峰—峰值开始下降，当升至 3 kHz 时，频率未变，峰—峰值为毫伏级，趋近于 0。

7) 思考题

改进 FIR，使截止频率为 3 kHz，过渡带 500 Hz，带外抑制-30 dB。

参考程序如下：

```
/*----------fir.c------------*/
#include <math.h>
#include "tms320.h"
#include "dsplib.h"
#include "fir.h"
int    ser0inrdcnt,ser0outwrcnt;
int    ser0inwrcnt,ser0outrdcnt;
int    ser0inbuf[40],ser0outbuf[40];
int    ser0flag,int0flag,timeflag,hpirecflag;     /*Define Some Global Variable */
extern int ad_samp_freq;                          /*To Decide The AIC Sample Frequency*/
DATA      firindata[1];
DATA      firoutdata[1];
DATA      *dbptr = &firbuf[0];                     /*Fir Filter Data Buffer*/


void main( )
{
      ad_samp_freq = 1025;
      c54_init( );
      ser0inwrcnt = 1 ;
      ser0outrdcnt = 5 ;
      ser0inrdcnt = 5 ;
      ser0outwrcnt = 1;
      ser0flag = 0;
      for (;;){
                 if (ser0flag >= 1){
                         ser0inrdcnt = (ser0inrdcnt+1)%40;
                         ser0outwrcnt =(ser0outwrcnt+1)%40;
```

```
                    firindata[0] = ser0inbuf[ser0inrdcnt] ;
                    fir(firindata, h, firoutdata, &dbptr, 64, 1);
                    ser0outbuf[ser0outwrcnt] = firoutdata[0] ;
                    ser0flag = 0;
                }
            }
        }
/*----------fir.h-----------*/
#define NH 64
#pragma DATA_SECTION(h,".coeffs1024")                    /*Fir 滤波器系数*/
DATA h[NH] ={-130, -324, -335, -143, 149 , 373, 387,　167, -174, -439, -460, -199, 210, 534 ,
565, 248, -264, -682, -732, -327, 356, 942, 1041, 482, -546, -1521, -1798, -910, 1170, 3957, 6595,
8195, 8195, 6595, 3957, 1170, -910, -1798, -1521, -546, 482, 1041, 942, 356, -327, -732, -682,
-264, 248, 565, 534, 210, -199, -460, -439, -174, 167, 387,373, 149, -143, -335, -324, -130};

#pragma DATA_SECTION(firbuf,".dbuffer1024")              /*Fir Filter 循环缓冲区 r*/
DATA     firbuf[NH];
```

实验 17　正弦波产生实验

1) 实验目的

(1) 掌握 TMS320C54x DSP 产生正弦波的基本原理；

(2) 加强 TMS320C54x DSP 汇编语言编程的学习。

2) 实验内容

编程实现 C54x DSP 通过 D/A 产生一定频率和幅度的正弦信号，学习定点 DSP 如何实现小数算法。

3) 预备知识

数字波形信号发生器利用微处理芯片，通过软件编程和 D/A 转换来产生所需要的信号波形。在通信、仪器和控制等领域的信号处理系统中，经常会用到数字正弦波发生器，一般有两种产生正弦波的方法：

(1) 查表法。用在精度要求高的场合。然而精度要求高，表就要大，所需的存储器容量也相应变大。

(2) 泰勒级数展开法。这是一种很有效的方法，需要的存储单元很少，精度也较高。

本实验采用如下的泰勒级数展开方法计算第一象限给定角度的正弦值。

$$\sin(x) = c1*x + c2*x^2 + c3*x^3 + c4*x^4 + c5*x^5$$

$c1 = 3.140625$

$c2 = 0.02026367$

$c3 = -5.3251$

$c4 = 0.5446778$

$c5 = 1.800293$

x = X /π，X 为弧度，−π≤X≤π，−1≤x≤1。

4) 实验设备

硬件：**JLD** 型 DSP 技术实验与开发系统、**JTAG** 仿真器、**Pentium100** 以上的 PC 机、示波器、函数信号发生器。

软件：**Windows 98** 或以上的 PC 机操作系统、**CCS** 集成开发环境、仿真器驱动程序。

5) 实验步骤

(1) 连接好 DSP 开发系统，运行 CCS 软件；

(2) 设计程序或键入下面的参考程序并保存(文件名设为 sine.c)；

(3) 新建一个工程，添加 sine.c 以及附录 A 里的 c54_init.asm、vectors.asm、sine.asm 和 int_process.c 及链接命令文件(.cmd 文件)；

(4) 向工程添加 c:\ti\c5400\cgtools\lib\rts.lib；

(5) 编译、链接工程，生成 sine.out 文件；

(6) 装载 sine.out 文件，运行；

(7) 用示波器观察该模拟通道的输出波形(正弦波的波形)；

(8) 重新设计并修改 sinestep 的值，重复步骤(5)～(7)。

6) 实验现象与结果

程序运行后，用示波器观察，模拟通道的输出为正弦波形。重设置 sinestep 的值，编译下载运行后，发现 sinestep 值越大，频率越高。

7) 思考题

重新设计程序，先将正弦波形的采样值列表放入某段存储空间，再定时调用这些值送到 D/A 转换器，以此产生正弦波形。

参考程序如下：

```
/*----------sine.c------------*/
#include <math.h>
#include "tms320.h"
#include "dsplib.h"
int    ser0inrdcnt,ser0outwrcnt;
int    ser0inwrcnt,ser0outrdcnt;
int    ser0inbuf[40],ser0outbuf[40];
int    ser0flag,int0flag,timeflag,hpirecflag;        /*Define Some Global Variable */
extern int ad_samp_freq;                             /*To Decide The AIC Sample Frequency*/
int    sinebase;                                     /*Deside The Sine Initial */
int    sinestep;                                     /*Deside The Sine Frequency*/
int    sinemag;                                      /*Deside The Sine Maglitude*/
DATA sineinput[1];
DATA sineresult[1];

void main( )
{
```

```
ad_samp_freq = 1025;
c54_init( );
ser0inwrcnt = 1 ;
ser0outrdcnt = 5 ;
ser0inrdcnt = 5 ;
ser0outwrcnt = 1;
ser0flag = 0;
sinebase =100;
sinestep = 10000;
sinemag= 1;
for (;;){
        if (ser0flag >= 1){
            ser0inrdcnt = (ser0inrdcnt+1)%40;
            ser0outwrcnt =(ser0outwrcnt+1)%40;
            sinebase = sinebase + sinestep ;
            if (sinebase>=32768)
                sinebase = 0;
            sineinput[0] = sinebase ;
            sine(sineinput,sineresult,1);
            ser0outbuf[ser0outwrcnt] =((sineresult[0]/32)*sinemag);
            ser0flag = 0;
        }
    }
}
```

实验 18　白噪声产生实验

1) 实验目的

(1) 掌握 TMS320C54x DSP 产生白噪声的基本原理；

(2) 加强 TMS320C54x DSP 汇编语言编程的学习。

2) 实验内容

编程实现 C54x DSP 产生随机数，将随机数通过 AIC 输出，由此产生具有一定统计特性的噪声。

3) 预备知识

在通信过程中不可避免地存在着噪声。噪声对通信质量有着极大的影响，严重时甚至可能使通信无法正常进行。所谓噪声，就是存在于通信系统中干扰信号的传输和处理的那一类不需要的电波形。它在系统中无处不在，有时称之为随机干扰信号。

本实验系统有两种产生噪声的方法：

(1) 采用线性同余法产生随机噪声，以下式产生随机数：

$$Z_i=(aZ_{i-1}+C) \bmod m$$

其中，Z_i 是第 i 个随机数，范围为[0，m-1]，a 为乘子，C 为增量，m 为模数，Z_0 为随机数源，它们为非负整数。

(2) 通过可编程逻辑器件产生 M 序列，再经过放大、滤波产生的硬件噪声发生器。

4) 实验设备

硬件：JLD 型 DSP 技术实验与开发系统、JTAG 仿真器、Pentium100 以上的 PC 机、示波器、函数信号发生器。

软件：Windows 98 或以上的 PC 机操作系统、CCS 集成开发环境、仿真器驱动程序。

5) 实验步骤

(1) 连接好 DSP 开发系统，运行 CCS 软件；

(2) 设计程序或键入下面的参考程序并保存(文件名设为 rand.c)；

(3) 新建一个工程，添加 rand.c 以及附录 A 里的 c54_init.asm、rand16.asm、rand16init.asm、vectors.asm 和 int_process.c 及链接命令文件(.cmd 文件)；

(4) 向工程添加 c:\ti\c5400\cgtools\lib\rts.lib；

(5) 编译、链接工程，生成 rand.out 文件；

(6) 装载 rand.out 文件，运行；

(7) 用示波器观察该模拟通道的输出波形(白噪声的波形)。

6) 实验现象与结果

程序运行后，用示波器观察，模拟通道的输出为伪随机噪声波形。

7) 思考题

参考正弦波产生实验和伪随机噪声实验的程序，设计一程序，产生一叠加了伪随机噪声的正弦波信号。

参考程序如下：

```
/*----------rand.c------------*/
#include <math.h>
#include "tms320.h"
#include "dsplib.h"
int     ser0inrdcnt,ser0outwrcnt;
int     ser0inwrcnt,ser0outrdcnt;
int     ser0inbuf[40],ser0outbuf[40];
int     ser0flag,int0flag,timeflag,hpirecflag;    /*Define Some Global Variable */
extern int ad_samp_freq;                          /*To Decide The AIC Sample Frequency*/
DATA voiceouput[1];
void main( )
{
        ad_samp_freq = 1025;
        c54_init( );
        ser0inwrcnt = 1 ;
        ser0outrdcnt = 5 ;
        ser0inrdcnt = 5 ;
```

```
                ser0outwrcnt = 1;
                rand16init( );
                for (;;){
                            if (ser0flag >= 1){
                                    ser0inrdcnt = (ser0inrdcnt+1)%40;
                                    ser0outwrcnt =(ser0outwrcnt+1)%40;
                                    rand16(voiceouput,1);
                                    ser0outbuf[ser0outwrcnt] =voiceouput[0]/16;
                                    ser0flag = 0;
                            }
                }
                }
```

实验 19　系统串行口实验

1) 实验目的

(1) 掌握串行口通信的基本原理；

(2) 掌握异步串口接口芯片 ST16C550 的使用；

(3) 掌握 DSP 总线方式驱动 ST16C550 的方法。

2) 实验内容

编写 C54x DSP 驱动 ST16C550 的程序，和计算机端的通用串行口调试程序进行通信。DSP 将按键值通过串口发送给 PC，同时把计算机传送来的数据显示在液晶显示屏上。

在使用 HPI 接口通过单片机扩展串口的系统中，编写 HPI 和单片机的串行口通信程序，实现上述功能。

3) 预备知识

(1) 异步串行 I/O。异步串行方式是将传输数据的每个字符一位接一位(例如先低位、后高位)地传送。数据的各不同位可以分时使用同一传输通道，因此串行 I/O 可以减少信号连线，最少用一对线即可进行。接收方对于同一根线上一连串的数字信号，首先要分割成位，再按位组成字符。为了恢复发送的信息，双方必须协调工作。在微型计算机中大量使用异步串行 I/O 方式，双方使用各自的时钟信号，而且允许时钟频率有一定误差，因此实现较容易。但是由于每个字符都要独立确定起始和结束(即每个字符都要重新同步)，字符和字符间还可能有长度不定的空闲时间，因此效率较低。

图 6.18 给出了异步串行通信中一个字符的传送格式。开始前，线路处于空闲状态，送出连续"1"。传送开始时首先发一个"0"作为起始位，然后出现在通信线上的是字符的二进制编码数据。每个字符的数据位长可以约定为 5 位、6 位、7 位或 8 位，一般采用 ASCII 编码。后面是奇偶校验位，根据约定，用奇偶校验位将所传字符中为"1"的位数凑成奇数个或偶数个。也可以约定不要奇偶校验。最后是表示停止位的"1"信号，这个停止位可以约定持续 1 位、1.5 位或 2 位的时间宽度。至此一个字符传送完毕，线路又进入空闲，持续为"1"。经过一段随机的时间后，到下一个字符开始传送时，才又发出起始位。

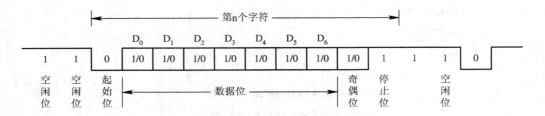

图 6.18   串行通信字符格式

每一个数据位的宽度等于传送波特率的倒数。微机异步串行通信中，常用的波特率有 50、95、110、150、300、600、1200、2400、4800 和 9600 等。

接收方按约定的格式接收数据，并进行检查，可以查出以下三种错误：

● 奇偶错。在约定奇偶检查的情况下，接收到的字符奇偶状态和约定不符。

● 帧格式错。一个字符从起始位到停止位的总位数不对。

● 溢出错。若先接收的字符尚未被微机读取，后面的字符又传送过来，则产生溢出错。

每一种错误都会给出相应的出错信息，提示用户处理。

(2) 串行接口的物理层标准   通用的串行 I/O 接口有许多种，现仅就最常见的两种标准作简单介绍。

① EIA RS-232C   这是美国电子工业协会推荐的一种标准(Electronic Industries Association Recoil-mended Standard)。它在一种 25 针接插件(DB-25)上定义了串行通信的有关信号。这个标准后来被世界各国所接受并使用到计算机的 I/O 接口中。

● 信号连线   在实际异步串行通信中，并不要求用全部的 RS-232C 信号。许多 PC/XT 兼容机仅用 15 针接插件(DB-15)来引出其异步串行 I/O 信号，而 PC 中更是大量采用 9 针接插件(DB-9)来担当此任，因此这里也不打算就 RS-232C 的全部信号作详细解释。图 6.19 给出了两台微机利用 RS-232C 接口通信的连线(无 MODEM)，我们按 DB-25 的引脚号标注各个信号。

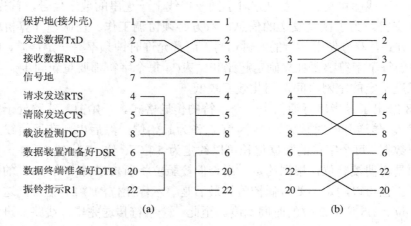

图 6.19   实用 RS-232C 连线

(a) 三线式；(b) 七线式

以下对图 6.19 中几个主要信号作简要说明。

保护地　通信线两端所接设备的金属外壳通过此线相连。当通信电缆使用屏蔽线时，常利用其外壳金属屏蔽网来实现。由于各设备往往已通过电源线接通保护地，因此，通信线中不必重复接此地线(图中用虚线表示)。例如使用 9 针插头(DB-9)的异步串行 I/O 接口就没有引出保护地信号。

TxD/RxD　是一对数据线，T_XD 称发送数据输出，RxD 称接收数据输入。当两台微机以全双工方式直接通信(无MODEM方式)时，双方的这两根线应交叉连接(扭接)。

信号地　所有的信号都要通过信号地线构成耦合回路。通信线有以上三条(TxD、RxD和信号地)就能工作了。其余信号主要用于双方设备通信过程中的联络(握手信号)，而且有些信号仅用于和 MODEM 的联络。若采取微型机对微型机直接通信，且双方可直接对异步串行通信电路芯片编程，若设置成不要任何联络信号，则其他线都可不接。有时在通信线的同一端将相关信号短接以"自握手"方式满足联络要求。

RTS/CTS。请求发送信号 RTS 是发送器输出的准备好信号。接收方准备好后送回清除发送信号 CTS 后，发送数据开始进行，在同一端将这两个信号短接就意味着只要发送器准备好即可发送。

DCD．载波检测(又称接收线路信号检测)。本意是 MODEM 检测到线路中的载波信号后，通知终端准备接收数据的信号。在没有接 MODEM 的情况下，也可以和 RTS、CTS短接。

相对于 MODEM 而言，微型机和终端机一样被称为数据终端 DTE(Data Terminal Equipment)，而 MODEM 被称为数据通信装置 DCE(Data Communications Equipment)。DTE和 DCE 之间的连接不能有"扭接"现象，而应该是按接插件芯号，同名端对应相接。此处介绍的 RS-232C 的信号名称及信号流向都是对 DTE 而言的。

DTR/DSR。数据终端准备好时发送 DTR 信号，在收到数据通信装置准备好 DSR 信号后，方可通信。

RI。原意是在 MODEM 接收到电话交换机有效的拨号时，使 RI 有效，通知数据终端准备传送。在无 MODEM 时也可和 DTR 相接。

在无 MODEM 情况下，DTE 对 DTE 异步串行通信不仅适用于微型机和微型机之间的通信，还适用于微型机和异步串行外部设备(如终端机、绘图仪、数字化仪等)的连接。

● 信号电平规定　RS-232C 规定了双极性的信号逻辑电平：

-3 V～-25 V 的电平表示逻辑"1"。

+3 V～+25 V 的电平表示逻辑"0"。

以上标准称为EIA电平。PC/XT系列使用的信号电平是-12 V和+12 V，符合EIA标准，但在计算机内部流动的信号都是TTL电平，因此这中间需要用电平转换电路。常用芯片MCl488或SN75150将TTL电平转换为EIA电平，用MCl489或SN75154将EIA电平转换为TTL电平。PC/XT系列以这种方式进行串行通信时，在波特率不高于9600的情况下，理论上通信线的长度限制为15 m。

② 20 mA 电流环　20 mA 电流环并没有形成一套完整的标准，主要是将数字信号的表示方法不使用电子的高低，而改用 20 mA 电流的有无来表示。"1"信号在环路中产生 20 mA电流；"0"信号无电流产生。当然也需要有电路来实现 TTL 电平和 20 mA 电流之间的转

换。图 6.20 是 PC/XT 微机中使用的一种 20 mA 电流环接口。当发送方 S_{OUT}＝1 时，便有 20 mA 电流灌入接收方的光耦合器，于是光耦合器导通，使 S_{IN}＝1。反之，当发送方 S_{OUT} ＝0 时，环路电流为零，接收方光耦合器截止，S_{IN}＝0。显然，当要求双工方式通信时，双方都应各有收发电路，通信连线至少要 4 根。由于通信双方利用光耦合器实现电气上隔离，而且信号又是双端回路方式，故有很强的抗干扰性，可以传送远至 1 km 的距离。

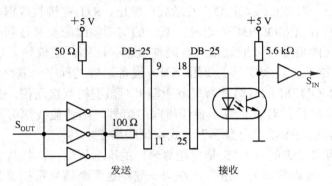

图 6.20　20 mA 电流环接口

除"0"、"1"信号的表示方法不同外，其他方面(如字符的传输格式)常借用 RS-232C 标准。因此 PC / XT 微机中的异步串行通信接口往往将这两种标准做在一起，实际通过跨接线从二者中择一使用。

(3) ST 16C550 包含 16 B 发送缓冲和 16 B 接收缓冲，可编程实现收发 50 b/s～1.5 Mb/s 的波特率。ST16C550 的访问响应速度很快，其片上状态寄存器可以提供各种错误信息及工作状态。ST16C550 同时还包括完整的 MODEM 控制协议和微处理器的中断系统。

本实验系统 DSP 首先通过 HPI 接口与单片机通信，再通过单片机的异步串口与 PC 机实现串口通信，原理如图 6.21 所示。

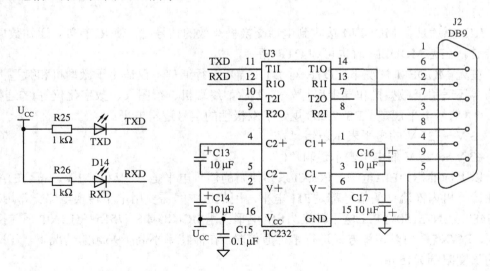

图 6.21　单片机异步串口与 PC 机实现串口通信原理图

4) 实验设备

硬件：JLD 型 DSP 技术实验与开发系统、JTAG 仿真器、Pentium100 以上的 PC 机、示波器。

软件：Windows 98 或以上的 PC 机操作系统、CCS 集成开发环境、仿真器驱动程序。

5) 实验步骤

(1) 连接好 DSP 开发系统，运行 CCS 软件；

(2) 设计程序或键入下面的参考程序并保存(文件名设为 16c550.c 和 16c550.h)；

(3) 新建一个工程，添加 16c550.c、16c550.h 以及附录 A 里的 c54_init.asm 和 vectors.asm 及链接命令文件(.cmd 文件)；

(4) 向工程添加 c:\ti\c5400\cgtools\lib\rts.lib；

(5) 编译、链接工程，生成 uart.out 文件；

(6) 装载 uart.out 文件，运行；

(7) 在计算机端运行通用串行口调试程序；

(8) 按键观察计算机上串口调试程序接收的数据，在计算机端发数据，观察液晶上显示的数据；

(9) 改变 16C550 的参数，重新设置其工作的波特率，重复步骤(5)~(8)；

(10) 使用 HPI 接口通过单片机扩展串口的系统中，改变单片机的串口通信速率，重复步骤(5)~(8)。

6) 实验现象与结果

程序运行后，计算机运行通用串行口调试程序，按 DSP 开发系统上某键，则计算机显示该键的标号。

在计算机端发数据，则 DSP 开发系统的液晶上显示收到的数据。改变 16C550 的参数，重新设置其工作的波特率，则需通过调整由计算机上串口调试程序设置的计算机串口通信速率，以使两者速率一致，且数据格式一致，此时现象与结果不变。

使用 HPI 接口通过单片机扩展串口的系统中，改变单片机的串口通信速率，则需通过调整由计算机上串口调试程序设置的计算机串口通信速率使两者速率一致，且数据格式一致，此时重复步骤(5)~(8)，出现的现象与结果不变。

7) 思考题

在 UART 数据格式中加入校验位，重复以上步骤。

参考程序如下：

```
/*------16c550.c 驱动函数----------*/
#include "16c550.h"
void v_init_552uart(char);
void v_sent_552astr(unsigned char dat);
void reset_552uart(void);
void comint_handler(unsigned char comn);
extern struct com_rcv_buf com1;
//16c550 初始化
void reset_552uart(void)
```

```
{
    int   i=0;
    com1.state = 0;
    com1.len = 0;
    com1.cur = 0;

    com2.state = 0;
    com2.len = 0;
    com2.cur = 0;

    COM1_RST=i;
    udelay(2000u*2000u);
    COM2_RST=i;
    udelay(2000u*2000u);
    udelay(2000u*2000u);
    i=COM1_RST;
    udelay(1000u*1000u);
    i=COM2_RST;
    udelay(1000u*1000u);
    udelay(1000u*1000u);
}

void v_init_552uart(char comnum)
{
        uc_552a_lcr = 0x80;              //使能波特率设置
        uc_552b_lcr = 0x80;              //使能波特率设置
        NOP;NOP;NOP;NOP;NOP;
        NOP;NOP;NOP;NOP;NOP;
        NOP;NOP;NOP;NOP;NOP;
        uc_552a_dll = dl_552a%256;       //设置通信波特率为 1200
        uc_552b_dll = dl_552a%256;       //设置通信波特率为 1200
        NOP;NOP;NOP;NOP;NOP;
        NOP;NOP;NOP;NOP;NOP;
        NOP;NOP;NOP;NOP;NOP;
        uc_552a_dlm = dl_552a/256;
        uc_552b_dlm = dl_552a/256;
        NOP;NOP;NOP;NOP;NOP;
        NOP;NOP;NOP;NOP;NOP;
        NOP;NOP;NOP;NOP;NOP;
```

```
        uc_552a_fcr = 0x00;          //禁止 FIFO 模式
        uc_552b_fcr = 0x00;          //禁止 FIFO 模式
        NOP;NOP;NOP;NOP;NOP;
        NOP;NOP;NOP;NOP;NOP;
        NOP;NOP;NOP;NOP;NOP;
        uc_552a_lcr = 0x03;          //8 bit_data, 1 bit_stop, no parity
        uc_552b_lcr = 0x03;          //8 bit_data, 1 bit_stop, no parity
        NOP;NOP;NOP;NOP;NOP;
        NOP;NOP;NOP;NOP;NOP;
        NOP;NOP;NOP;NOP;NOP;
        uc_552a_ier = 0x00;          //使用查询方式
        uc_552b_ier = 0x00;
        NOP;NOP;NOP;NOP;NOP;
        NOP;NOP;NOP;NOP;NOP;
        NOP;NOP;NOP;NOP;NOP;
        uc_552a_mcr = 0x00;          //使能串口中断
        uc_552b_mcr = 0x00;          //使能串口中断
        NOP;NOP;NOP;NOP;NOP;
        NOP;NOP;NOP;NOP;NOP;
        NOP;NOP;NOP;NOP;NOP;
}


//16C550 发送一个字节
void v_sent_552astr(unsigned char dat)
{
        uc_552a_thr = dat;
}


//16C550 接收处理
void comint_handler(unsigned char comn)
{
    char    com_data;
    struct com_rcv_buf *combuf;

    if (comn == 1)
    {
        combuf = &com1;
        com_data = uc_552a_rhr & 0xff;
        NOP;NOP;NOP;NOP;NOP;
```

```
            NOP;NOP;NOP;NOP;NOP;
            NOP;NOP;NOP;NOP;NOP;
    }
    combuf->buf[combuf->cur] = com_data;
    if (++combuf->cur > COM_RCV_BUFSIZE)
    {
            combuf->state = COM_STATE_PRE;
            combuf->cur = combuf->len = 0;
            return;
    }

    switch (combuf->state)
    {
    case COM_STATE_PRE:
            if (com_data == 0xff)
                    combuf->state = COM_STATE_NO;
            else
            {
                    combuf->state = COM_STATE_PRE;
                    combuf->cur = combuf->len = 0;
                    return;
            }
        break;
    case COM_STATE_NO:
    combuf->state = COM_STATE_LEN;
    break;
    case COM_STATE_LEN:
    combuf->state = COM_STATE_DATA;
    combuf->len = com_data;
        break;
    case COM_STATE_DATA:
            if (combuf->cur == combuf->len)
            {
                    com_rx(combuf->buf, combuf->len);
                    combuf->state = COM_STATE_PRE;
                    combuf->cur = combuf->len = 0;
            }
        break;
    default:
```

```
        break;
        }
    }
/*------16C550.h 头函数-----*/
ioport unsigned portc00;
ioport unsigned portc01;
ioport unsigned portc02;
ioport unsigned portc03;
ioport unsigned portc04;
ioport unsigned portc05;
ioport unsigned portc06;
ioport unsigned portc07;
ioport unsigned portc08;
ioport unsigned portc09;


#define uc_552a_thr    portc00        // Transmit Holding Register
#define uc_552a_rhr    portc00        // Receive Holding Register
#define uc_552a_ier    portc01        // Interrupt Enable Register
#define uc_552a_isr    portc02        // Interrupt Status Register
#define uc_552a_fcr    portc02        // FIFO control register
#define uc_552a_lcr    portc03        // Line control Register
#define uc_552a_mcr    portc04        // Modem Control Register
#define uc_552a_lsr    portc05        // Line Status Register
#define uc_552a_msr    portc06        // Modem Status Register
#define uc_552a_spr    portc07        // Scratchpad Register


#define uc_552a_dll    portc00
#define uc_552a_dlm    portc01


//the following is the com func
#define COM1_REC    4
#define COM2_REC    8
#define NOP asm(" nop")



#define xt_552_mhz    1.8432        //clock
#define bps_552a      9600          //串口 1 的波特率
#define dl_552a  (unsigned int)(xt_552_mhz*1000000/16/bps_552a)
```

```
ioport unsigned port1800;              // reset 16c550
ioport unsigned port2000;              // seclect int
ioport unsigned port1C00;

#define COM1_RST    port1800           // reset the com1
#define COM_RCV_BUFSIZE 255
#define COM_SND_BUFSIZE 2048

#define COM_STATE_PRE  0
#define COM_STATE_NO   1
#define COM_STATE_LEN 2
#define COM_STATE_DATA 3
#define COM_STATE_FIN  4
void comint_handler(unsigned char comn);
extern void v_sent_552astr(unsigned char dat, int portnum);
struct com_rcv_buf
    unsigned char state;
    unsigned char len, cur;
    unsigned char buf[COM_RCV_BUFSIZE];
};
```

实验 20　键盘驱动实验

1) 实验目的

(1) 学习键盘驱动原理；

(2) 掌握通过 CPU 的 I/O 扩展键盘的方法。

2) 实验内容

键盘矩阵的行线和列线分别映射为 DSP 的 I/O 空间的某个地址的数据线，行线的输入状态通过读 I/O 空间的数据获得，列线的输出状态通过写 I/O 空间的数据实现。

编程实现 4×4 键盘矩阵的驱动，实现一定时延的消抖处理，对按键进行编码，并将码值显示在数码管上。

3) 预备知识

实现键盘有两种方案：一是采用现有的一些芯片实现键盘扫描；另一种就是用软件实现键盘扫描。作为一个嵌入式系统设计人员，总是会关心产品成本。目前有很多芯片可以用来实现键盘扫描，但是键盘扫描的软件实现方法有助于缩减一个系统的重复开发成本，且只需要很少的 CPU 开销。嵌入式控制器的功能强，可以充分利用这一资源。这里就介绍一下实现方案。

通常在一个键盘中使用了一个瞬时接触开关，并且用如图 6.22 所示的简单电路，微处理器可以容易地检测到闭合。

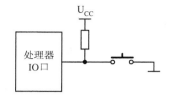

图 6.22　键盘中瞬时接触开关原理图

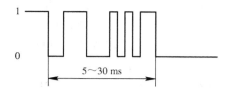

图 6.23　按键抖动产生脉冲示意图

当开关打开时，通过处理器的 I/O 口的一个上拉电阻提供逻辑 1；当开关闭合时，处理器的 I/O 口的输入将被拉低到逻辑 0。可遗憾的是，这种开关并不完善，因为当它们被按下或者被释放时，并不能够产生一个明确的 1 或者 0。尽管触点可能看起来稳定，而且能很快地闭合，但与微处理器的运行速度相比，这种动作是比较慢的。当触点闭合时，其弹起就像一个球。弹起效果将产生好几个脉冲。弹起的持续时间通常将维持在 5～30 ms 之间，如图 6.23 所示。

如果需要多个键，则可以将每个开关连接到微处理器上的输入端口。然而，当开关的数目增加时，这种方法将很快使用完所有的输入端口。在键盘上排列这些开关最有效的方法(当需要 5 个以上的键时)是一个二维矩阵。当行和列的数目一样多时，就是方形的矩阵，它将产生一个最优化的布列方式(I/O 端被连接的时候)。一个瞬时接触开关(按钮)放置在每一行与一列的交叉点处。矩阵所需的键的数目显然根据应用程序的不同而不同。每一行由一个输出端口的一位驱动，而每一列由一个电阻器上拉且供给输入端口一位。矩阵键盘如图 6.24 所示。

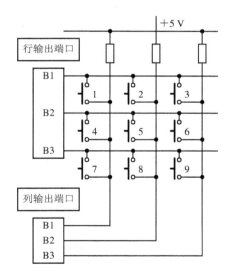

图 6.24　矩阵键盘

键盘扫描过程就是让微处理器按有规律的时间间隔查看键盘矩阵，以确定是否有键被按下。一旦处理器判定有一个键按下，键盘扫描软件将过滤掉抖动，并且判定哪个键被按下。每个键被分配一个称为扫描码的惟一标识符。应用程序利用该扫描码，根据按下的键来判定应该采取什么行动。换句话说，扫描码将告诉应用程序按下哪个键。

某一时刻按下多个键(意外地或者故意地)的情况被称为转滚。能够正确识别一个新键被按下(即使 n-1 个键已经被按下)的算法被称为具有 n 键转滚的能力。

本章提出矩阵键盘系统设计。在这种系统中，用户输入可能发生相继按键。这些系统通常不需要具有像终端或者计算机系统上的键盘的全部特征那样的键盘。

键盘扫描算法：

在初始化阶段，所有的行(输出端口)被强行设置为低电平。在没有任何键按下时。所有的列(输入端口)将读到高电平。任何键的闭合将造成其中的一列变为低电平。为了查看是否有一个键已经被按下，微处理器仅仅需要查看任一列的值是否变成低电平。一旦微处理器检测到有键被按下，就需要找出是哪一个键。过程很简单，微处理器只需在其中一列上输出一个低电平。如果它在输入端口上发现一个 0 值，该微处理器就知道在所选择行上产生了键的闭合。相反，如果输入端口全是高电平，则被按下的键就不在那一行，微处理器将选择下一行，并重复该过程直到它发现了该行为止。一旦该行被识别出来，则被按下键的具体的列可以通过锁定输入端口上惟一的低电位来确定。微处理器执行这些步骤所需要的时间与最小的状态闭合时间相比是非常短的，因此它假设该键在这个时间间隔中将维持按下的状态。比如，当发现某列变为低电平时，此时微处理器仅在某一行上输出低电平，再查看列的状态，如果此时在输入端口上发现了一个 0，则可以断定就是此行上的键按下了；反之，如果输入端口上全为 1，则不是这一行上按下了键。根据第一步和第二步中得到的值，便可以得到相应的扫描码。比如，第一步中行全为零时列输入 B1 为零，当将输出的第二行 B2 置为零时，如果此时的列输入 B1 仍为零，则可得到扫描码为×××。

为了过滤回弹的问题，微处理器以规定的时间间隔对键盘进行采样，这个间隔(称为去除回弹周期)通常在 20～100 ms 之间，它主要取决于所使用开关的回弹特征。

另一个特点就是所谓的自动重复。自动重复允许一个键的扫描码可以重复地被插入缓冲区，只要按着这个键，直到缓冲区满为止。自动重复功能是非常有用的，当你打算递增或者递减一个参数(也就是一个变量)值时，不必重复按下或者释放该键。如果该键被按住的时间超过自动重复的延迟时间，这个按键将被重复地确认按下。

DSP 与键盘的连接原理如图 6.25 所示。

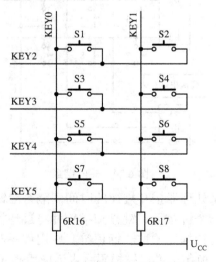

图 6.25　DSP 与键盘的连接原理图

键盘矩阵的行线输出映射为 DSP 的 I/O 空间地址为 6 的低 4 位，列线输入映射为 DSP 的 I/O 空间地址为 6 的低 2 位。

本次实验实现的是 2×4 的键盘扫描。分别将每一列置零，如果这时有键按下，则对应的行将为低电平。将 4 次得到的结果放到一个 16 位变量中，该变量的每一位为零则对应一个按键，如果没有键按下则该变量的值为 FFFFH。做一个数组存储键盘的映射码，这样方便修改按键对应的值。本次实验中取去除回弹周期为 50 ms，自动重复按键第一次和第二次之间的延时为 1 s，以后的重复时间为 50 ms。

4）实验设备

硬件：JLD 型 DSP 技术实验与开发系统、JTAG 仿真器、Pentium100 以上的 PC 机、示波器、函数信号发生器。

软件：Windows 98 或以上的 PC 机操作系统、CCS 集成开发环境、仿真器驱动程序。

5）实验步骤

(1) 连接好 DSP 开发系统，运行 CCS 软件；

(2) 设计程序或键入下面的参考程序并保存(文件名设为 key.c)；

(3) 新建一个工程，添加 key.c 以及附录 A 里的 c54_init.asm 和 vectors.asm 及链接命令文件(.cmd 文件)；

(4) 向工程添加 c:\ti\c5400\cgtools\lib\rts.lib；

(5) 编译、链接工程，生成 key.out 文件；

(6) 装载 key.out 文件，运行；

(7) 按下不同的按键，观察数码管的显示。

6）实验现象与结果

运行程序后，按下不同的按键，则数码管显示相应键的标号。

7）思考题

修改程序，实现以下功能：按下不同的按键，则有一对应的发光二极管发亮。

参考程序如下：

```
/*----------key.c------------*/
#include <math.h>
#include "tms320.h"
#include "DspLib.h"
int ser0inrdcnt,ser0outwrcnt;
int ser0inwrcnt,ser0outrdcnt;
int ser0inbuf[10],ser0outbuf[10];
int ser0flag,int0flag,timeflag,hpirecflag;        /*Define Some Global Variable */
extern int ad_samp_freq;                          /*To Decide The AIC Sample Frequency*/
/*DSP 的 I/O 空间，扩展发光二极管、数码管、键盘、液晶等外围设备*/
ioport unsigned port0;                            //数码管地址
ioport unsigned port1;                            //数码管显示
ioport unsigned port2;                            //发光二极管 d1
ioport unsigned port3;                            //发光二极管 d2
```

```
ioport unsigned port4;
ioport unsigned port5;
ioport unsigned port6;                            //键盘行列线
ioport unsigned port7;
ioport unsigned port8;
ioport unsigned port9;                            //lcd reset
ioport unsigned porta;                            //lcd di
ioport unsigned portb;                            //lcd cs1
ioport unsigned portc;                            //lcd cs2
ioport unsigned porte;                            //发光二极管 d3
ioport unsigned portf;                            //发光二极管 d4
/*----------------------------------*/
char rdkey( ) ;
char scan_key( );

void main( )
{
char keyvalue ;
int    sinebase;                             /*Deside The Sine Initial */
int    sinestep,sinestep2;                   /*Deside The Sine Frequency*/
DATA sineinput[1];
DATA sineresult[1];
ad_samp_freq = 1025;
c54_init( );
ser0inwrcnt = 1 ;
ser0outrdcnt = 5 ;
ser0inrdcnt = 5 ;
ser0outwrcnt = 1;
ser0flag = 0;
sinebase =100;
sinestep = 100;
sinestep2 = 1000;
    for (;;){

        keyvalue = scan_key( );
          if (keyvalue==255)
              asm(" nop");                           //do nothing
          else{
              port0 = 1 ;
```

```
                port1 = keyvalue ;                        //按键处理
                sinestep = sinestep2*keyvalue;
                keyvalue = 255 ;
            }
        }
    }
    char rdkey( ){
    char keyin;
        port6 = 0x0 ;
        keyin = port6 ;
        keyin = keyin & 0x3 ;
        if (keyin == 0x3)
        return 0 ;
        else
            return 1 ;
    }
    char scan_key( ){
    char keyornot;
    char keyin;
    char keyvalue;
        keyornot = rdkey( ) ;
        if (!keyornot){
            delay3( );
            return 255;
        }
        delay3( );                                       //消除抖动
        delay3( );
        keyornot = rdkey( ) ;
        if (keyornot ){                                  //某个键按下
            port6 = 0xe ;
            keyin = port6 & 0x3 ;
            if ( keyin != 0x3){
                keyvalue = 2;
                keyvalue = keyin + keyvalue ;
                while (keyornot = rdkey( ))             //等键松开
                    delay3( );
                return keyvalue;
            }
        port6 = 0xd ;
```

```
        keyin = port6 & 0x3 ;
        if ( keyin != 0x3){
            keyvalue = 0;
            keyvalue = keyin + keyvalue ;
            while (keyornot = rdkey( ))
                delay3( );
            return keyvalue;
        }
        port6 = 0xb ;
        keyin = port6 & 0x3 ;
        if ( keyin != 0x3){
            keyvalue = 6;
            keyvalue = keyin + keyvalue ;
            while (keyornot = rdkey( ))
                delay3( );
            return keyvalue;
        }
        port6 = 0x7 ;
        keyin = port6 & 0x3 ;
        keyin = port6 & 0x3 ;
        if ( keyin != 0x3){
            keyvalue = 4;
            keyvalue = keyin + keyvalue ;
            while (keyornot = rdkey( ))
                delay3( );
            return keyvalue;
        }
    }
    return 255;
}
```

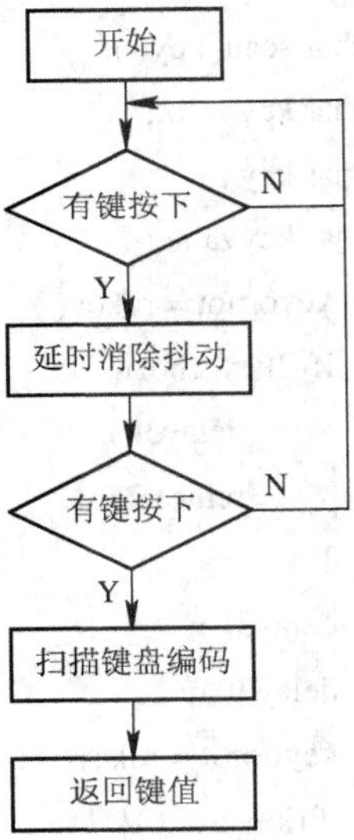

图 6.26　键盘驱动实验主程序流程图

键盘驱动实验主程序流程如图 6.26 所示。

实验 21　LCD 显 示 实 验

1) 实验目的

(1) 了解 LCD 的基本概念与原理;

(2) 理解 LCD 的驱动控制;

(3) 熟悉使用 DSP 总线方式驱动 LCD 模块。

2) 实验内容

学习 LCD 显示器的基本原理，理解其驱动控制方法。掌握两种 LCD 驱动的基本原理和方法，并用编程实现 DSP 总线方式驱动带有驱动模块的 LCD。

编程实现在液晶指定位置上显示字母。

3）预备知识

(1) LCD(Liquid Crystal Display)的原理　LCD 显示器的基本原理就是通过给不同的液晶单元供电，控制其光线的通过与否，从而达到显示的目的。因此，对 LCD 的驱动控制归根于对每个液晶单元的通断电的控制。每个液晶单元都对应着一个电极，对其通电，便可使光线通过(也有刚好相反的，即不通电时光线通过，通电时光线不通过)。

(2) 电致发光　LCD 的发光原理是通过控制加电与否来使光线通过或挡住，从而显示图形的。

电致发光(EL)是将电能直接转换为光能的一种发光现象。电致发光片是利用此原理经过加工制作而成的一种发光薄片。其特点是：超薄、高亮度、高效率、低功耗、低热量、可弯曲、抗冲击、长寿命、多种颜色选择等。因此，电致发光片被广泛应用于各种领域。

(3) LCD 的驱动控制　市面上出售的 LCD 有两种类型：

一种是带有驱动电路的 LCD 显示模块，这种 LCD 可以方便地与各种低档单片机进行接口，如 8051 系列单片机，但是由于硬件驱动电路的存在，体积比较大。这种模块常常使用总线方式来驱动。

另一种便是 LCD 显示屏，它没有驱动电路，需要与驱动电路配合使用。其特点是体积小，但是却需要另外的驱动芯片。也可以使用带有 LCD 驱动能力的高档 MCU 驱动。本实验中，我们使用的是带有驱动电路的 LCD 显示模块，采用 DSP 的总线方式来驱动。一般带有驱动模块的 LCD 显示屏使用这种驱动方式，由于 LCD 已经带有驱动硬件电路，因此模块给出的是总线接口，便于与处理器的总线进行接口。驱动模块具有 8 位数据总线，外加一些电源接口和控制信号。而且还自带显示缓存，只需要将要显示的内容送到显示缓存中就可以实现内容的显示。由于只有 8 条数据线，因此常常通过引脚信号来实现地址与数据线复用，以达到把相应数据送到相应显示缓存的目的。

(4) 本实验液晶显示模块采用的驱动控制器是 KS0108B 及其兼容显示控制驱动器。KS0108B 及其兼容显示控制驱动器是一种带有列驱动输出的图形液晶显示控制器，与 KS0107B 配合对液晶屏进行行、列驱动，可直接与 8 位微处理器相连。本章将主要介绍 KS0108B 及其兼容控制驱动器与行驱动器 KS0107B 配合使用，组成液晶显示驱动控制系统后的结构特点、时序与显示区结构。

(1) KS0108B 及其兼容控制驱动器的特点有：

① 内藏 $64 \times 64 = 4096$ 位显示 RAM，RAM 中每位数据对应 LCD 屏上一个点的亮、暗状态；

② KS0108B 及其兼容控制驱动器是列驱动器，具有 64 路列驱动输出；

③ KS0108B 及其兼容控制驱动器读、写操作时序与 68 系列微处理器相符，因此它可直接与 68 系列微处理器接口相连；

④ KS0108B 及其兼容控制驱动器的占空比为 $1/32 \sim 1/64$。

KS0108B 与微处理机的接口信号见表 6.2。

表 6.2   与微处理机的接口信号

引脚符号	状态	引脚名称	功 能
CS1B,CS2B,CS3	输入	芯片片选端	CS1B 和 CS2B 低电平选通
E	输入	读写使能信号	在 E 下降沿，数据被锁存(写)入 KS0108B 及其兼容控制驱动器；在 E 高电平期间，数据被读出
R/W	输入	读写选择信号	R/W=1 为读选通 R/W=0 为写选通
RS	输入	数据、指令选择信号	RS=1 为数据操作 RS=0 为写指令或读状态
DB0～DB7	三态	数据总线	
RSTB	输入	复位信号	复位信号有效时，关闭液晶显示，使显示起始行为 0。RST 可跟 MPU 相连，由 MPU 控制；也可直接接 U_{CC}，使之不起作用

说明：对应模块接口为 D/I。

(2) KS0108B 及其兼容控制驱动液晶模块的指令控制   该类液晶显示模块(即 KS0108B 及其兼容控制驱动器)的指令系统比较简单，总共只有七种。现分别介绍如下。

● 显示开/关指令。

R/A	D/I	DB7	DB6	DB5	DB4	DB3	DB2	DB1	DB0
0	0	0	0	1	1	1	1	1	1/0

当 DB=1 时，LCD 显示 RAM 中的内容；DB0=0 时，关闭显示。

● 显示起始行(ROW)设置指令。

R/A	D/I	DB7	DB6	DB5	DB4	DB3	DB2	DB1	DB0
0	0	1	1	显示起始行(0～63)					

该指令设置了对应液晶屏最上一行的显示 RAM 的行号。有规律地改变显示起始行，可以使 LCD 实现显示滚屏的效果。

● PAGE 设置指令。

R/A	D/I	DB7	DB6	DB5	DB4	DB3	DB2	DB1	DB0
0	0	1	0	1	1	1	页号(0～7)		

显示 RAM 共 64 行，分 8 页，每页 8 行。

● 地址(Y Address)设置指令。

R/A	D/I	DB7	DB6	DB5	DB4	DB3	DB2	DB1	DB0
0	0	0	1	显示列地址(0～63)					

设置了页地址和列地址，就惟一确定了显示 RAM 中的一个单元，这样 MPU 就可以用读、写指令读出该单元中的内容或向该单元写进一个字节数据。

● 读状态指令。

R/A	D/I		DB7	DB6	DB5	DB4	DB3	DB2	DB1	DB0
1	0		BUSY	0	ON/OFF	RESET	0	0	0	0

该指令用来查询液晶显示模块内部控制器的状态，各参量含义如下：

BUSY：1——内部在工作，0——正常状态；

ON/OFF：1——显示关闭，0——显示打开；

RESET：1——复位状态，0——正常状态。

在 BUSY 和 RESET 状态时，除读状态指令外，其他指令均不对液晶显示模块产生作用。

在对液晶显示模块操作之前要查询 BUSY 状态，以确定是否可以对液晶显示模块进行操作。

● 写数据指令。

R/A	D/I		DB7	DB6	DB5	DB4	DB3	DB2	DB1	DB0
0	1		写 数 据							

● 读数据指令。

R/A	D/I		DB7	DB6	DB5	DB4	DB3	DB2	DB1	DB0
1	1		读 显 示 数 据							

读、写数据指令每执行完一次读、写操作，列地址就自动增 1。必须注意的是，进行读操作之前，必须有一次空读操作，紧接着再读，才会读出所要读的单元中的数据。

DSP 通过可编程逻辑器件扩展与液晶的接口，其原理图如图 6.27 所示。

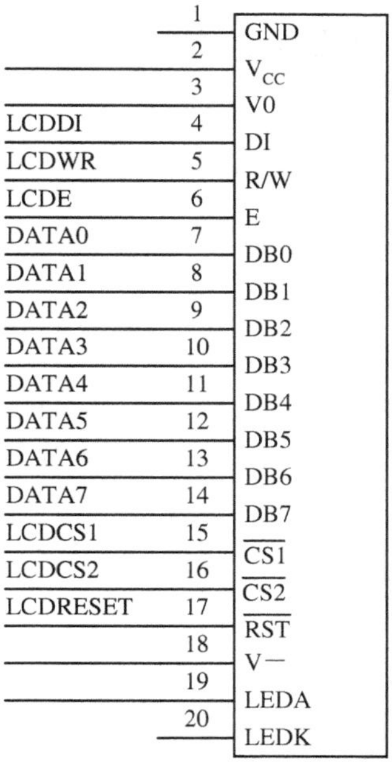

图 6.27 DSP 通过可编程逻辑器件扩展与液晶的接口电路原理图

其中，LCDRESET 映射为 DSP 的 I/O 地址为 9 的空间，对该地址进行读写操作分别产生高低电平，产生液晶的复位信号；LCDDI 映射为 DSP 的 I/O 地址为 AH 的空间，在该地址上分别写"0"或"1"，表示对液晶写入控制数据或写入显示数据。整个液晶屏分成左右两个部分，其片选信号分别映射为 DSP 的 I/O 地址为 BH 和 CH 的空间，对其进行读写分别选中液晶的不同部分。液晶的命令和数据的读写地址映射为 DSP 的 I/O 地址为 8 的空间，液晶的读写信号 LCDWR 由 DSP 的读写信号 R/W 和 IOSTRB 进行"逻辑与"产生。

 4) 实验设备

硬件：JLD 型 DSP 技术实验与开发系统、JTAG 仿真器、Pentium100 以上的 PC 机。

软件：Windows 98 或以上的 PC 机操作系统、CCS 集成开发环境、仿真器驱动程序。

5) 实验步骤

(1) 连接好 DSP 开发系统，运行 CCS 软件；

(2) 设计程序或键入下面的参考程序并保存(文件名设为 lcd.c)；

(3) 新建一个工程，添加 lcd.c 以及附录 A 里的 c54_init.asm 和 vectors.asm 及链接命令文件(.cmd 文件)；

(4) 向工程添加 c:\ti\c5400\cgtools\lib\rts.lib；

(5) 编译、链接工程，生成 lcd.out 文件；

(6) 装载 lcd.out 文件，并运行；

(7) 观察液晶显示屏显示的内容；

(8) 修改将要显示的内容，重复步骤(5)~(7)。

6) 实验现象与结果

运行程序后，液晶显示屏自上向下滚动显示 a~z 26 个英文字母。

7) 思考题

修改程序，实现以下功能：液晶显示屏自左向右移动显示 a~z 26 个英文字母。

参考程序如下：

```
/*----------lcd.c------------*/
#include <math.h>
int ser0inrdcnt,ser0outwrcnt;
int ser0inwrcnt,ser0outrdcnt;
int ser0inbuf[40],ser0outbuf[40];
int ser0flag,int0flag,timeflag,hpirecflag;          /*Define Some Global Variable */
extern int ad_samp_freq;                            /*To Decide The AIC Sample Frequency*/
void Wr_c_l(char com);
void Wr_c_r(char com);
void Wr_d_l(char data);
void Wr_d_r(char data);
void Init_Lcd();
void Cls_Lcd();
void lcd_dsp(char lorr,char page_cnt,char line,char numx[]);
char temp,clr_page_cnt,clr_byte_cnt,page_cnt,colm_cnt;
/*DSP 的 I/O 空间，扩展发光二极管、键盘、液晶等外围设备*/
ioport unsigned port0;
```

```
ioport unsigned port1;
ioport unsigned port2;                                              //发光二极管 d1
ioport unsigned port3;                                              //发光二极管 d2
ioport unsigned port4;
ioport unsigned port5;
ioport unsigned port6;                                              //键盘行列线
ioport unsigned port7;
ioport unsigned port8;
ioport unsigned port9;                                              //lcd reset
ioport unsigned porta;                                              //lcd di
ioport unsigned portb;                                              //lcd cs1
ioport unsigned portc;                                              //lcd cs2
ioport unsigned porte;                                              //发光二极管 d3
ioport unsigned portf;                                              //发光二极管 d4
char num0[] ={0,0x3E,0x51,0x49,0x45,0x3E,0x00,0x00};               //"0"=00H
char num1[] ={0,0x00,0x42,0x7F,0x40,0x00,0x00,0x00};               //"1"=01H
char num2[] ={0,0x42,0x61,0x51,0x49,0x46,0x00,0x00};               //"2"=02H
char num3[] ={0,0x21,0x41,0x45,0x4B,0x31,0x00,0x00};               //"3"=03H
char num4[] ={0,0x18,0x14,0x12,0x7F,0x10,0x00,0x00};               //"4"=04H
char num5[] ={0,0x27,0x45,0x45,0x45,0x39,0x00,0x00};               //"5"=05H
char num6[] ={0,0x3C,0x4A,0x49,0x49,0x30,0x00,0x00};               //"6"=06H
char num7[] ={0,0x01,0x01,0x79,0x05,0x03,0x00,0x00};               //"7"=07H
char num8[] ={0,0x36,0x49,0x49,0x49,0x36,0x00,0x00};               //"8"=08H
char num9[] ={0,0x06,0x49,0x49,0x29,0x1E,0x00,0x00};               //"9"=09H
char num22[]={0,0x7E,0x11,0x11,0x11,0x7E,0x00,0x00};               //"A"=22H
char num23[]={0,0x41,0x7F,0x49,0x49,0x36,0x00,0x00};               //"B"=23H
char num24[]={0,0x3E,0x41,0x41,0x41,0x22,0x00,0x00};               //"C"=24H
char num25[]={0,0x41,0x7F,0x41,0x41,0x3E,0x00,0x00};               //"D"=25H
char num26[]={0,0x7F,0x49,0x49,0x49,0x49,0x00,0x00};               //"E"=26H
char num27[]={0,0x7F,0x09,0x09,0x09,0x01,0x00,0x00};               //"F"=27H
char num28[]={0,0x3E,0x41,0x41,0x49,0x7A,0x00,0x00};               //"G"=28H
char num29[]={0,0x7F,0x08,0x08,0x08,0x7F,0x00,0x00};               //"H"=29H
char num2a[]={0,0x00,0x41,0x7F,0x41,0x00,0x00,0x00};               //"I"=2AH
char num2b[]={0,0x20,0x40,0x41,0x3F,0x01,0x00,0x00};               //"J"=2BH
char num2c[]={0,0x7F,0x08,0x14,0x22,0x41,0x00,0x00};               //"K"=2CH
char num2d[]={0,0x7F,0x40,0x40,0x40,0x40,0x00,0x00};               //"L"=2DH
char num2e[]={0,0x7F,0x02,0x00,0x02,0x7F,0x00,0x00};               //"M"=2EH
char num2f[]={0,0x7F,0x06,0x08,0x30,0x7F,0x00,0x00};               //"N"=2FH
char num30[]={0,0x3E,0x41,0x41,0x41,0x3E,0x00,0x00};               //"O"=30H
```

```
char num31[]={0,0x7F,0x09,0x09,0x09,0x06,0x00,0x00};        //"P"=31H
char num32[]={0,0x3E,0x41,0x51,0x21,0x5E,0x00,0x00};        //"Q"=32H
char num33[]={0,0x7F,0x09,0x19,0x29,0x46,0x00,0x00};        //"R"=33H
char num34[]={0,0x26,0x49,0x49,0x49,0x32,0x00,0x00};        //"S"=34H
char num35[]={0,0x01,0x01,0x7F,0x01,0x01,0x00,0x00};        //"T"=35H
char num36[]={0,0x3F,0x40,0x40,0x40,0x3F,0x00,0x00};        //"U"=36H
char num37[]={0,0x1F,0x20,0x40,0x20,0x1F,0x00,0x00};        //"V"=37H
char num38[]={0,0x7F,0x20,0x18,0x20,0x7F,0x00,0x00};        //"W"=38H
char num39[]={0,0x63,0x14,0x08,0x14,0x63,0x00,0x00};        //"X"=39H
char num3a[]={0,0x07,0x08,0x70,0x08,0x07,0x00,0x00};        //"Y"=3AH
char num3b[]={0,0x61,0x51,0x49,0x45,0x43,0x00,0x00};        //"Z"=3BH

void main( )
{
char timecnt=0 ;
        ad_samp_freq = 1025;
        c54_init( );
        ser0inwrcnt = 1 ;
        ser0outrdcnt = 5 ;
        ser0inrdcnt = 5 ;
        ser0outwrcnt = 1;
        ser0flag = 0;
        temp = port9 ;                              //reset lcd
        delay2( );
        port9 = temp ;                              //enable lcd
        Init_Lcd( );                                //initialize lcd
        Cls_Lcd( );

            lcd_dsp(0,4,1,num54);
            lcd_dsp(0,4,2,num49);
            lcd_dsp(0,4,3,num4d);
            lcd_dsp(0,4,4,num45);
            //lcd_dsp(0,1,5,num40);
            lcd_dsp(0,4,6,num49);
            lcd_dsp(0,4,7,num53);
            lcd_dsp(0,4,8,num1a);

        for (;;){
            lcd_dsp(1,4,4,num0);
```

```
            lcd_dsp(1,4,5,num0);
            lcd_dsp(1,4,6,num1a);
            lcd_dsp(1,4,7,num0);
            if (timecnt == 0)
                    lcd_dsp(1,4,8,num0);
            else if      (timecnt == 1)
                    lcd_dsp(1,4,8,num1);
            else if      (timecnt == 2)
                    lcd_dsp(1,4,8,num2);
            else if      (timecnt == 3)
                    lcd_dsp(1,4,8,num3);
            else if      (timecnt == 4)
                    lcd_dsp(1,4,8,num4);
            else if      (timecnt == 5)
                    lcd_dsp(1,4,8,num5);
            else if      (timecnt == 6)
                    lcd_dsp(1,4,8,num6);
            else if      (timecnt == 7)
                    lcd_dsp(1,4,8,num7);
            else if      (timecnt == 8)
                    lcd_dsp(1,4,8,num8);
            else if      (timecnt == 9)
                    lcd_dsp(1,4,8,num9);
            delay2( );
            timecnt =    (timecnt + 1)%10;
        }
    }


void lcd_dsp(char lorr,char page_cnt,char line,char numx[]){
char clr_byte_cnt;
        page_cnt = (page_cnt - 1) | 0xb8;
        line = (line-1)*8 + 0x40 ;
        if (lorr==0){
            Wr_c_l(page_cnt);
            Wr_c_l(line);
            for(clr_byte_cnt=1;clr_byte_cnt<=8;clr_byte_cnt++){
                    Wr_d_l(numx[clr_byte_cnt-1]);
            }
        }
```

```
    else{
        Wr_c_r(page_cnt);
        Wr_c_r(line);
        for(clr_byte_cnt=1;clr_byte_cnt<=8;clr_byte_cnt++){
            Wr_d_r(numx[clr_byte_cnt-1]);
        }
    }

}

void Wr_c_r(char com){                              //写指令
char temp;
    temp = portb ;                                  //clr cs1
    portc = temp ;                                  //clr cs2
    porta = 0x0 ;                                   //di = 0
    temp = port8 & 0x80;                            //读状态字
    delay1( );
    while (temp == 0x80){
        temp = port8 & 0x80;
        delay1( );
    }
    port8 = com ;
    delay1( );
}


void Wr_c_l(char com){
char temp;
    portb = temp ;                                  //clr cs1
    temp = portc ;
    porta = 0x0 ;                                   //di = 0
    temp = port8 & 0x80;                            //读状态字
    delay1( );
    while (temp == 0x80){
        temp = port8 & 0x80;
        delay1( );
    }
    port8 = com ;
    delay1( );
}
```

```
    void Wr_d_r(char data){                        //写数据
    char temp;
        temp = portb;                              //clr cs1
        portc = temp ;                             //clr cs2
        porta = 0x0 ;                              //di = 0
        temp = port8 & 0x80;                       //读状态字
        delay1( );
        while (temp == 0x80){
            temp = port8 & 0x80;
            delay1( );
        }
        porta = 0x1 ;
        port8 = data ;
        delay1( );
    }


    void Wr_d_l(char data){
    char temp;
        portb = temp ;                             //clr cs1
        temp = portc ;                             //clr cs2
        porta = 0x0 ;                              //di = 0
        temp = port8 & 0x80;                       //读状态字
        delay1( );
        while (temp == 0x80){
            temp = port8 & 0x80;
            delay1( );
        }
        porta = 0x1 ;
        port8 = data ;
        delay1( );
    }

void Init_Lcd( ){
        Wr_c_l(0xc0);
        Wr_c_r(0xc0);
        Wr_c_l(0x3f);
        Wr_c_r(0x3f);
}
```

```
void Cls_Lcd( ){
    for(clr_page_cnt=1;clr_page_cnt<=8;clr_page_cnt++){
    page_cnt = (clr_page_cnt−1) | 0xb8;
        Wr_c_l(page_cnt);
        Wr_c_r(page_cnt);
        Wr_c_l(0x40);
        Wr_c_r(0x40);
        for (clr_byte_cnt=1;clr_byte_cnt<=64;clr_byte_cnt++){
            Wr_d_l(0x0);
            Wr_d_r(0x0);
        }
    }
}
```

6.3　DSP 应用技术综合实训

　　DSP 技术本身并不是一门孤立的技术。相反，只有将 DSP 技术用在电子技术的各个领域，如通信、自动控制和信息家电等，才会体现出数字信号处理技术的重要性。基于此，我们在 DSP 技术实验与开发系统上开发了许多 DSP 在各个应用领域的应用实例，让学生对 DSP 技术应用有一个较为深刻的认识，同时也有利于培养学生的工程实践能力和创新能力。

　　上节所介绍的实验大都是一些比较基本的实验。本实验开发系统还开发了一系列综合实验，着重讲述了 DSP 技术在现代通信中的应用。所开发的 DSP 技术在通信系统中应用内容如下(既可作为现代通信原理与技术实验使用，其中大部分又可应用于工程实践中)：

- AM 调制与解调的 DSP 实现；
- 双边带(DSB)调制与解调的 DSP 实现；
- 调频(FM)信号调制与解调的 DSP 实现；
- IIR 的 DSP 实现；
- FFT 的 DSP 实现；
- 匹配滤波器的 DSP 实现；
- 无码间串扰信号与眼图的 DSP 实现；
- 频域均衡的 DSP 实现；
- 量化与量化噪声的 DSP 实现；
- PCM 压缩与扩张的 DSP 实现；
- 数字基带通信系统的 DSP 实现；
- ASK 调制与解调的 DSP 实现；
- FSK 调制与解调的 DSP 实现；
- PSK 调制与解调的 DSP 实现；
- 数字通信系统综合实验。

本实验系统可以直接与计算机接口。我们研制了一个通用串口通信程序，使上层控制命令(如功能号标志)及一些处理数据(如 FFT 运算数据、FIR 滤波器系数等)可以通过计算机串口发送给本实验系统。用户可通过串口与实验开发系统通信。本软件还可以调用 Microsoft 系统信息实用程序，用于显示系统当前状态信息。

下面以数字通信系统综合实验为例，说明 DSP 在通信系统中的应用。

实验 22　数字通信系统综合实验

1. 实验原理

通信系统可简单地分为以下四类：

(1) 模拟通信系统　在模拟信道中直接传输模拟信号，如调幅、调频和调相。

(2) 数字基带通信系统　即全数字的通信系统，需考虑数字基带信号的码型与波形，无码间串扰信号以及均衡等问题。

(3) 模拟信号的数字传输　即 PCM 通信系统、增量调制系统等，将模拟信号转换为数字信号后在数字信道中传输。

(4) 数字信号的模拟传输　即数字载波调制(ASK、FSK 和 PSK 等)，将数字信号经调制后在模拟信道中传输。它特别适用于在窄带信道中传输数据，如在电话网中通过调制解调器传输数据。

本实验设计了一个 FSK 调制解调的全双工数据通信系统，如图 6.28 所示。下面以计算机为终端来说明其通信过程。需说明的是，这里的通信系统实际上不只是数字载波调制，它同时包含有计算机与实验箱之间的数据通信。

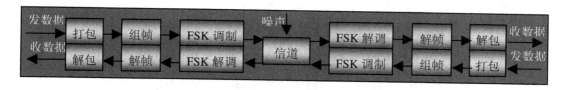

图 6.28　全双工 FSK 数据

1) 发送端

在发送端，首先输入所需发送的信息(可以是数字、英文字母和汉字字符及三者的任意组合)。计算机将这些数据打包后传送给实验开发系统，打包时加入数据长度、开始标志和结尾标志等信息。

DSP 收到数据包后，开始组帧，每帧的长度为 100 B。

第一帧设置为前导帧，填充 100 个"1010…1010"翻转码。发送前导帧是为了确保接收端在提取帧同步信号前能首先提取出位同步脉冲，以对解调后的信号正确判决。这在数据通信中是至关重要的。

紧跟在前导帧后的为数据帧。根据数据包的长度，可将数据包拆分为若干个数据帧，每个数据帧前端填充帧同步码字，其后即为要发送的数据。本实验的帧同步采用连续式插入法，帧同步码字要求有尖锐的自相关峰特征，这里采用巴克码。

最后一个数据帧设置结尾标志，以标明数据结束。数据通信帧结构如图 6.29 所示。

组帧完毕后，DSP 将组帧后的数据用 FSK 调制方式进行调制并发送出去，这样就可在窄带模拟信道中传送数据了。在信道中，我们可以设置噪声幅度以模拟实际通信信道的干扰和噪声。

前导帧(100 字节)	数据帧(1 至 N)，每帧长 100 字节						结束帧 (100 字节)
	帧号:1		...		帧号:N		
1010........1010	帧同步头	数据	帧同步头	数据	帧同步头	数据	结束标志

图 6.29　数据通信帧结构图

2) 接收端

接收端接收数据的过程与发送端发送数据的过程是完全相反的。

(1) 解调 FSK 信号，得到二进制数据　FSK 调制解调方式有一定的抗噪声性能，因此只要信噪比大于某个门限值，就完全可以将 FSK 调制信号正确解调。需注意的是，解调后的信号已不仅是对方传送的文本信息，它是经过打包和组帧后的一串二进制数据。

(2) 提取位同步信号　接收端需从二进制数据中提取出位同步信号作为判决脉冲，这是接收数据的关键一步。由于发送端发送了 100 个翻转码，以 200 波特的波特率计算，位同步提取电路应能在 500 ms 内完成位同步的提取。

(3) 提取帧同步信号　位同步提取后即可对解调后的信号正确判决。此时使用巴克码识别器提取帧同步头，从而可取出每帧中的数据。

(4) 解包　帧同步头后的数据为打包后的数据，此时需根据开始标志、结尾标志等提取出有用的数据信息并作简单校验。如果校验有误，可以请求重发，但本实验中只是给出提示信息，并不要求重发。

有关 FSK 调制与解调模块的 DSP 实现框图如图 6.30 所示。

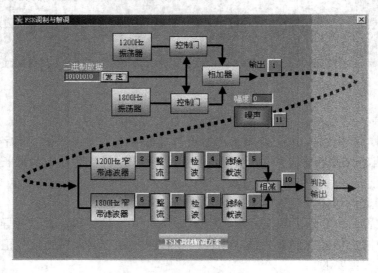

图 6.30　FSK 调制与解调模块的 DSP 实现框图

2. 实验内容及其步骤

1) 系统演示实验

(1) 模拟信号由模拟通道输入端输入，输出信号由模拟通道输出端输出。可由示波器观察此处的波形。

(2) 在保证实验箱正确加电且串口电缆连接正常的情况下，运行现代通信技术实验开发软件中的数字通信系统综合实验模块，如图 6.31 所示。

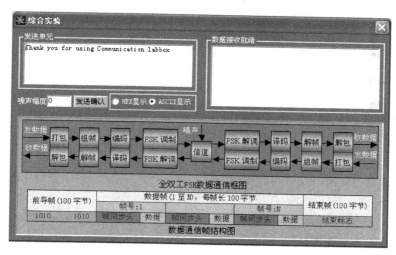

图 6.31　数字通信系统综合实验

(3) 在发送单元中输入要传送的信息，可以是英文字母、数字及中文字符等任意文本信息。

(4) 点击发送按钮，此时接收单元显示区被清空。

(5) 观察模拟通道输出端的波形变化，此处波形应为 FSK 波形。

(6) 观察接收单元显示区的信息是否与发送信息一致。

2) 设计调试本系统的 FSK 调制解调器

(1) 连接好 DSP 开发系统，运行 CCS 软件。

(2) 根据上面 FSK 调制与解调模块的 DSP 实现框图设计完整的 DSP 实现程序，可参考下列设计流程。

● 初始化。

DSP的初始化加等待；

中断、串行口、定时器初始化；

DA初始化；

初始化数据(sine table, filter coefficients, data sequence to transmit)；

查表指针初始化；

使能定时器中断。

● 主程序。

等待第一个定时器中断的到来；

允许串行口中断；

调制：

计算查表索引值，

查表获得调制值，

对查表的值滤波；

解调：

计算v(n)=s(n) s(n-k)，

对v(n)进行低通滤波处理；

把解调后的数据写入内存缓冲区OUTDEMOD；

等待串行口中断。

● 定时器中断服务程序。

保存现场；

读数据BIT缓冲区的下一个BIT；

如果是缓冲区里最后一个BIT则返回缓冲区头，否则读指针加1；

恢复现场，允许中断。

● 串口发送中断程序。

保存现场；

发送调制数据；

接收数据，准备解调；

恢复现场。

(3) 键入所编写的程序并保存。

(4) 新建一个工程，添加以上所编写的程序以及附录 A 里的 c54_init.asm 和 vectors.asm 及链接命令文件(.cmd 文件)。

(5) 向工程添加 c:\ti\c5400\cgtools\lib\rts.lib。

(6) 编译、链接工程，生成.out 文件。

(7) 装载.out 文件，并运行。

(8) 运行现代通信技术实验开发软件中的 FSK 模块。用鼠标点击各点，可在示波器中观察到该点波形。例如：点击 1 可在系统模拟通道输出端观测到已调 FSK 波形(若以上 DSP 程序设计无误，则可观测到正确波形)。

第 7 章 工程应用实例

DSP 的内部硬件结构比普通的 MCU 更适合于数字信号处理。DSP 速度快、功能强、功耗低、性价比高、软/硬件开发方便、灵活，所以在高端的嵌入式系统中得到了广泛应用。

下面以我们研发的几个产品为例来介绍 C54x DSP 在现代通信系统中的应用。

7.1 基于 C54x DSP 的通用基带调制解调器的设计与实现

调制解调器硬件以 C54x DSP 芯片为核心，包括 FPGA/CPLD、可编程开关电容滤波器、A/D 变换器、D/A 变换器、编解码器、RS-232 异步通信接口电路及时钟电路等，如图 7.1 所示。

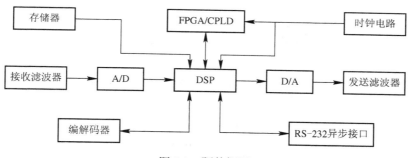

图 7.1 硬件框图

调制解调器软件包括异步串行口的初始化、接收、发送、卷积编码、交织、去交织、基带调制(含差分编码、格雷编码)、成形滤波、载波调制、匹配滤波、载波同步、位同步、差分解调、帧同步等。

该硬件平台支持 MSK、QPSK、DQPSK、π/4DQPSK 等多种调制体制，也适用于语音信号、振动信号等的处理。

发送功能框图如图 7.2 所示。

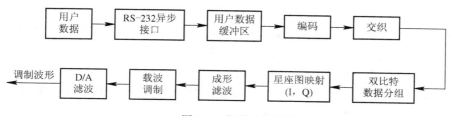

图 7.2 发送功能框图

接收功能框图如图 7.3 所示。

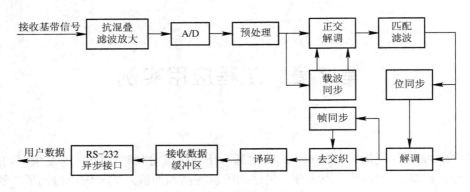

图 7.3　接收功能框图

载波同步模块(科斯塔斯环)如图 7.4 所示。

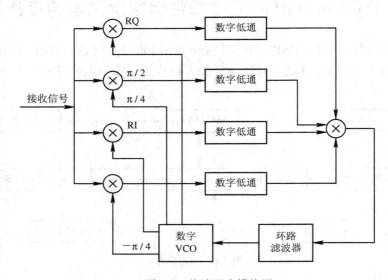

图 7.4　载波同步模块图

7.2　飞行测控系统中无线基带 DQPSK 调制解调器的研制

系统硬件组成框图如图 7.5 所示。

系统由三大部分组成。第一部分是数字信号处理部分，实现对信号的调制解调及信道编解码等，它由 DSP 芯片及基本外围电路组成，DSP 芯片采用的是 TMS320VC5402，外围电路包含：程序存储器，采用的是 TMS27C512 芯片，用于固化程序代码；电平转换电路，采用 74AC16245 芯片，实现 DSP 芯片外部接口逻辑电平(3.3 V)和其他器件的接口逻辑电平(5 V)的转换；电源电路，采用 TPS7333 和 TPS7301 芯片，分别实现 5 V→3.3 V 和 5 V→1.8 V 的 DC–DC 转换，产生的 1.8 V 和 3.3 V 电源分别给 DSP 芯片的内核和外部接口供电；复位电路采用 MAXIM 公司的 MAX706ESA 芯片，用于整个系统的复位。

第二部分是数字逻辑控制部分，实现系统各部分的时序控制和逻辑控制，如对主时钟分频，产生各部分所需的时钟频率，产生读写、使能信号和地址解码等。本部分主要采用了 ALTERA 公司的 FPGA 芯片 EPF10K20。

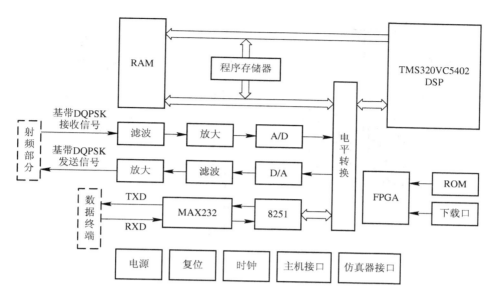

图 7.5　硬件组成框图

第三部分是接口部分，由两种接口组成。第一种接口是基带信号接口，含收发两路，直接与射频部分连接。接收部分的功能是对接收的基带信号进行预处理和量化，主要由滤波电路(MAX295EWE)、放大电路(TL084)、模数转换电路(AD7862)组成。发送部分主要由数模转换电路(AD8582)、滤波电路(MAX295EWE)和放大电路(TL084)组成。第二种接口是数据终端接口，采用通用并/串转换接口芯片 Intel8251A 和 MAX232EESE 芯片，后者实现 TTL 电平和 RS–232 电平(±12 V)之间的转换。

1. 信号流程

(1) 接收信号流程　由射频部分送来的基带 DQPSK 调制信号(f_0=7.2 kHz)，进入带通滤波器 MAX295EWE，滤除带外噪声，然后进入运算放大器(TL084)放大至适当电平(0～3 V 变化范围)。放大后的信号由模数转换器 AD7862 进行量化，量化后的数据进入 DSP 芯片，通过软件编程进行 DQPSK 解调、维特比译码和解交织等，得到原始信息码。DSP 将该信息码送给 Intel8251A，转化成 9.6 kb/s 的 UART 数据流，最后经 MAX232EESE 转变成 RS–232 电平(±12 V)送往数据终端。

(2) 发送信号流程　由数据终端送来的 RS–232 UART 数据流(9.6 kb/s)，经 MAX232 转变成 TTL 电平，进入 Intel8251A 形成并行数据，作为原始信息码，进入 DSP 芯片，进行卷积编码、交织编码和正交 DQPSK 调制，然后进入数模转换器 AD8582，输出信号由滤波器 MAX295EWE 进行限带后由放大器(TL084)放大至适当幅度，送至射频部分。

2. 硬件原理图说明

图 7.6～7.9 是用于飞行测控的无线基带 DQPSK MODEM 实际应用电路的整套原理图。该系统的数据速率为 9600 b/s，调制方式为 DQPSK。该四张图所描述的电路的功能分别介绍如下：

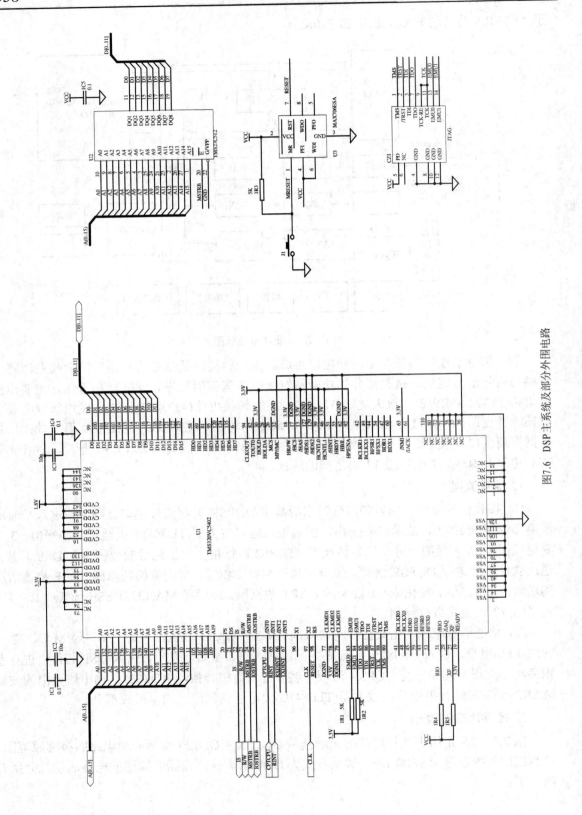

图7.6 DSP主系统及部分外围电路

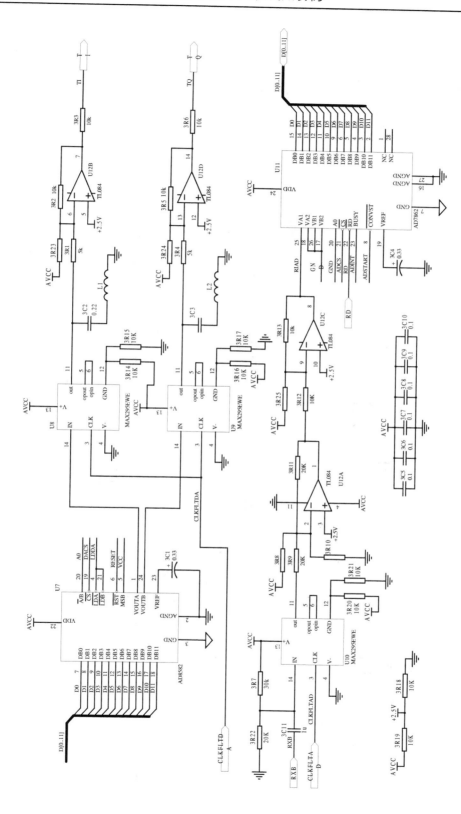

图7.7 模拟输入/输出通道电路

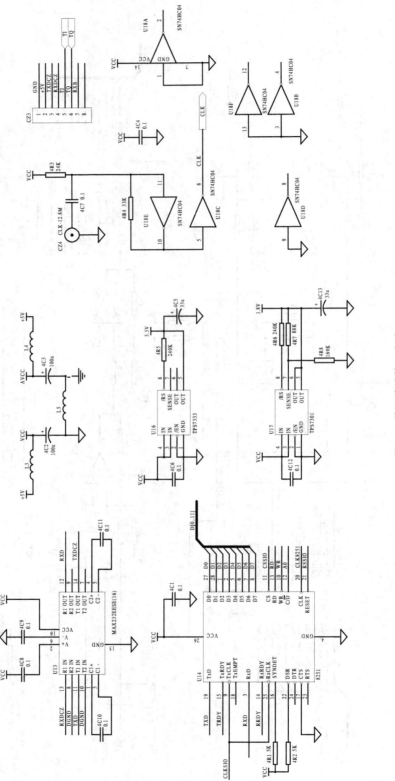

图7.8　数据终端接口电路

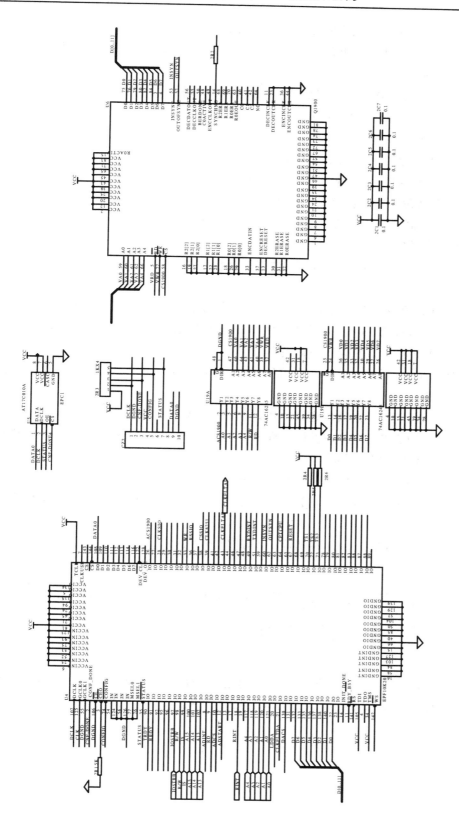

图7.9 系统逻辑控制及信道译码接口电路

(1) 图 7.6 是 DSP 主系统及部分外围电路, 主要包含:

① DSP 芯片(TMS320VC5402), 整个系统的核心, 负责对通信信号的处理, 如调制解调、信道编码、滤波、均衡等;

② TMS27C512 程序存储器, 用于装载 DSP 程序代码;

③ MAX706ESA, 硬件复位电路。

(2) 图 7.7 是模拟输入输出通道电路, 主要包含:

① AD7862(A/D 电路), 完成模数转换的功能;

② AD8582(D/A 电路), 完成数模转换的功能;

③ MAX295EWE(数字滤波电路), 对接收和发送的基带信号分别进行滤波;

④ TL084(运放电路), 对接收和发送的基带信号分别进行放大。

(3) 图 7.8 是数据终端接口电路, 主要包含:

① Intel8251A, 实现并行数据与串行数据的转换, 并产生 UART 数据格式, 完成与数据终端的数据交换。

② MAX232EESE(串行口电平转换芯片), 实现 TTL 电平与 RS-232 电平之间的转换;

③ TPS7301 和 TPS7333, 其功能是产生 DSP 芯片所需电源, 分别产生 1.8 V 和 3.3 V 直流电源, 供给 DSP 芯片的内核和外部接口。

④ SN74HC04(非门逻辑电路), 对 12.8 MHz 的输入时钟信号(由射频系统的温补晶振提供)进行放大整形;

(4) 图 7.9 是系统逻辑控制及信道译码接口电路, 主要包含:

① FPGA 芯片 EPF10K20(大规模可编程逻辑器件), 负责整个系统的时序产生和逻辑控制, 如时钟分频、地址译码、控制信号产生等;

② EPC1(EPROM), 用于装载 FPGA 芯片 EPF10K20 的程序代码;

③ 74AC16245, 实现 DSP 芯片接口电平(3.3 V)与其他外围电路接口电平(5 V)之间的转换;

④ Q1900(卷积编码 Veterbi 译码芯片), 实现信道的译码功能。

7.3 超短波数据通信系统中无线基带 π/4QPSK 调制解调器的研制

图 7.10～7.15 是一个用于超短波数据通信的无线基带 MODEM 实际应用电路的整套原理图。该系统数据速率为 9600 b/s, 调制方式为 π/4QPSK。该六张图所描述的电路的功能分别介绍如下:

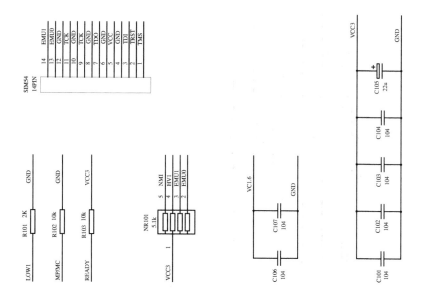

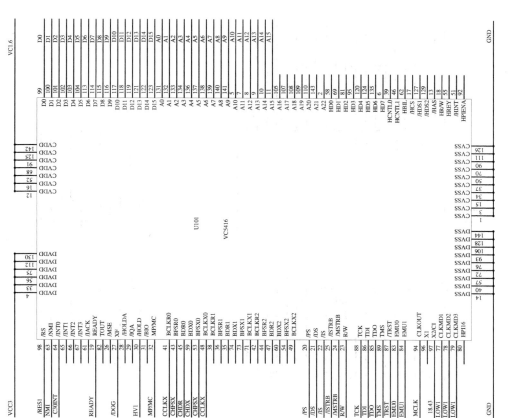

图7.10　DSP主系统

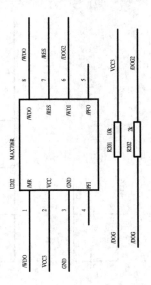

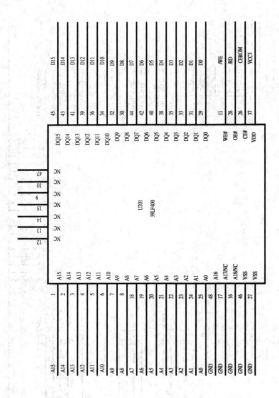

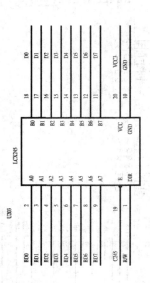

图7.11　DSP 系统外围电路Flash RAM 、硬件复位看门狗和电平转换电路

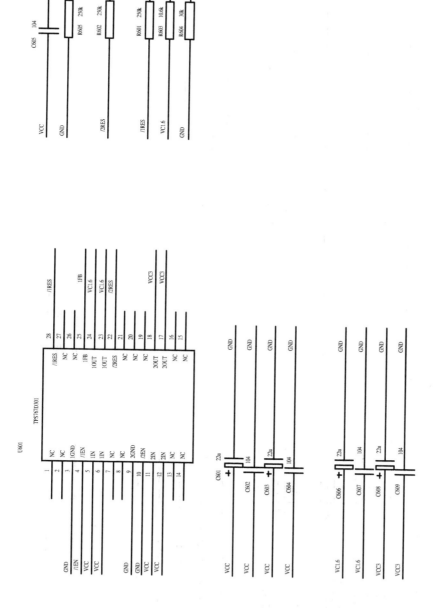

图7.12 DSP 系统外围电路：电源产生电路

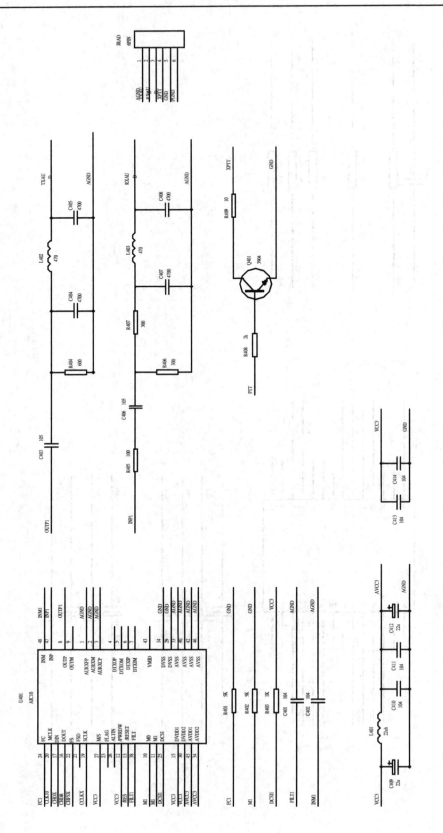

图7.13　A/D/A 电路

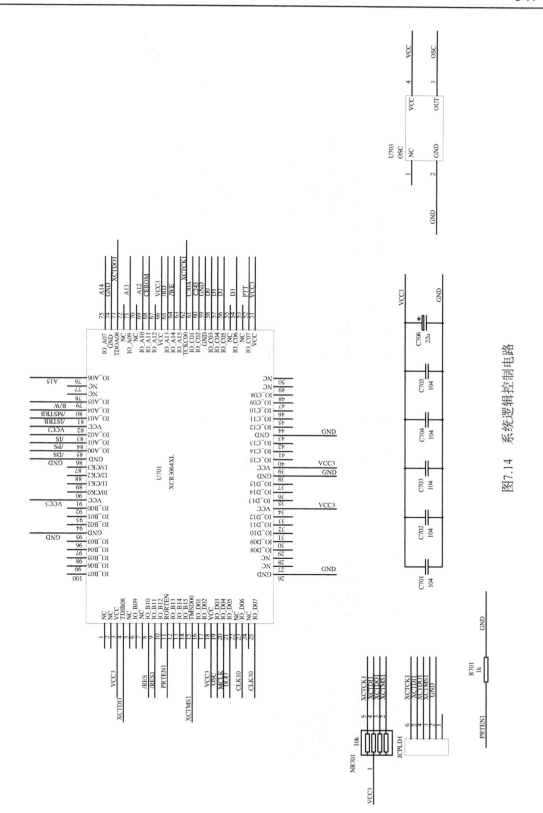

图7.14　系统逻辑控制电路

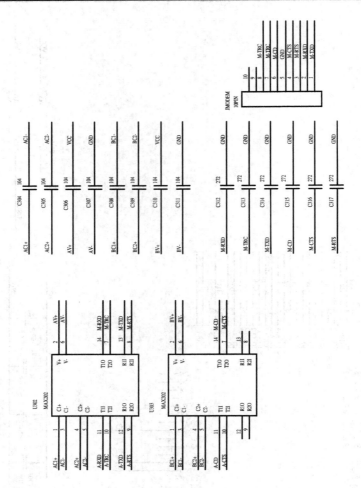

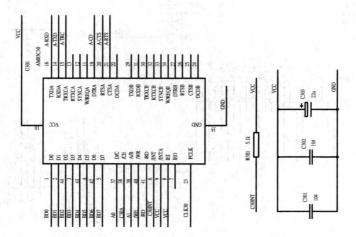

图7.15 数据终端接口电路

(1) 图 7.10 是 DSP 主系统, 主要包含 DSP 芯片 TMS320VC5416, 它是整个系统的核心, 负责对通信信号的处理, 即调制解调、信道编译码、滤波、均衡等;

(2) 图 7.11 是 DSP 系统外围电路, 主要包含:

① 39LF400(Flash ROM), 用于装载 DSP 程序代码;

② MAX706R, 硬件复位及看门狗电路;

③ 74LCX245, 实现 DSP 芯片接口电平(3.3 V)与其他外围电路接口电平(5 V)之间的转换。

(3) 图 7.12 也是 DSP 系统外围电路, 主要含 TPS767D301, 其功能是产生 DSP 所需电源, 由其产生的 1.8 V 和 3.3 V 直流电源分别供给 DSP 芯片内核和外部接口。

(4) 图 7.13 是 A/D/A 电路, TMS320AIC10 芯片, 该芯片同时具备模/数转换和数/模转换功能, 数据接口采用同步串行模式。DSP 芯片 TMS320VC5416 通过自身的同步串行口与 TMS320AIC10 进行数据交换。

(5) 图 7.14 是逻辑控制电路, 主要含 CPLD 芯片 XCR3064XL, 负责整个系统的时序产生和逻辑控制, 如时钟分频、地址译码、控制信号产生等。

(6) 图 7.15 是数据终端接口电路, 主要含:

① M85C30(通用串行口收发器), 实现并行数据与串行数据的转换, 并产生 UART 数据格式, 完成与数据终端的数据交换;

② MAX202(电平转换芯片), 实现 TTL 电平与 RS-232 电平之间的转换。

习题

试用 VC5402 DSP 设计一个 DSP 应用系统。要求系统包括程序存储器、A/D 和 D/A 转换器及 89C51 单片机, 并要求 DSP 的 HPI-8 主机接口与单片机相连。

附　　录

附录 A　DSP 技术实验与开发系统程序共用的模块

1．**链接命令文件** lab.cmd

```
MEMORY                              /* TMS320C54x microprocessor mode memory map*/
{
  PAGE 0 :
    HPIRAM:       origin = 0x100,   length = 0x200      /*hpi ram*/
    PROG:         origin = 0x2000,  length = 0x1000     /* code */
  PAGE 1 :
    DARAM1:       origin = 0x03000, length = 0x1000     /* data buffer, 8064 words*/
  PAGE 2 :
    FLASHRAM:     origin = 0x8000, length = 0xffff
}

SECTIONS
{
/* C definition */
    .vectors      : load = PROG      page 0    /*interrupt vector table */
    .text         : load = PROG      page 0    /*executable code*/
    .cinit        : load = PROG      page 0    /*tables for initializing variables and constants*/
    .stack        : load = DARAM1    page 1    /*C system stack*/
    .const        : load = DARAM1    page 1    /*data defined as C qualifier const */
    .bss          : load = DARAM1    page 1    /*global and static variables*//*WAB 3/19/90 */
    .dbuffer1024  :{} >   DARAM1     page 1, align (1024)
    .coeffs1024   :{} >   DARAM1     page 1, align (1024)
    .hpibuffer    : load = HPIRAM    page 0
/* ASM definition */
    .data         :>DARAM1           page 1    /*.dat files*/
}
```

2. 中断向量表 vectors.asm

```
;***********************************************************************************
;Module Name:          Interrupt_Vectors
;************************** GLOBALS ***************************************
;EXTERNAL     DEFINITIONS
;
;MODULE ENTRY POINT:
     .def   Interrupt_Vectors
;EXTERNAL     REFERENCES
;SUBROUTINES CALLED
   .ref   _c_int00 ,_rint0_int,_hpi_int,_time_int,_int0_int
;   CONSTANTS
;   MODULO MEMORY
; .bss                           ;used to declare uninitialized data memory
;                                ;syntax: .bss symbol_name,word_size,[blocking flag]
;.data                           ;used to declare initialized data memory
;NON MODULO MEMORY
;FLAGS
;*************************** LOCALS ***************************************
;DEFINITIONS:
;
;STACK_LEN          .set    400
; MODULO MEMORY
; NON MODULO MEMORY
;STACK     .usect "stack",STACK_LEN ;


;*************************     BODY    ***************************************
          .sect   ".vectors"          ;We will want to move to an internal location --
                                      ;say 0x2000. Do this with the linker...
Interrupt_Vectors:                    ;
                                      ;
reset:   ;stm #STACK+STACK_LEN,SP
         BD _c_int00 ; RESET vector
         NOP
         NOP
nmi: RETE
         NOP
         NOP
         NOP ;NMI~
```

```
; software interrupts
sint17 .space 4*16
sint18 .space 4*16
sint19 .space 4*16
sint20 .space 4*16
sint21 .space 4*16
sint22 .space 4*16
sint23 .space 4*16
sint24 .space 4*16
sint25 .space 4*16
sint26 .space 4*16
sint27 .space 4*16
sint28 .space 4*16
sint29 .space 4*16
sint30 .space 4*16
int0:    BD   _int0_int
         NOP
         NOP
int1:    RETE                        ;BD host_链接命令文件(.cmd 文件)_int1; Host interrupt
         NOP
         NOP
         NOP
int2:    RETE
         NOP
         NOP
         NOP
tint:    BD   _time_int
         NOP
         NOP
rint0:   BD   _rint0_int             ;Serial Port Receive
         NOP                         ;Interrupt 0
         NOP
xint0:   RETE                        ; Serial Port Transmit
         NOP
         NOP
         NOP
rint2:   RETE                        ;Serial Port Receive
         NOP                         ;Interrupt 1
         NOP
```

```
              NOP
    xint2:    RETE                    ;Serial Port Transmit
              NOP                     ;Interrupt 1
              NOP
              NOP
    int3:     RETE
              NOP
              NOP ; INT3
              NOP
    hintp:    BD   _hpi_int
              NOP
              NOP
    rint1:    RETE ;BD   _rint1_int
              NOP
              NOP
              NOP
    xint1:    RETE
              NOP
              NOP
              NOP
              .space 4*16
    .end
```

3．存储器映射寄存器定义文件 5402.mmreg

```
;VC5402 memory mapped registers define
IMR      .set   00H        ;Interrupt mask register
IFR      .set   01H        ;Interrupt flag register
ST0      .set   06H        ;Status register 0
ST1      .set   07H        ;Status register 1
AL       .set   08H        ;Accumulator A low word (15~0)
AH       .set   09H        ;Accumulator A high word (31~16)
AG       .set   0AH        ;Accumulator A guard bits (39~32)
BL       .set   0BH        ;Accumulator B low word (15~0)
BH       .set   0CH        ;Accumulator B high word (31~16)
BG       .set   0DH        ;Accumulator B guard bits (39~32)
TREG     .set   0EH        ;Temporary register
TRN      .set   0FH        ;Transition register
BK       .set   19H        ;Circular buffer size register
BRC      .set   1AH        ;Block repeat counter
```

RSA	.set	1BH	;Block repeat start address
REA	.set	1CH	;Block repeat end address
PMST	.set	1DH	;Processor mode status (PMST) register
XPC	.set	1EH	;Extended program page register
DRR20	.set	20H	;McBSP0 data receive register McBSP #0
DRR10	.set	21H	;McBSP0 data receive register McBSP #0
DXR20	.set	22H	;McBSP0 data transmit register McBSP #0
DXR10	.set	23H	;McBSP0 data transmit register McBSP #0
TIM	.set	24H	;Timer register Timer
PRD	.set	25H	;Timer period counter Timer
TCR	.set	26H	;Timer control register Timer
SWWSR	.set	28H	;Software wait-state register External Bus
BSCR	.set	29H	;Bank-switching control register External Bus
SWCR	.set	2BH	;Software wait-state control register External Bus
HPIC	.set	2CH	;HPI control register HPI
DRR22	.set	30H	;McBSP2 data receive register McBSP #2
DRR12	.set	31H	;McBSP2 data receive register McBSP #2
DXR22	.set	32H	;McBSP2 data transmit register McBSP #2
DXR12	.set	33H	;McBSP2 data transmit register McBSP #2
SPSA2	.set	34H	;McBSP2 sub-address register McBSP #2
SPCR2	.set	35H	;McBSP2 serial port control register 1 McBSP #2
SPSA0	.set	38H	;McBSP0 sub-address register McBSP #0
SPCR0	.set	39H	;McBSP0 serial port control register 1 McBSP #0
DRR21	.set	40H	;McBSP1 Data receive register 2 McBSP #1
DRR11	.set	41H	;McBSP1 Data receive register 1 McBSP #1
DXR21	.set	42H	;McBSP1 Data transmit register 2 McBSP #1
DXR11	.set	43H	;McBSP1 Data transmit register 1 McBSP #1
SPSA1	.set	48H	;McBSP1 sub-address register McBSP #1
SPCR1	.set	49H	;McBSP1 serial port control register 1 McBSP #1
CLKMD	.set	58H	;Clock mode register PLL

4. 各中断源的服务程序 int_process.c

```
/*Bsp0 Receive ISR,To Receive A Data And Transmit A Data */
extern int ser0inbuf[40] ;
extern int ser0outbuf[40] ;
extern int ser0flag;
extern int ser0inwrcnt ;
extern int ser0outrdcnt;
interrupt void rint0_int(void)
```

```
    {
        volatile int *memap_baseaddr = (volatile int *)0x0
                            ;/*define the memory map register base address*/
        ser0flag = ser0flag+1;                          /*receive a data from bsp0*/
        ser0inwrcnt = (ser0inwrcnt+1)%40;               /*receive buffer write pointer*/
        ser0outrdcnt =(ser0outrdcnt+1)%40;              /*transmit buffer read pointer*/
        ser0inbuf[ser0inwrcnt] = memap_baseaddr[0x21] ; /*save the receive data in receive buffer*/
        memap_baseaddr[0x23]=ser0outbuf[ser0outrdcnt] & 0xfffe;/*send a data from transmit buffer*/
    }
    /*External Int ISR,To Set The int0flag flag*/
    extern int int0flag ;
    interrupt void int0_int(void)
    {
        int0flag = (int0flag+1) ;
    }
    /*HPI Receive ISR,When A Data Received From The HPI,Set the hpirecflag*/
    extern int hpirecflag ;
    interrupt void hpi_int(void)
    {
        hpirecflag = hpirecflag + 1;
    }
    /*Timer 0 ISR,Set The timeflag*/
    extern int timeflag ;
    interrupt void time_int(void)
    {
        timeflag = timeflag + 1;
    }
```

5．TMS320C5402 初始化程序 c54_init.asm：

```
        .copy       5402.mmreg
        .def        _c54_init,_hpidsp_host
        .global     _ad_samp_freq
        .bss        _ad_samp_freq,1
        .bss        IO_OUDATA,1
        .text
_c54_init:
        SSBX        INTM
        ST          #0,*(IO_OUDATA)
        PORTW       IO_OUDATA,04H       ;Write IO(address =4H), 复位 AIC, 因为 AIC 的复位
```

```
                                            ;脚映射为 IO 的 0X4H 地址
;CPU
        STM     0,ST0                       ;ARP=0、DP=0
        STM     0100001101011111B,ST1       ;CPL=0 DP 直接寻址、中断屏蔽、溢出保护、
                                            ;符号扩展、FRCT 有效、ARP 无效、ASM=-1
        STM     0010000000100100B,PMST      ;中断定位 2000H、程序/数据空间有效,DROM=1
                                            ; SARAM2 有效
        STM     0x7FFF,SWWSR                ;0 WS for memory, 2 WS for I/O*/
        STM     0x3,@0x2B
;CLK
        STM     0,BSCR                      ;CLKOUT = CPU CLOCK
        NOP
        NOP
        STM     0,CLKMD                     ;Reset to DIV Mod
        NOP
        NOP
        STM     1001011111111111B,CLKMD     ;PLL Multiply 10,高 4 位加 1 即为倍频系数
        NOP
        NOP
        NOP
        NOP
;TOUT   = 100M/16,设置定时器 0 的定时周期
        STM     0000010000010001B,TCR       ;TDDR=3
        NOP
        NOP
        STM     0xFFFE,PRD                  ;PRD=3
        NOP
        NOP
        STM     0000010000000011B,TCR       ;TDDR=3
        NOP
        NOP
        ST      #1,*(IO_OUDATA)
        PORTW   IO_OUDATA,04H               ;Enable The AIC
        CALL    WAITT
;设置 McBSP0 工作方式
        STM     0,SPSA0
        STM     0x40A0,SPCR0                ;SPCR10          ;reset
        STM     1,SPSA0
        STM     0x0220,SPCR0                ;SPCR20
```

```
        STM     2,SPSA0
        STM     0x0040,SPCR0        ;RCR10          ;receive frame and word length
        STM     3,SPSA0
        STM     0x0040,SPCR0        ;RCR20          ;receive frame and word length
        STM     4,SPSA0
        STM     0x0040,SPCR0        ;xCR10          ;transmit frame and word length
        STM     5,SPSA0
        STM     0x0040,SPCR0        ;xCR20          ;transmit frame and word length
        STM     0x000E,SPSA0
        STM     0x000C,SPCR0        ;PCR0           ;Polarity
        STM     0,DXR10             ;发送清空
        STM     0,23H
        NOP
        NOP
        STM     1,SPSA0
        STM     0x0221,SPCR0        ;SPCR20
        STM     0,SPSA0
        STM     0x40A1,SPCR0        ;SPCR10         ;run
        NOP
        NOP
;设置 AIC 的工作方式
        CALL    WAITT
;reg 2 AIC 分频器,抽样频率=外部输入时钟/分频比
        CALL    DX0EMPT
        STM     0,DXR10                             ;发送清空
        CALL    DX0EMPT
        STM     1,DXR10                             ;第二串口通信请求
        CALL    DX0EMPT
        LD      *(_ad_samp_freq),A
        STLM    A,DXR10
        CALL    DX0EMPT
        STM     0,DXR10
;reg  4  输入放大
        CALL    DX0EMPT
        STM     0,DXR10                             ;发送清空
        CALL    DX0EMPT
        STM     1,DXR10                             ;第二串口通信请求
        CALL    DX0EMPT
        STM     0000100000001100B,DXR10
```

```
        CALL      DX0EMPT
        STM       0,DXR10
        CALL      WAITT
                              ;设置中断屏蔽寄存器 IMR,允许 BSP0 接收中断
        STM       0X010,IMR   ;BSP0 中断允许,产生的正弦波的抽样频率由 AIC
                              ;的抽样频率决定
        NOP
        RSBX      INTM
        RET
;延迟一段时间
WAIT:   STM       #0X0FFF,AR0
WAIT0:  STM       #0X0FF,AR1
WAIT1:  BANZ      WAIT1,*AR1-
        BANZ      WAIT0,*AR0-
        RET
WAITT:  STM       #0X00FFF,AR0
WAITT0: STM       #0X003FF,AR1
WAITT1: BANZ      WAITT1,*AR1-
        BANZ      WAITT0,*AR0-
        RET
;MCBSP0 发送空检测
DX0EMPT:STM       1,SPSA0
        LDM       SPCR0,A         ;SPCR20
        NOP
        NOP
        AND       #0004H,A
        NOP
        NOP
        BC        DX0EMPT,ANEQ
        NOP
        NOP
        CALL      WAITT
        NOP
        RET
;触发一个 HPI 中断,告诉主机有数据将要发送给主机
_hpidsp_host
        STM       0x0A,HPIC
        RET
        .end
```

6. FIR.asm 程序

```
        .mmregs

;Far-mode adjustment
;------------------
        .if __far_mode
OFFSET  .set  2
        .else
OFFSET  .set  1
        .endif
FRAME_SZ        .set 1

REG_SAVE_SZ     .set 2

PARAM_OFFSET    .set FRAME_SZ + REG_SAVE_SZ + OFFSET

;Register usage
;-------------

        .asg    0 + FRAME_SZ, SAVE_AR1
        .asg    0 + REG_SAVE_SZ + FRAME_SZ, RETURN_ADDR
        .asg    0 + PARAM_OFFSET, h
        .asg    1 + PARAM_OFFSET, r
        .asg    2 + PARAM_OFFSET, db
        .asg    3 + PARAM_OFFSET, nh
        .asg    4 + PARAM_OFFSET, nx
        .asg    0, nc
        .asg    AR2, r_ptr
        .asg    AR3, h_ptr
        .asg    AR4, x_ptr
        .asg    AR5, db_ptr
        .asg    BRC, rptb_cnt

;**************************************************************
        .global _fir
_fir
        PSHM    ST0                             ;1 cycle
        PSHM    ST1                             ;1 cycle
        RSBX    OVA                             ;1 cycle
```

```
        RSBX    OVB                                     ;1 cycle

;
;Save contents of AR1
;And establish local frame
;Set sign extension mode
;Set FRCT bit:
;-------------------------------------------------------------


        FRAME   #-(FRAME_SZ)                            ;1 cycle

        SSBX  SXM                                       ;1 cycle
        SSBX    FRCT                                    ;1 cycle

;
; Copy arguments to their local locations as necessary
;-------------------------------------------------------------


        STLM    A, x_ptr                                ;1 cycle
        MVDK    *sp(h),   h_ptr                         ;2 cycles
        MVDK    *sp(r),   r_ptr                         ;2 cycles
        MVDK    *sp(db), db_ptr                         ;2 cycles
;
;Set outer loop count by subtracting 1 from nsamps and
;storing into block repeat count register
;-------------------------------------------------------------


        LD      *sp(nx), A                              ;1 cycle
        SUB     #1, A                                   ;2 cycles
        STLM    A, rptb_cnt                             ;1 cycle
;
;Set pointer to delay buffer
;-------------------------------------------------------------
        LD      *db_ptr, A                              ;1 cycle
        STLM    A, db_ptr                               ;1 cycle
;Store length of coefficient vector/ delay buffer in BK
;register
;-------------------------------------------------------------
```

```
        LD      *sp(nh), A                      ;1 cycle
        STLM    A, BK                           ;1 cycle
        SUB   #3, A                             ;2 cycles
        STL   A, *sp(nc)                        ;1 cycle


;
;Begin outer loop on # samples
;---------------------------------------------------------------
_start:
        RPTBD END_LOOP-1                        ;2 cycles


;
;Store 0 to AR0, to use as circular addressing offset
;---------------------------------------------------------------

        STM    #1, AR0                          ;delay slot; 2 cycles


;
;Zero the accumulator before calculating next sum
;Move next input sample into delay buffer
;---------------------------------------------------------------

        MVDD     *x_ptr+, *db_ptr                ;1 cycles
;
;Sum h * x for next y value
;---------------------------------------------------------------
    MPY     *h_ptr+0%, *db_ptr+0%, A            ;1 cycle
    RPT     *sp(nc)                             ;2 cycle
    MAC     *h_ptr+0% , *db_ptr+0%, A           ;1 cycle * ncoeffs-2
    MACR    *h_ptr+0% , *db_ptr, A              ;1 cycle


;
;Store result
;---------------------------------------------------------------

    STH   A, *r_ptr+                            ;1 cycle
END_LOOP:
_end:
;
```

; Reset FRCT bit to restore normal C operating environment

; Return overflow condition, OVA, in accumulator A

; Restore stack to previous value, FRAME, etc.

;--

RETURN:

```
        LDM      db_ptr, B                     ;1 cycle
        MVDK     *sp(db), db_ptr               ;2 cycles


        LD       #0, A                         ;1 cycle
        XC       1, AOV                        ;1 cycle
        LD       #1, A                         ;1 cycle
        FRAME    #(FRAME_SZ)                   ;1 cycle
        POPM     ST1                           ; 1 cycle
        POPM     ST0                           ; 1 cycle
        .if _ _far_mode
        FRETD                                  ;4 cycles
        .else
        RETD                                   ;3.0 cycles
        .endif
        NOP                                    ;delay slot 1 cycle
        STL  B, *db_ptr                        ;delay slot 1 cycle


    ;END
```

;end of file. please do not remove. it is left here to ensure that no lines of code are removed by any editor

7. sine.asm 程序

```
            .mmregs
    ; Far-mode adjustment
        .if _ _far_mode
offset      .set 1                    ;far mode uses one extra location for ret addr    ll
        .else
offset      .set 0
        .endif
        .asg  (2), ret_addr           ;stack description
        .asg  (3 + offset), arg_y
```

```
        .asg   (4 + offset), arg_n

                               ;register usage
        .asg   ar0, ar_y       ;pointer to output vector
        .asg   ar2, ar_x       ;pointer to input vector
        .asg   ar3, ar_coef    ;pointer to coef table
        .asg   ar4, ar_coefsave ;save coef table address


;*****************************************************************
        .def   _sine
        .text
_sine
        PSHM      ST0          ; 1cycle
        PSHM      ST1          ; 1cycle
        RSBX      OVA          ;1 cycle
        RSBX      OVB          ;1 cycle
;Get arguments and set modes
; --------------------------
        ssbx  frct             ;set frct ON                     (1)
        ssbx  ovm              ;why saturate? no guard bits adv? (1)
        ssbx  sxm              ;                                (1)
        ld    *sp(arg_n),b     ;b = n                           (1)
        sub   #1,b             ;b = n−1                         (2)
        stlm  b,brc            ;brc = n−1                       (1)
        st    #coef, *(ar_coefsave) ;pointer to coef table     (2)
        stlm  a, ar_x          ;pointer to array x              (1)
        rptbd eloop-1          ;repeat n times                  (2)
        mvdk *sp(arg_y),*(ar_y) ;pointer to array y             (2)
;If angle in 2nd and 4th quadrant then negate the result before removing
;sign bit
;-----------------------------------------------------------------------
        bit   *ar_x, 15−14     ;tc = x(bit 14)                  (1)
        ld    *ar_x,a          ;al = x (sign-extended)     (1)
        mvmm    ar_coefsave,ar_coef   ; initialize ar_coef to beg of table  (1)
        xc    1,tc             ;if x(bit 14) == 1 then neg and and (1)
        neg   a                ;a = −x                          (1)
        and   #7fffh,a         ;a = remove sign-bit from (−x)   (2)
;Start polynomial evaluation
; --------------------------
        stlm  a,t              ;t = al = x                      (1)
```

```
        ld    *ar_coef+,16,a      ;ah = c5;   point to c4              (1)
        ld    *ar_coef+,16,b      ;bh = c4;   point to c3              (1)
        poly *ar_coef+            ;a = ah*t + b                        (1)
                                  ;  = c5*x + c4
                                  ;bh = c3    point to c2
        poly *ar_coef+            ;a = ah*t + b                        (1)
                                  ;  = (c5*x + c4)*x + c3
                                  ;  = c5*x^2 + c4*x + c3
                                  ;bh = c2    point to c1
        poly *ar_coef+            ;a = ah*t + b                        (1)
                                  ;  = (c5*x^2+c4*x+c3)*x + c2
                                  ;  = c5*x^3+c4*x^2+c3*x + c2
                                  ;bh = c1    point to c0

        bit  *ar_x+, 15-15        ;tc = x(bit 15) for next xc          (1)
        poly *ar_coef+            ;a = ah*t + b                        (1)
                                  ;  = (c5*x^3+c4*x^2+c3*x + c2)*x + c1
                                  ;  = c5*x^4+c4*x^3+c3*x^2+c2*x +c1
                                  ;bh = c0    point to c(-1)
        macar     t,b,a           ;a = ah*t + b                        (1)
                                  ;  = (c5*x^4+c4*x^3+c3*x^2 + c2*x+c1)*x + c0
                                  ;  = c5*x^5+c4*x^4+c3*x^3+c2*x^2 +c1*x + c0
;Convert result from q4.12 to q1.15
;---------------------------------
        sfta  a,3                 ; arithmetic shift on 40-bits        (1)
;If angle in 3rd and 4th quadrant (negative angle), negate the result
;---------------------------------------------------------------------
        xc    1,tc               ;                                    (1)
        neg   a                  ;                                    (1)
        sth a,*ar_y+             ;no possible sth a,3,*ar_y because    (1)
                                 ;that will not trigger A saturation
eloop
;Return overflow flag
; --------------------
        ld    0,a                ;                                    (1)
        xc    1,AOV              ;                                    (1)
        ld    #1,a               ;                                    (1)
        xc    1,BOV              ;                                    (1)
        ld    #1,b               ;                                    (1)
```

```
        POPM    ST1         ;1 cycle
        POPM    ST0         ;1 cycle
    .if    __far_mode
    fretd                   ;                           (4)
    .else
    retd                    ;                           (3)
    .endif
    nop
    nop
;*****************************************************
;
;Table containing the coefficients for the polynomial
    .data
coef:                   ; hex values values in q4.12
    .word    0x1cce         ;1.800293        (coef for x^5 = c5)
    .word    0x08b7         ;0.5446778       (coef for x^4 = c4)
    .word    0xaacc         ;-5.325196       (coef for x^3 = c3)
    .word    0x0053         ;0.02026367      (coef for x^2 = c2)
    .word    0x3240         ;3.140625        (coef for x^1 = c1)
    .word    0x0000         ;0               (coef for x^0 = c0)

;end of file. please do not remove. it is left here to ensure that no lines of code are removed by
;any editor
```

8. rand16init.asm 程序

```
        .mmregs
;-------------------------------------------------------------------------
;Reserve space in DATA memory for seed
;-------------------------------------------------------------------------
    .bss rndnum,1
    .def rndnum
;-------------------------------------------------------------------------
;DEFINE CONSTANTS:
;-------------------------------------------------------------------------
RNDSEED .set    21845           ;seed value (i.e. rndnum(1) = 21845)
RNDMULT   .set  31821           ;Multiplier value
RNDINC  .set  13849             ;Increment value
;-------------------------------------------------------------------------
;Initialize Random Number Generator - Load the SEED value
;-------------------------------------------------------------------------
```

```
        .def_rand16init
        .text
_rand16init:
        ld    #RNDSEED,a    ;2 cycles
        .if _ _far_mode
        fretd              ;4 cycles
        .else
        retd               ;3 cycle
        .endif
        stl   a,*(rndnum)   ;2 cycles, delay slot;  rndnum = RNDSEED   load seed value
;end of file. please do not remove. it is left here to ensure that no lines of code are removed by
;any editor
```

9. rand16.asm 程序

```
;-----------------------------------------------------------
        .mmregs
;-----------------------------------------------------------
; Make adjustment for far-mode. Return address occupies an extra
; location when far-mode is active
;-----------------------------------------------------------
        .if _ _far_mode
OFFSET  .set 2
        .else
OFFSET  .set 1
        .endif
;-----------------------------------------------------------
; Define local stack variables
;-----------------------------------------------------------
        .asg  0, SP_RNDNUM
        .asg  1, SP_RNDMULT
        .asg  2, SP_RNDINC
;-----------------------------------------------------------
; Define size of local stack (number of words required for
; local variables
;-----------------------------------------------------------
        .asg  3, FRAME_SZ
;-----------------------------------------------------------
; Define offsets to command line arguments
;-----------------------------------------------------------
```

```
        .asg   OFFSET + FRAME_SZ, PARAM_OFFSET
        .asg   2 + PARAM_OFFSET, ARG_N
;-------------------------------------------------------------
;Assign register arguments
;-------------------------------------------------------------
        .asg   AR0, AR_Y
;-------------------------------------------------------------
;DEFINE CONSTANTS:
;-------------------------------------------------------------
RNDMULT       .set   31821          ; Multiplier value
RNDINC        .set   13849          ; Increment value
;-------------------------------------------------------------
;Generate Next Random Number:
;-------------------------------------------------------------
        .ref rndnum
        .def   _rand16
        .text
_rand16:
        PSHM     ST0              ;1 cycle
        PSHM     ST1              ;1 cycle
        RSBX     OVA              ;1 cycle
        RSBX     OVB              ;1 cycle
      frame #-FRAME_SZ            ;1 cycle
      rsbx  FRCT                  ;1 cycle


;-------------------------------------------------------------
; Process command-line arguments
;-------------------------------------------------------------
        stlm   a, AR_Y            ; 1 cycle
        ld     *sp(ARG_N), a      ; 1 cycle
        sub    #1, a              ; 1 cycle
        stlm   a, BRC             ; 1 cycle
;-------------------------------------------------------------
; These constants get stored on the stack to increase speed
;-------------------------------------------------------------
        ld     *(rndnum), a         ;1 cycle
        stl    a, *sp(SP_RNDNUM)    ;1 cycle
        st     #RNDMULT, *sp(SP_RNDMULT)    ;2 cycles
        st     #RNDINC, *sp(SP_RNDINC)      ;2 cycles
```

```
        ld    *sp(SP_RNDNUM), t        ;1 cycle, TREG = previous rndnum
;-------------------------------------------------------------
; Create vector of random numbers
;-------------------------------------------------------------
LOOP_PROLOGUE:
        rptbd   LOOPEND-1              ;2 cycles
        ld    *(rndnum), a             ;1 cycle, delay slot
        stl   a, *sp(SP_RNDNUM)        ;1 cycle, delay slot
LOOPSTART:
        mpy *sp(SP_RNDMULT), a         ;1 cycle, ACC = rndnum * RNDMULT
        add *sp(SP_RNDINC), a          ;1 cycle, ACC   = (rndnum * RNDMULT) + RNDINC
        stl   a, *AR_Y                 ;1 cycle, Store result
        ld    *AR_Y+, t                ;1 cycle, TREG = previous rndnum
LOOPEND:
;-------------------------------------------------------------
;Return to calling program
;-------------------------------------------------------------
DONE:
        ld    #0, A                    ;1 cycle
        xc    1, AOV                   ;1 cycle
        ld    #1, A                    ;1 cycle
        frame #FRAME_SZ                ;1 cycle
            POPM      ST1
            POPM      ST0


        .if __far_mode
        fretd                          ;4 cycles
        .else
        retd                           ;3 cycles
        .endif

;-------------------------------------------------------------
;Save last random number as seed for next rand
;-------------------------------------------------------------
        st      t,*(rndnum)            ; 2 cycles, delay slot
;end of file. please do not remove. it is left here to ensure that no lines of code are removed by
;any editor
```

附录 B SEED 系列 DSP 仿真器简介

DSP 仿真器是最为常见的 DSP 开发装置。目前 TI 公司提供的 DSP 器件均备有 JTAG(或 MPSD)仿真接口，并符合 IEEE1149.1 技术规范。仿真器通过 DSP 器件上提供的 JTAG 接口，采用边界扫描的原理，访问 DSP 芯片的内部资源，并可控制 DSP 芯片访问其外围电路。

JTAG 仿真器通过 10 余条信号线与 DSP 器件连接，摆脱以往仿真器采用的仿真器 CPU 替代目标系统 CPU，调试过程在监控程序控制下执行及占用目标系统软硬件资源等缺点，使高速 DSP 的仿真成为可能。

JTAG 仿真器一端通过 JTAG 接口与 DSP 目标系统连接；另一端可以通过 USB 总线、计算机并口、PCI 总线、ISA 总线与 PC 机连接。通过 PC 机上运行的 CCS(Code Composer Studio)软件对目标系统进行在线仿真。

SEED-XDSxxx 仿真器具有以下特点：

(1) 用 TMS320C2000/C3X/C4X/C5X/C5000/C6000/DSP+RAM 各种型号的 DSP 的仿真。

(2) DSP 芯片接口电平多为 3.3V，SEED-XDSxxx 仿真提供接口电压为 3.3 V、5 V 兼容及保护电路，最大程度地保障了仿真对象不受损伤。

(3) 目标系统中的 DSP 全速运行，芯片的运行速度没有限制。

(4) 配合相应的 CCS 软件，可支持不同系列 DSP 系统调试。

(5) "0" 资源占用，不占用目标系统任何资源，全空间仿真。

(6) 实时监控所有运行状态，包括多个变量。

(7) 全面支持 TI 的 CCS(Code Composer Studio)软件，C 语言、汇编语言源码调试。

(8) 可以实现 DSP 片内 Flash 存储器的编程。

(9) 支持多片 DSP 并行调试，通过 JTAG 接口形成的"菊花链"连接，可以实现一台仿真器对多个 DSP 系统的仿真，同时监控各 DSP 的仿真内容。

(10) SEED-XDSxxx 提供 JTAG 和 MPSD 两种接口，达到支持 TMS320 全系列 DSP 的仿真，如图 B.1 所示。

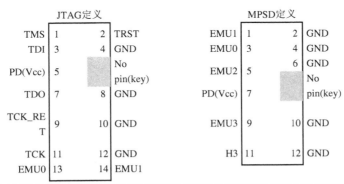

JTAG方式	MPSD方式
TMS320C2000;TMS320C5000;TMS320C6000;TMS320VC33; TMS320C4X;TMS320C5X;DSP+RAM	TMS320C30;TMS320C31; TMS320C32

图 B.1 JTAG 和 MPSD 接口定义

(11) 采用 TI 公司授权的尖端技术，产品兼容性好、可靠性高。

参 考 文 献

1 张雄伟，曹铁勇.DSP 芯片的原理与开发应用(第 3 版). 北京：电子工业出版社，2003
2 TMS320C54x Assembly Language Tools User's Guide.Texas Instruments Incorporated，2001
3 张雄伟，陈亮，徐光辉.DSP 集成开发与应用实例. 北京：电子工业出版社，2002